环球探险：

改变世界的伟大旅程

［英］罗宾·汉伯里-特尼森（Robin Hanbury-Tenison）著

黄缇萦　译
孔　源　审

人民邮电出版社

北京

图书在版编目（CIP）数据

环球探险：改变世界的伟大旅程 ／（英）汉伯里-特尼森（Hanbury-Tenison, R.）著；黄缇萦译. -- 北京：人民邮电出版社，2014.12
（自然与科学探索）
ISBN 978-7-115-35279-8

Ⅰ. ①环… Ⅱ. ①汉… ②黄… Ⅲ. ①探险—世界—普及读物 Ⅳ. ①N81-49

中国版本图书馆CIP数据核字(2014)第142121号

- ♦ 著　　　[英]罗宾·汉伯里-特尼森（Robin Hanbury-Tenison）
- 　　译　　　黄缇萦
- 　　审　　　孔　源
- 　　责任编辑　毕　颖
- 　　责任印制　程彦红
- ♦ 人民邮电出版社出版发行　　北京市丰台区成寿寺路 11 号
- 　　邮编　100164　　电子邮件　315@ptpress.com.cn
- 　　网址　http://www.ptpress.com.cn
- 　　北京利丰雅高长城印刷有限公司印刷
- ♦ 开本：787×1092　1/16
- 　　印张：19
- 　　字数：362 千字　　　　　　　　2014 年 12 月第 1 版
- 　　印数：1 – 3 000 册　　　　　　2014 年 12 月北京第 1 次印刷
- 　　著作权合同登记号　图字：01-2013-8256 号
- 　　审图号：GS（2014）2434 号

定价：98.00 元

读者服务热线：**(010)81055410**　印装质量热线：**(010)81055316**
反盗版热线：**(010)81055315**
广告经营许可证：京崇工商广字第 0021 号

目录

作者简介		8
引言		11

前古时期

1	走出非洲	19
2	走进新世界	23
3	早期太平洋航海家	26
4	埃及探险家	29
5	希罗多德	33
6	色诺芬	36
7	亚历山大大帝	39
8	皮西亚斯	44
9	汉尼拔	46
10	圣保罗	50
11	哈德良皇帝	53

玛雅金字塔式台庙，墨西哥图鲁姆。

中世纪时期

12	丝绸之路上 早期的中国旅行家	59
13	探索北美的早期旅行者	61
14	基督教朝圣	63
15	成吉思汗	69
16	马可·波罗	73
17	伊本·白图泰	76
18	郑和	79

公元前200年，表现贸易船只的腓尼基浮雕。

文艺复兴时期

19 克里斯托弗·哥伦布   85

20 瓦斯科·达伽马   89

21 卢多维科·瓦尔泰马   93

22 斐迪南·麦哲伦   95

23 埃尔南·科尔特斯   99

24 弗朗西斯科·皮萨罗   103

25 弗朗西斯科·德·奥

    雷亚纳   107

26 早期的北美探险家   110

27 弗朗西斯·德雷克   114

28 萨米埃尔·德·尚普兰   118

29 早期西北航道探索者   121

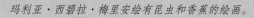

玛利亚·西碧拉·梅里安绘有昆虫和香蕉的绘画。

17 世纪和 18 世纪

30 阿贝尔·塔斯曼   129

31 玛利亚·西碧拉·梅里安   132

32 伊波利托·德西代里   134

33 维他斯·白令   136

34 詹姆斯·布鲁斯   138

35 詹姆斯·库克   141

36 弗朗索瓦·德·拉贝鲁斯   146

37 亚历山大·麦肯齐   150

38 蒙戈·帕克   153

蒙特马祖的使臣前来迎接科尔特斯。

19 世纪

39	亚历山大·冯·洪堡	159
40	刘易斯和克拉克	163
41	让·路易·布克哈特	167
42	查尔斯·达尔文和"小猎犬号"	172
43	泪水之路	176
44	深入墨西哥丛林	179
45	后世的西北航道探索者	184
46	海因希里·巴特和中非探险	188
47	探寻尼罗河源头	193
48	穿越澳大利亚	197
49	深入非洲腹地	201
50	湄公河探险	206
51	阿拉伯荒漠之旅	209
52	东北航道探索者	213
53	印度间谍的西藏探险	217
54	中亚和东亚探险	220

阿波罗11号登月，埃德温·巴兹·奥尔德林在月球上。

大卫·利文斯通的当代传记卷首。

近代

55	穿越亚洲	227
56	到达北极点	232
57	南极点竞赛	237
58	沙克尔顿和"坚韧号"	242
59	亚洲的女性旅行家	247
60	第一次单人飞越大西洋	252
61	女性飞行员先驱	256
62	托尔·海尔达尔和"康提基号"	260
63	攀登珠穆朗玛峰	263
64	单枪匹马环航世界	268
65	登上月球	271
66	深海探险	276
67	乘热气球环游世界	280
68	火星、木星或更远	283
	延申阅读	287
	图片来源	292
	索引	295

费朗西斯·德雷克"金后号"船的仿品。

作者简介

Robin Hanbury-Tenison

知名探险家、作家、环保主义者，他第一次从地球上相距最远的两个端点，通过陆路横跨南美大陆；第一次由北向南水陆横跨南美，起点为奥里诺科河，终点为布宜诺斯艾利斯。他的文章时常见于报纸和杂志，他还将自己多次的探险经历拍摄成电影，并时常录制广播和电视节目，其著作包括《漫步长城》（1987年）、《脆弱的伊甸园》（1989年）、《西班牙朝圣》（1990年）、《牛津探险大词典》（1993年）。

Charles Allen

出生于印度，足迹遍布南亚和东南亚，精通印度殖民史和南亚历史。其相关著作有《拉贾故事集》（1975年），近作《神的恐怖分子：瓦哈比仪式与现代吉哈德的起源》（2006年）；其他著作有《寻找香格里拉》（1999年），本书基于他在喜马拉雅和西藏的旅行见闻写作而成。2004年，皇家亚洲事务委员会授予他赛克斯金奖，以表彰他对亚洲事务的杰出贡献。

Sarah Anderson

1979年在诺丁山发起成立旅行读书会，曾在伦敦大学亚非学院和海斯罗珀学院学习，目前在城市大学教授旅行写作，文章时常见于Timesonline，她时常在世界各地演讲。她的著作包括《安德森旅行指南》（1995年）、《女性的精神》（1996年）和《诺丁山内幕》（与米兰达·戴维斯合著，2001年）。

Robert D. Ballard

罗德岛大学海洋地质研究院海洋地质学教授，曾在伍兹霍尔海洋研究所供职30年，率先使用人工操作潜水技术和遥控潜水艇。他参与了1973～1974年的首次中洋脊考察；在1977年的海底考察中担任总负责人，此次考察首次发现深海热泉；1979年利用"安格斯号"发现首个高温"黑烟囱"。

William Barr

加拿大萨斯喀彻温大学（University of Saskatchewan）荣誉教授，执教于地理学系31年；加拿大卡尔加里大学（University of Calgary）北美北极研究所高级研究员。其最新著作包括《红哗叽和北极熊长裤：皇家加拿大骑警哈利·斯多沃斯传》（2004年）、《从巴罗到布西亚半岛：彼得·沃伦·迪斯警长北极日记，1836～1839年》（2002年）、《寻找富兰克林：1855年北极陆上探险队》（1999年）。

Peter Bellwood

堪培拉国立澳洲大学考古学系教授，在东南亚和玻利尼西亚进行过多次田野考察。他的著作包括《征服太平洋》（1978年）、《玻利尼西亚人》（第二版，1987年）、《印度—马来半岛史前史》（第二版，1997年）、《第一批农民》（2005年）。

Jamie Bruce Lockhart

曾是外交官，著有三卷本苏格兰探险家休·克莱普滕（1788—1827年）的非洲旅行日志《休·克莱普滕在非洲内陆：1825～1827年第二次探险记录》，与保罗·洛弗乔伊合编19世纪欧洲人在撒哈拉中部和苏丹的探险记录。

Paul Cartledge

剑桥大学希腊历史学教授，克莱尔学院合聘教授，著有《亚历山大帝：探寻崭新的过去》（第二版，2005年）、《色诺芬：暴君希尔罗》（与罗宾·沃特菲尔德合著，2006年）和其他文章。他是斯巴达的荣誉公民，希腊总理亲自授予他金十字勋章。

John Christopher

专业热气球驾驶员兼作家，曾任《浮空器和飞艇》月刊编辑。他写了4本关于浮空飞行的书，包括《掌控高速气流》（2001年），内容是乘热气球环游世界；最新的作品是《布鲁内尔的王国》（2006年），内容是介绍英国最伟大的工程师伊萨巴德·金多姆·布鲁内尔。

Michael D. Coe

耶鲁大学人类学系荣誉教授，他的研究领域包括古代中美洲、高棉（今柬埔寨）和东南亚文明，新英格兰历史考古学，巧克力的历史。他的著作有《玛雅》（第七版，2005年）、《墨西哥》（第五版，与莱克斯·孔茨合著，2002年）、《破译玛雅密码》（1992年）、《真实的巧克力史》（与Sophie D. Coe合著，2003年）、《最终报告：考古学家的自我挖掘》（2006年）。

Vanassa Collingridge

曾在剑桥大学攻读地理学，后成为作家和广播员，著有《库克船长》（2005年）和《布狄卡》（2005年）。她的专长是探险史研究，目前在研究地图和文献中的南极洲史。

Barry Cunliffe

牛津大学欧洲考古学教授，他的研究领域为古代贸易和交换，在英国、布列塔尼和西班牙做过许多挖掘工作，著作有《英国铁器时代的聚落》（编著，第四版，2005年）、《面朝大海》（2001年）、《皮西亚斯的伟大旅程》（2001年）。

Carolle Doyle

自由记者兼私人飞行员，擅长写游记和浮空飞行文章，作品常见于全国性报纸和杂志。2001年，她环游世界，报道好友Polly Vacher的环游世界之旅，Vacher是第一个驾驶Piper Cherokee Dakota（为单引擎）飞机经太平洋环游世界的女性。

Frederick Engle

华盛顿环境政策顾问，英国皇家地理学会会员，曾任职于华盛顿国家航空航天博物馆。他的著作有《凝视地球》（与P. Strain合著，1992年），其他文章涉及利用飞机和卫星技术进行环境监控的内容，他目前的研究课题是遥感对环境政策的影响。

Richard Evans

1955～1957年公派前往中国学习，1984～1988年任英国驻华大使。他是牛津大学沃夫森学院荣誉校友。

Brian M. Fagan

加利福尼亚大学圣塔芭芭拉分校人类学系荣誉教授，精通世界史前史。其著有多本介绍性考古著作，包括《伟大的旅程》（新版，2004年）、《小冰河世纪》（2002年）、《漫长的夏天》（2004年）和《周五去钓鱼》（2006年）等。

Ranulph Fiennes

入选1984年吉尼斯世界纪录，被誉为"现世最伟大的探险家"。他的32次探险包括"首次到达南北两极，首次横跨南极洲、北极洲和西北航道"。1979 ~ 1982 年，他率领一支团队进行了第一次极地环球航行；1993 年，他和 Mike Stroud 成为不借助任何外力横跨南极大陆的第一人，他们拉着雪橇从大西洋海岸线出发，途经南极点，到达太平洋海岸。他著有 16 本书，包括一部传记《斯科特船长》（2003 年）。

Tom Fremantle

作家兼冒险家，著作有《约翰尼·金杰的最后旅程》（2000 年）、《空想的骡子》（2003 年）、《廷巴克图之路》（2005 年，本书记录了他重走蒙戈·帕克西非之行路线的见闻）。

Jason Goodwin

1987 年《观察家》/《周日电讯》年度青年作家奖得主之一，经常游历远东和印度。他的处女作《火药花园：中国与印度的茶叶之旅》（1990 年）入围托马斯·库克旅行图书奖，第二本书《徒步走向金角湾：伊斯坦布尔徒步之旅》（1993 年）荣获《周日邮报》的约翰·李威林·莱斯奖，他的著作还有《地平线的国王：奥斯曼帝国史》（1998 年）。

Pen Hadow

英国皇家地理学会会员，北冰洋商贸航海向导服务组织创始人，是全世界经验最丰富的冰上航行向导之一，也是唯一一个单人不接受补给从加拿大到达北极点的人。他著有《单独行动：北极——单人无援助》（2004 年）。

Conrad E. Heidenreich

加拿大约克大学地理学荣誉教授。他写了大量关于探险、绘图、早期欧洲人与加拿大原住民关系的书籍和文章，著作有《休伦人：休伦湖畔印第安人的历史和地理》（1973 年），他还是《加拿大历史全览第一卷》（1987 年）的编辑和合著者。他目前在编辑一本双语尚普兰作品集，将由尚普兰协会出版。

John Hemming

多次在秘鲁原住民和亚马孙丛林中探险，著有《征服印加》（1995 年重新修订）和《寻找镀金人》（2001 年再版）。他担任英国皇家地理学会主任长达 21 年。

Peter Hopkirk

为写书到参与"大博弈"（译注：指第一次世界大战前期）的国家旅行了很多年，曾任 ITN 记者和新闻主播、舰队街海外特派员，供职于《泰晤士报》20 年，担任首席记者 5 年，后成为中东和远东问题专家。他的著作《潜入世界屋脊》（1982 年）写的是早期印度间谍的活动，他的作品被翻译成 14 种文字。

Landon Jones

著有《威廉·克拉克和西部的形成》（2004 年）、《你必须知道的刘易斯和克拉克》（2004 年）。在纽约时代传媒集团供职期间，担任《人物》和《财经》杂志的主编，他发起创办的新刊物包括《潮流》、《西班牙人物》、《青少年人物》和《每周人物》。他在 1980 年出版的《远大前程：美国与婴儿潮时代》一书中首次使用了"婴儿潮"一词。

John Keay

著有多部关于亚洲历史的著作，包括《光荣伙伴》（1991 年）、《最后的岗哨：远东帝国的覆灭》（1997 年）、《风中的收割：中东的失误》（2003 年）、《香料之路》（2005 年）。他还撰写了关于苏格兰和探险史的书，编辑《皇家地理学会世界探险史》（1991 年），撰写两卷本《喜马拉雅西部探险》（1975 年、1979 年），另著有《大弧线》（2001 年）、《为湄公河而狂：东南亚的探险和帝国》（2005 年）。

Duane King

洛杉矶奥翠国家中心西南博物馆常务主任，此前任史密森尼学会美洲印第安人国家博物馆助理主任。他是《切诺基人研究月刊》创始人，著有《切诺基印第安人的国度：多灾多难的历史》（1979 年）。他的作品《西部的切诺基人》收录于史密森尼学会美洲印第安人概览中。

Robin Knox-Johnston

现任克利伯风险投资公司主席。他是个老船员，也是第一个单人不靠岸环航世界的人。他写了 14 本书，其中《我自己的世界》（1969 年）目前仍在 11 个国家印行。

David Loades

威尔士大学荣誉教授，谢菲尔德大学荣誉教授，他著有《都铎海军》（1992 年）、《英格兰海上帝国，1450 ~ 1690 年》以及许多关于都铎王朝历史的书籍。他也是《亨利八世的安东尼卷宗》（2000 年）的合编者（与 C. S. Knight 合编）之一和《玛丽·罗斯的来信》的编者。

José-Juan Lopez-Portillo

在剑桥学习古代和近代历史，目前正在 Felipe Fernández-Armesto 教授的指导下撰写博士论文，题目为"16 世纪西班牙殖民史"。

David McLean

一生热衷于旅行，其最爱的地方始终是南乔治亚岛、象岛和南极洲半岛。他专注于沙克尔顿和"坚韧号"的探险，现任詹姆斯·凯德协会委员，是《沙克尔顿：南极洲与"坚韧号"》的策展人。

Justin Marozzi

旅行作家兼历史学家，英国皇家地理学会会员，著有《南起巴巴利：利比亚和撒哈拉的奴隶贸易之路》（2001 年）和《帖木儿：伊斯兰之剑，世界的征服者》（2004 年）。他目前在研究希罗多德的生平。

Philip Matyszak

曾在牛津大学学习古代历史，博士论文题目是"罗马帝国晚期的元老院"，著作包括《罗马帝国编年史》（2003 年）、《罗马的敌人》（2004 年）和《凯撒之子》（2006 年）。

Alexander Monro

曾在杜伦大学和牛津大学学习。他沿着成吉思汗的陆上征服之路，从蒙古旅行至阿富汗。他现居上海，担任记者，报道常见于《新政治家》、路透社、法新社、《泰晤士报》和《周日电讯》。

Malyn Newitt

伦敦国王学院教授，曾在俄罗斯、乌兹别克斯坦、佛得角和伦敦举办学术会议，主题为"葡萄牙殖民史"。他的著作有《圣多美和普林西比》（与 Tony Hodges 合著，1988 年）和《葡萄牙海外扩张史，1400 ~ 1668 年》（2004 年）。

Christopher Ondaatje

1967 年发起成立寄居蟹新闻社，后成为寄居蟹集团，1988 年他转让所有股份，重新回到文字的世界。他写了 8 本书，包括热销的伯顿传记《重游信德省》（1996 年）、《尼罗河源头之旅》（1998 年）、《海明威在非洲》（2005 年）和《伍尔夫在锡兰》（2005 年）。他是加拿大雪橇队队员、英国皇家地理学会会员以及国家肖像画廊信托委员会委员。他目前住在伦敦，2003 年被封为骑士。

Ghillean Prance

伊甸园项目科学指导，雷丁大学访问教授，前皇家植物园主任。他在亚马孙丛林进行过许多次植物学方面的考察，著有 19 本书，写过 500 多篇关于植物分类学、生态学、民族植物学和植物保育学的文章。

作者简介

Jane Robinson
专长为撰写女性历史和传记，她著作颇丰，其中有《离经叛道的女性：女性旅行家入门》（2001 年）、《女士不宜：女性旅行家选编》（2001 年）和一本玛丽·西科尔的传记（2005 年）。

John Ross
在墨尔本从事记者和出版商的工作，澳大利亚版《20 世纪编年史》（1999 年）和《澳大利亚编年史》（2000 年）主编，《澳大利亚板球二百赛季》（1997 年）合著者。他写了大约 20 本书，包括《乡村小镇》（1975 年）、《同一个民族，同一种命运：联邦的故事》（2000 年）和《丛林之声》（2001 年）等。

Anthony Sattin
作家、评论家兼广播员，著作包括《法老的阴影：古代及现代埃及之旅》（2000 年）和《非洲之门：死亡、发现和探索廷巴克图》（2003 年），他的文章时见于《周日时报》和世界各地的报纸杂志。他的书《揭开面纱》于 1987 年出版，写的是欧洲人于 19 世纪初到达埃及的历史，这激发了他对布克哈特的兴趣，此后他在北非和中东进行了广泛游历。

Ann Savours
（雪莉博士）专长为极地探险史研究，著作包括《探寻西北航道》（1999 年）和《"探索"之旅》（1992 年）。她是哈克卢伊特学会副主席，2001 年荣获皇家地理学会默奇森奖。她曾任剑桥大学斯科特极地研究所图书馆馆长助理和博物馆馆长助理，后任格林尼治国家海洋博物馆馆长助理。她目前正在编辑四卷本《南极时代》。

Robin Scagell
天文作家和广播员。人类首次在月球登陆时，他正在曼彻斯特大学的一个法国观测站拍摄月球照片。他做了一段时间的望远镜制造商，然后改行做记者和丛书编辑，丛书题材涉及摄影、供儿童阅读的历史书、当代人笔下的第二次世界大战和宇宙探险。他现在经营着一家天文图片收藏馆。

Tahir Shah
著有 10 多本关于文化与跨文化的书籍，包括《枕边中东读物》（编著，1992 年）、《寻找所罗门王的宝藏》（2003 年）和《哈里发之屋》（2006 年）。他的文章和学术论文见于各大顶尖刊物中，他还拍摄过许多深受好评的电视纪录片。

Stanley Stewart
作家，作品有《古老的尼罗河蜿蜒曲折》（1991 年）、《成吉思汗的王国》（2000 年）和《天朝的边界》（1995 年）。其中，《天朝的边界》是对他沿法显和玄奘曾走过的路线穿越喀喇昆仑山脉到达亚洲次大陆的记载，而后两本书荣获了托马斯·库克年度旅行图书奖。

Robert Twigger
被人们称为 "困于 21 世纪作家身体内的 19 世纪冒险家"。他是第一个重走麦肯齐 1793 年探险路线的人，他的书《旅行者：划着白桦独木舟穿越落基山》记录了此次旅行见闻。目前他正在巴西丛林里研究一种新的甲虫。

John Ure
曾任英国驻古巴、巴西、瑞典等国大使。他写过许多传记，还有旅行和历史方面的书籍，其中许多被翻译成多种不同的文字，他的最新作品是《朝圣：中世纪的伟大旅程》（2006 年）。他经常为《每日新闻》和《周日电讯》撰文，并为《泰晤士报文学增刊》撰写书评。

Stephen Venables
是第一个不用氧气罐攀登珠穆朗玛峰的英国人，并开辟了一条全新的东部登山路线，他还在喜马拉雅山脉和其他山脉中创下了多个第一的纪录。他写了 8 本旅行书籍，拍摄过几部电视纪录片，其中一部出现在 IMAX 电影《沙克尔顿的南极洲探险》（2001 年）中。他目前是英国登山俱乐部的主席。

Bruce Wannell
语言学家兼旅行家，去过卢多维科·瓦尔泰马曾经探险过的许多地方。

Peter Whybrow
加利福尼亚州大学洛杉矶分校西美尔神经科学与人类行为研究中心主任，杰出的精神病学与生物行为科学教授。在新作《美国精神病人：就更多也不足够》中，他详细分析了迁徙的机制及其后果。另著有《迁徙的大脑》一书。

Toby Wilkinson
剑桥大学埃及学博士，克莱尔学院研究员。他主要讲授与古埃及相关的课程，有丰富的在尼罗河河谷和埃及沙漠的实地考古经验。他的著作有《法老创世记》（2003 年）和《泰晤士和哈德逊古埃及词典》（2005 年）。

Glyn Williams
伦敦大学玛丽女王学院历史学荣誉教授。他写了许多有关探险和旅行方面的书籍，最新作品为《所有大洋的奖赏：安森环球之行的胜利与悲剧》（1999 年）和《幻觉之旅：理性时代的西北航道搜寻之路》（2002 年）。

Simon Wilson Stephens
曾在乌干达做了 4 年导游，于 2003 年重走史丹利跨非洲大陆之行的路线。他现在经营着迈尔斯顿——一家专注于非洲探险的旅行公司。

Simon Winchester
前《卫报》海外特派记者，现居纽约和麻省西部。其作品多涉及近代历史，最新作品为《世界边缘的裂缝：1906 年美洲和加利福尼亚大地震》（2005 年）。

引 言

行走解决难题（Solvitur ambulando）。

圣奥古斯丁

观察是理解的必由之路，自古以来，人们都是借助旅行来探索和理解他们身处的环境。早先的人们离开他们熟悉的聚居地，后来的人们抱着军事、政治或宗教的目的，开创了一段又一段伟大的旅程，驱动他们的是人类对于未知地域的无穷好奇。

本书中记载的旅程背后有各种各样的原因：从迁徙到神秘的召唤，从好奇心到征服欲，每一段旅程都或多或少地成功了，实现了最初的目的。许多旅程——并非大多数——是由旅行家本人记录的，另一些由后世的历史学家公诸于众，还有一些是通过宏伟的庙宇及宫殿的残迹或片砖碎瓦为我们所知的。

重述伟大的旅行故事时我们不禁要问：是什么激发了人们去探索？是什么驱动人类向未知地域进发？那些平安返程的人们——并非所有人都如此幸运——最终达成了什么？

我不厌其烦地强调探索，我对于探索的定义始终是：它改变了世界。因此，本书中所选取的"伟大"旅程无一不改变了我们对于世界的认知。我们踏上前人从未涉足的土地时所感受到的那种兴奋是无与伦比的，从人类最早的旅程直到登陆月球，都是如

注：本书插图系原版书插图。

此，这无疑是探索的动力之一，这种热情同样灌注于今天人类对于太空的探索之中。不过，人类最早移民的足迹早已遍布地球上每一个可以居住的区域，远远早于历史的记载，因此，几乎所有伟大的旅程都是在祖先既定的范围之内进行的，极少有探索者可以说是真正的第一人。

史诗般的旅程

什么是"伟大的旅程"？人类探险活动的历史源远流长，很难用一个定义将其完全涵盖，但我们要说明选择的标准。旅程中必须包涵史诗的意味，其中一些探险队的组成包括整个民族、舰队和远征军，另一些则由伟大的个人完成。我们尽量选出探险队的核心力量，即队伍的领袖，因为通

哥伦布，1525年。毫不夸张地说，他的美洲之行改变了当时人们对世界的看法。

一些伟大的旅程是出于军事目的：成吉思汗带领着军队进行了漫长的征程，他似乎是势不可挡的亚洲征服者。这是一幅 13 世纪绘画的细部，表现的是成吉思汗在山路上打仗。

常伟大的旅程都是由个人带领的。正如彼得·怀布罗（Peter Whybrow）在《迁徙的大脑》（Migrant Mind）中所说，一些人对新疆域的探索欲是与生俱来的。无论动力究竟是什么，若非这些伟大的人物，这个世界现在的面貌将会大不相同。

篇幅的限制意味着许多本该选入书中的旅程不得已被省略了。为了展示人类好奇的天性，本书中囊括了个人探险、大迁移、军事行动和地理测绘方面的内容。

本书各位作者的生平经历也丰富多彩，他们当中有的是杰出的历史学家，有的是作家，有的是旅行家或探险家，其中一些人是基于对某个地方的亲身经历写下了这些文章。他们对于那些地方的了解和热爱让传奇般的旅程变得栩栩如生，这是让我们意想不到的。

穿越时间的旅程

本书分为 6 个部分，每一部分都代表了一个历史时期，每个时期中的旅程都具有独特的特征。

在古代世界中，我们的先祖从一个未知且不宜居住的地方走出来，到达某个地方，在那里，时间的迷雾散开，我们可一窥最早的探险，这些人的动机对于今天的人们而言或许很难理解。饥饿和人口压力或许是我们的先祖走出非洲的主要原因，渐渐地，好奇心伴随着贸易的需求和征服的野心成为了探险的源动力。

中世纪的旅行家更进一步，他们通常怀着宗教目的：中国人寻求佛教典籍，基督徒和穆斯林寻求救赎。接下来是一波军事活动的浪潮，比如东方以外的彪悍人士时不时进行的探索活动。最早的个人探险是出于好奇心的驱使，像马可·波罗出生于商人之家，但他的探索活动让他不朽。伊本·白图泰或许是精力最旺盛的旅行家，他的足迹之广，直至今日依然无人可出其右。

到了文艺复兴时期，世界的神秘面纱被揭开，环球旅行变为可能。哥伦布发现新大陆，这一震撼性的事件引发了人们对于地球形状探索的狂热，这种热情持续了整整 100 年，这

一时期的探险家进行了史上最具有启示意义的旅行。人们想方设法地利用地球为圆形这一事实，获取商业利益。人们开辟了横跨美洲大陆抵达东方的新航路，这一路线成为了那个时代权力斗争的主战场。这一时期的旅行活动通常是为了完成政府指派的任务，即占据新的领土——即便那些土地上已有人居住。

到了 17~18 世纪，地图上的空白处都已被填满，一些自然环境恶劣的区域也有人涉足。人们抵达了地球南部幽深的土地和冰冻的北部。与此同时，发现新岛屿意味着发现居住在那里的岛民，塔希提人和夏威夷人悠闲的生活引发了人们寻找田园牧歌式天堂般生活的狂热。这一时期，欧洲人第一次深入非洲。

1859 年，托马斯·巴恩斯和大卫·利文斯通一起探险时画下这幅赞比西河的急流。巴恩斯把自己描绘成手持速写本，但那时摄影技术已被广泛应用。在河里的一块岩石上，我们可以看见一位摄影师趴在三脚架上（右侧）。

和平烟斗，18 世纪晚期至 19 世纪中期，于密苏里河，可能是刘易斯和克拉克穿越北美时当地人给他们看的。这是印第安部落和谈时双方共用的一种烟斗，后美国政府和文艺人士将其视为各族群和平交流的符号。

科学探索无疑是旅行最好的理由，也是探索者的主要动力。

一场科学探险热潮爆发于19世纪，无畏而博学的研究者进入荒野，用林奈原则为他们发现的动植物分类，一些人则开始记录那里的人们的生活和智慧。这是一个伟大的时代，非洲、南美洲和中亚这些人迹罕至的地域被一一发现。对名望的渴望驱动着许多人，另一些人则抱着宗教理想和爱国热情。成为第一人所带来的民

族自豪感在竖起的国旗中显而易见，这背后是全球性的权力斗争。

最后，到了现代，地球上最可怕的区域被征服：南北两极均出现人类的足迹，人类攀上最高的山峰，潜入最深的海沟。科技的进步——从探测海洋和大气的精密仪器到最新的个人装备——使人们得以不断向新的疆域

进发。飞行家和航海家展示了人类在冲破自然阻碍时可以承受的极限。现在，我们正在进行最后一场伟大的旅程——飞向外太空。同时我们也开始反思，真正重要的并非伟大旅程所覆盖的地理区域，而是人们从中获得的对于生命更深刻的理解。

也许，最终入选本书的标准是，这些旅程能够穿越时空，使古代与现代遥相呼应。无论一段旅程是打开了我们的视野，让我们知晓了原来隐秘的世界，抑或是我们被探险家的坚韧意志所打动，我们都会铭记这些旅程，因为世界因它们而不同。

托尔·海尔达尔在芦苇船"雷2号"上与风浪搏斗，他的航海之旅证明埃及人可以使用同样的技术，横渡大西洋到达美洲。

前古时期

人类早期的迁徙比后世所有探险的总和更加伟大，在那没有文字记录的漫长岁月中，人类的足迹遍布世界上每一个可以居住的角落，后世的旅行家是沿着前人的足迹行进的。这些勇敢的先祖不知他们要去往何处，因为在他们之前从未有一个人去过，他们的动力包括对食物的渴望以及好奇心。随着人类这一物种的进化、数量的增多，人们需要更大量的猎物和耕地。考古过程中发现的燧石箭头、火的使用和染料都证明我们的祖先确实到过一些地方，现在我们能计算出他们到达的较为精确的时间。

但是，如同第 21 页摘自《迁徙的大脑》中的文字所言，促使人类迁徙的绝不仅仅是饥饿，人类灵魂中似乎有某种东西在引诱着我们去往更遥远的地方。无论是否是基因的原因，人类的天性都让伟大的旅程变得可能。在本书选取的故事中，这一点将一次又一次得到证明。

旅人们一离开非洲就深入亚洲和欧洲，甚至前往更南面的小岛，比如澳大利亚和塔斯马尼亚，他们像是发现了一个全新的可以居住的星球。然后，大约18000 年前，冰河世纪晚期，西伯利亚和阿拉斯加之间形成了一座大陆桥。在相对较短的时间内，敢于穿越大陆桥的人们变成了各色各样不同的民族，他们很快遍及整个新世界。这个世界与亚欧大陆板块连通长达千年，直至海平面再度上升，冰川融化，大陆桥消失。

玻利尼西亚人利用边架艇和双体独木舟进行了人类历史上最伟大的海上旅程，历时 4000 年。他们驶

波斯波利斯，波斯帝国的古都，在希罗多德希腊和波斯之间的战争史中，色诺芬是希腊士兵，亚历山大大帝打败了波斯人，并放火焚烧了波斯波利斯。

进无边无际的海洋，去寻找无数散落在海面上的小岛，一旦发现，他们就会在那里定居，并建立起部落。公元1200年到达新西兰时，他们已经发现并定居于太平洋中所有可居住的岛屿上了。

从埃及人、腓尼基人、希腊人和罗马人留存的遗迹中我们得以一窥这些旅程的面貌，这些遗迹包括石刻和墓穴中的壁画，如果运气好的话，还能看到当时的人们对于旅行的完整文字记录。不过更常见的情况是这些故事夹杂在神话传说中，由后人经过了两次乃至三次的转述，因为原始记录早已佚失。现在，人们通常是为了征服，有时则是为了贸易而远航。

埃及人刺穿了非洲大陆，通过哈尔胡夫（古埃及王国第六王朝官员）的眼睛，我们感受到了他们攫取象牙、乌檀木和跳舞的俾格米人时的那种欣喜若狂。1000年后埃及人的舰队朝非洲海岸线挺进；伟大的腓尼基航海家正在前往陆地的深处；随着王朝兴衰更替，最早的个人旅行家开启了伟大的航行、观察和记录的传统。

希罗多德——世界上第一位历史学家和游记作家——让我们知晓了希腊在波斯战争中获得的辉煌胜利；色诺芬是雇佣军，他记录了自己从波斯到希腊的征程；亚历山大大帝的所向披靡举世皆惊，东方是他史诗般的征服之路的巅峰，他最终渡过了印度河，却死在了返程的途中。另一场军事冒险中，汉尼拔迎接来自罗马帝国的挑战，在西班牙和高卢南部进行了一系列惨烈的战役后，他骑着大象翻越阿尔卑斯山。罗马帝国的边界最终由哈德良皇帝划定，他统治期间一直在埃及的边界和英国北部之间往返，他还在英国建造了著名的哈德良长城。

与此同时，马赛人皮西亚斯第一个揭开了地中海世界以外的那片海域的神秘面纱，在那神秘的北方，海洋是"凝结"的，太阳永不落山。使徒保罗从耶路撒冷到罗马那一段惊心动魄的旅程由他的门徒路加详细记录，这份记录不仅对基督教早期的发展至关重要，也是古代典籍中最为优秀的航海记录之一。

伊苏斯战役中，正在逃亡的波斯皇帝大流士三世回头看着获胜的亚历山大军队，庞贝古城农牧神之家中的马赛克壁画。亚历山大启程去攻打波斯人，但这远远不是终点，他和军队行进了32000千米，最远到达了中亚和印度。

走出非洲

10万~5万年以前

亚当给他的妻子取名夏娃，因为她是众生之母。

——《创世记》III：20

我们是智人，即聪明人。我们设计并制作工具，用流畅的语言交流，进行逻辑思维，还会未雨绸缪。这些独特的能力让我们得以在人类初期的旅程之中在地球上扎根，直至10万年后依然如此。

只通过女性遗传的线粒体DNA就可以把我们的祖先追溯至非洲原始人，每一个人身上都有他们的基因。智人于2万年前在撒哈拉沙漠南部进化而成。多亏在埃塞俄比亚的奥莫（Omo Kibish）和赫托（Herto）发现的化石，我们知道了人类的生物进化从15万年前就开始了。

埃塞俄比亚奥莫重建的头骨，向我们展示了早期智人的进化。

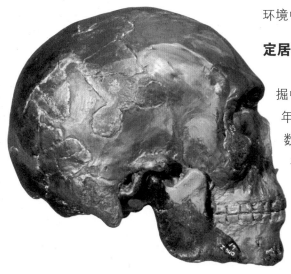

人类的第一次旅程

一开始，人类的足迹仅见于非洲热带地区，即撒哈拉沙漠南部。现代人类的旅程从一小群采集狩猎的民族开始，他们穿越撒哈拉到达尼罗河谷，在10万年前到达西南亚。

这些人的目的不在探险，他们100多个人结成一个流动性极高的小群体，适应着荒野生活，那里零星地分布着食物，每个这样的群体都在永不停息地迁徙。儿子接替父亲，女儿嫁给自己群体之外的人，人们发生争吵后搬走，每人每年可以走很长的距离。最早，迁徙是采集狩猎者最基本的生存方式。到了冰河世纪晚期，这样的生活方式和现代人类强大的适应性使智人得以在一切可以想象的自然环境中存活。

定居西南亚

从以色列卡夫泽山洞的考古挖掘中可知，我们的祖先至少在9万年前就已在西南亚定居，他们的数量很少，和古尼安德特人一起，在那里共同生活了大约45000年。这两类人或许有些零星接触，不过大约45000年前，古尼安德特人从那个地区消失了。这段时间里，人类制造的工具

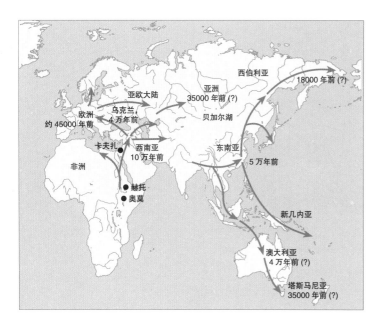

岸线延伸至更遥远的近海。

我们知道智人从近东迁徙至南亚，但5万年前，现代人类是居住在印度河谷之中的，即现在的东南亚岛屿。在同一时期，他们或许是乘着木筏或独木舟，穿过开阔的海域，抵达了现在的新几内亚和澳大利亚。35000年前，生活在石器时代的澳大利亚原住民在地球极南端寒冷的塔斯马尼亚岛上迅速繁衍。

其他智人已在气候温和的东亚定居很久，他们可能是在35000年前从更炎热的南部地区迁去北部的，我

地图展示的是智人在欧洲、亚洲和澳大利亚的分布，文中介绍了时间和考古发现遗址。

发生了戏剧性的变化。很明显，这是人类认知能力飞速提升的表现。

5万年前，居住在西南亚的现代人类发明了更先进的狩猎武器和工具制造技术。伴随着其他的新发明，人类的认知能力提高，他们能综合运用环境适应能力、工具制造能力和社会交往能力。可想而知，社会关系变得更加复杂，人们创造了视觉符号，比如在中欧和西欧的山洞中发现的3万年前冰河世纪晚期的岩画。现在，智人的竞争力超过了原始人，现代人类大约在5万年前迅速地遍布了全世界。

亚洲和澳大利亚

5万年前的世界和今天非常不同，今天的斯堪的纳维亚半岛、阿尔卑斯山和加拿大在5万年前都被冰层覆盖，亚欧大陆的绝大部分地区都是寸草不生的冻土带，一年中有9个月是冬季。那时的海平面比现在低91米，形成广阔的大陆架，把西伯利亚和阿拉斯加连接起来，从东南亚的海

塔斯马尼亚岛的纽那米拉湖（以前叫作崖居洞穴），在冰河世纪晚期，大约35000年前，被袋鼠猎人发现。

们对这些人所知甚少，他们或许是最早的美洲大陆居民的先祖。

欧洲和亚欧大陆

45000 年前，由少数人组成的几队智人群体取道西南亚进入欧洲，1 万年后，他们和尼安德特部落的原住民在西部定居下来，大约 3 万年前绝迹。新来的人们很好地适应了冰河世纪晚期中欧和西欧的气候，他们利用石头、骨头和鹿茸制作各种各样有专门用途的工具，比如鹿茸鱼叉和鹿茸针，他们用针缝制多层的冬衣。这些

克罗马农人的骨雕杰作：一头欧洲野牛在舔着它的腹部。

《迁徙的大脑》

彼得·怀布罗 著

我成为一个代名词，
因永远怀着饥渴之心流浪。

阿尔弗雷德·丁尼生爵士《尤利西斯》，1842 年

什么点燃了迁徙的大脑？什么可以满足饥渴的心灵？一个家族中世世代代的成员从埃塞俄比亚徒步迁往南美洲的一角，他们一定不仅仅是出于游牧民族对猛犸象肉和美味果实的需要，其中还蕴含着领队的冒险精神、好奇心和对新奇事物的热爱，历史上所有的旅行家先驱都有这些特质。

今天，神经科学告诉我们，是大脑中的多巴胺酬偿系统激发了人们对新事物的好奇心。迁徙探险家们非凡的动力来于由基因决定的行为光谱的一个极端，被称为气质。气质——童年形成的一种情感模式——决定了我们是外向还是羞涩，是爱冒险还是怕冒险，是个冒险家还是有恋家癖。

一些细微的差异——等位基因——决定了气质的不同，等位基因构建了多巴胺酬偿系统中的高速传输路线和接收终端。科学家发现，具有冒险家气质的人携带多巴胺接收终端的基因变异体——叫作 D4-7 等位基因——和一般人携带的 D4-4 等位基因不同。

最新的研究表明 D4-7 等位基因在全球的分布模式和古代人类的迁徙路线相似。从迁徙人群的母语起源中，我们可以估计每个次级迁徙人群所走的距离，从中可以看出一个具有一致性的模式：那些选择住在离家很近的地方的北非人和小亚细亚人中，D4-4 等位基因的比例更高。相反，那些祖先曾穿越白令海峡陆桥，迁移到南半球的美洲大陆的人中，D4-7 等位基因携带者占绝对优势，他们总是在寻找新事物。

法国东南部的肖维岩洞，属于冰河时代的西斯廷教堂艺术，这是装饰用的野马图案。

身体结实、脑袋圆圆的克罗马农人创造了精致的仪式，这在岩画和装饰精美的鹿茸制品中有体现，而这一历史可以追溯到 31000 年前。

在东部和北部，一片无边无际的冻土草原从亚欧大陆延伸至西伯利亚东北部。4 万年前，少数现代人在乌克兰和沿乌拉尔山脉的地区定居，他们在那里捕猎猛犸象和其他极地动物。2 万年前，冰河世纪晚期极度的寒冷驱使他们往南方更温暖的地方迁徙，不过直至 18000 年前仍有人居住在冻土带。那时，石器时代的采集狩猎群体在西伯利亚贝加尔湖附近和蒙古沙漠中住了下来。一些人于 27000 年前在北极圈以北的地方定居，不过他们后来可能像住在西面的人一样，因为严寒而迁走了。直到气候稍稍变暖后，西伯利亚东北部、寒冷的维尔霍扬斯克山脉东部地区才有人再次迁来。

冰河世纪于 18000 年前结束，那时地球变得温暖了，智人从他们的起源地非洲走向了更宽广的世界：现代人类成功地适应了严寒、干燥和热带雨林气候。不过这场伟大旅程的下一站是冰河世纪结束后才开始的：第一队人类定居者穿过西伯利亚来到阿拉斯加和一片无人居住的大陆——美洲。

走进新世界

18000 年前

*除非穿越最古老和最漫长的时光，但是这根本不可能，所以，说
这些岛屿和这片大陆上居住着的人们不可能非常古老是错的。*

——巴托罗梅·德·拉斯·卡萨斯神父，1542 年

18000 年前，在冰河世纪晚期，地球上的大部分水以浮冰的形式存在，海平面比现在低得多，西伯利亚东北部和阿拉斯加是仅有的两块陆地，现在的地理学家将之称为白令陆桥。一片沼地将两块陆地连接起来，在全球变暖之前，那里非常寒冷，植物无法生存，随着气候变暖，灌木和小柳树相继在沼地上出现。尽管长期存在争议，但大多数专家仍认为最早的人类聚居者是经过这片不太友好的土地到达了美洲。

这些古老的西伯利亚居民是极地上的采集狩猎者，他们为了找寻食物和猎物穿越了广袤的土地。人们并非通过一次宏伟的旅程就在美洲定居，而是游牧民族成百次无规律地来回活动，直到几代之后，一些游牧群体才在阿拉斯加沿海地区和内陆永久地居住下来，他们是最初的美洲居民。

无人知晓最早的居民首次到达陆桥的准确时间，一些考古学家认为是25000 年前，冰河世纪晚期最后一次寒潮袭来之前。但大多数专家认为最

阿拉斯加冰川，第一批穿过白令陆桥到达美洲的人所走过的冰天雪地中的一部分。

早的定居发生在 16000 年前，冰河世纪结束之后，那时全球变暖，使得北部的自然环境更适宜人类居住。

无冰走廊和沿海定居

已知最早的阿拉斯加居民大约出现在公元前 11700 年，从塔纳诺河（Tanana River）迁来，这条河位于现在的费尔班克斯市附近，不过人们可能于公元前 14000 年甚至更早些就在阿拉斯加内陆定居。但是经过基因和语言学的证实，这些人的先祖来自东北亚，这一点确定无疑。

最初人们定居的时候阿拉斯加没有冰，但东面和南面被大量冰层覆盖，这些冰融化后，形成了现在的加拿大。最大的两座冰川，一座在加拿大东部，另一座在落基山，这两座冰川阻挡了人们往南去的路线，但公元前 11500 年，一些群体穿越冰层去了南方。

他们是怎么去南方的？是通过冰层消融之后产生的无冰走廊，或是沿着阿拉斯加东南部无冰的海岸线？不幸的是，当时人类的足迹现在都被湮没在海平面之下。专家认为北部的人们绕过冰层，在可能的时候走入南部陆地，在这里，公元前 12000 年就存在有关他们的记录。

最早的定居者

只有极其有限的考古遗址记录着公元前 11500 年前人们在美洲的居住情况，遗址中包含的无外乎零星的石器。最早的有关人类居住的记录出自蒙特沃德的一个猎场，此地一直通向智利南部，公元前 12500 年就有人居住；弗吉尼亚在公元前 14000 年就有人居住。这类遗址的数量很少，这是

右图：宾夕法尼亚州梅多克罗夫特岩棚，据记载此处公元前 11500 年就有人类聚居。

意料之中的事，因为最初的居民不断迁徙，且使用的是轻便工具箱，走后也不会留下什么。

所有证据都表明一场迅速蔓延的迁移开始于少数人的采集狩猎活动，其中一些人于公元前 10000 年就在更南端的麦哲伦海峡定居。最广为人知的早期"古印第安"文化是有关克洛维斯人（Clovis People）的，从新斯科舍到得克萨斯，从加利福尼亚到佛罗里达都可能发现他们独特的抛物线式足迹。"克洛维斯"这个名称并不意味着什么，早在公元前 11000 年，他们就遍布于人们所能想象的一切自然环境中，包括沿海地区、沙漠、热带雨林和开阔草场。

最早美洲居民的旅程是历史上最为神秘的，我们只知道石器时代的西伯利亚人从东部穿越白令海峡抵达阿拉斯加，然后，随着冰河世纪后气候快速变暖迁徙到南方。一到冰雪消融了的南方，他们就布满了这片无人居

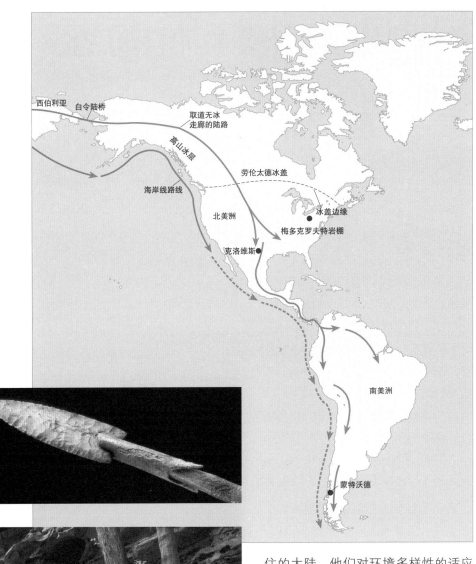

西伯利亚 白令陆桥

取道无冰
走廊的陆路

高山冰层

劳伦太德冰盖

海岸线路线

北美洲

冰盖边缘

梅多克罗夫特岩棚

克洛维斯

南美洲

蒙特沃德

中图：克洛维斯矛头，短短的前柄上安着石制弯曲矛头，前柄安在矛柄上。矛刺中猎物时，矛头会从前柄上断下来，和矛柄分开，使猎物伤势更严重。

住的大陆，他们对环境多样性的适应能力令人惊叹。他们中的一些群体从事狩猎，猎物有大有小；一些从事农业种植；还有一些捕捉海里的鱼类和软体动物。最需强调的是，农业种植非常重要，美洲原住民对于野生植物和栽培植物的丰富知识即来自于此，这一点也为后世的欧洲探险家所称道。这些小规模的人群最终成为了历史上具有强大多样性的美洲原住民。

早期太平洋航海家

公元前 3000 ~ 公元 1200 年

倘若我们追溯这些岛民来自哪片大陆，或哪片与大陆邻近的地方，我们得看一看地图。我们会发现地球南部海域的东部和西部分别紧邻美洲和亚洲，北接印度洋，南接澳大利亚。

——乔治·莱因荷德·福斯特，1778 年

乔治·莱因荷德·福斯特是最早思考太平洋岛民起源的欧洲人之一，这一思考始于与詹姆斯·库克船长横渡太平洋，目睹这些岛民的生理特征和高度相似的语言之后。福斯特认为太平洋诸岛（特别是玻利尼西亚和密克罗尼西亚）并非分离于美洲、澳大利亚或新几内亚，而是自亚洲及其沿岸岛屿——特别是从菲律宾——分离出来的，这一点非常正确。

今天，科学研究不仅证实了福斯特的洞见，更揭示了太平洋的位置是一场了不起的神话，这一神话跨越了 1000 年，其中有上千次单独的航行。太平洋是世界上最大的海洋，其群岛绵延 2 万千米——从菲律宾取道玻利尼西亚，到达南美。尽管采集狩猎群体早在 45000 年前就通过短距离的航行在澳大利亚和新几内亚定居，但是他们从未到过比所罗门群岛更远的海域。

说南岛语的人们

公元前 2000 年，随着独木舟的发明，第一批说南岛语的人们开始了对太平洋的移民。现在大约有 4 亿人说南岛语，它们是前哥伦布时代使用最广的语言。起初这些语言通过移民传播至广袤的东南亚和大洋洲岛屿，最终，于公元 1200 年，经玻利尼西亚中部传到新西兰。这是人类历史上规模最大的"民族迁徙"，更不用说大迁徙中无数的小规模迁徙了。

太平洋地区人类的定居模式（局部）。

东印度尼西亚哈马黑拉群岛附近拉鲁因岛泻湖边的巴瑶人的茅草屋村。茅草屋村遗址可追溯到公元前 5000 年新石器时代的中国和公元前 1400 年美拉尼西亚的拉皮塔文化。

如此巨大规模的迁移，跨越广阔的空间和漫长的时间，涉及成百上千代因为语言和文化联系起来的人们。我们无法用几个字就说明清楚，地图只能被看作现在人们掌握的一些基本信息。

语言学和考古学证据表明南岛民族的扩张始于公元前 3000 年中国南部和中国台湾地区的农作物种植者（农作物包括大米和小米）。根据放射性碳测定和语言重构，我们得知促使他们迁徙的是两项活动的兴起。第一阶段，公元前 2000 ～公元前 1000 年，人们跨越了 8000 千米，从中国台湾南部来到菲律宾，穿越印度尼西亚，绕过新几内亚，到达玻利尼西亚西部的汤加和萨摩亚（分别于公元前 900 年和公元前 800 年）。

一到所罗门群岛，移民者就定居下来，那里早在 1000 年前就有人居住。比所罗门群岛更远的地方，那些过去无人居住的岛屿此时也第一次出现了人类的足迹。那时人们使用有装饰的陶器，这些器物在萨摩亚东部都能见到，除了陶器没有其他材质的器皿。这些人还开始有系统地制作食物。

接下来是一个相对稳定的时期，延续了大约 1500 年。然后，公元

700 ～ 1200 年间，航行又开始了。居民驶离萨摩亚，向玻利尼西亚所有可居住的岛屿进发，不过其中一些岛屿始终没有固定的居民，南岛民族朝相反的方向——西面——航行，到达马达加斯加（公元 500 年）。

到公元 1200 年，当热带玻利尼西亚人带着他们那珍贵的却不会飞的鸟抵达新西兰温和的海岸时，迁徙就基本结束了。另一些人大约在公元 900 年时到达复活节岛，并在这个神秘而孤独的地方雕刻出了巨大的石像。一些人也许到达了南美洲，从那里带回了甘薯和石雕技术。这时，南岛民族已经遍布半个地球。

位于复活节岛阿纳克那的石像，底部是石祭台。石像由横渡太平洋的南岛民族亲刻于大约公元 1500 年。

密克罗尼西亚加罗林群岛上的单支架带帆木筏，绘于19世纪。

方式和目的

迁徙是如何完成的？根据语言学重建和民族志记载，早期的南岛独木舟上挂着竹席编制成的船帆，装有起稳定作用的支架；内部的木板通过穿孔的手柄贯穿船体两侧，并架设于独木舟龙骨上，整个船身的构造与船肋骨形成垂直交角。这就好像是用"瑟尼特"（椰子纤维）编织时使用的技巧。1774年，福斯特在塔希提看见的双人独木舟就是如此，这些小舟让人们能在太平洋上航行，船壳的柔韧性相当好。

这些新石器时代的木匠技能（包括制造销子、榫眼和榫）和抛光的木锛及雕刀可以追溯至中国长江下游，公元前6000年人们就在那里发现了独木舟的零部件和船桨。纵横贯穿的造船技术与埃及第四王朝胡夫法老的送葬船只有关联，公元前第三个千年中叶，这艘船被埋葬在吉萨，他的金字塔旁边。这并不是说两者之间是互相传播的关系，只是说很大一部分人类所共有的知识可以追溯至新石器时代的沿河地区。

人类学家感兴趣的问题是：为何那么多人在那么长的时间里进行了那么多次航行？这些冒险活动是因为人们对木工及造船技术的掌握和可运输食物的开发才变成了可能（采集狩猎群体不可能在大洋洲的小岛屿上坚持很久）。这种迁徙的速度之快，不能由人口增长这一单一因素来解释；无人岛上栖息着的鸟群、改善的环境条件（包括周期性厄尔尼诺现象引起的西风），以及人类单纯的对未知疆界的好奇都起了作用。

或许人类真正一次记录在案的太平洋长距离航行发生于公元前1500年，从菲律宾到马里亚那群岛，横渡2000千米开放的海域。此后，人类对于太平洋的探索始终保持不败。

埃及探险家

公元前 2250 年、公元前 1460 年、公元前 600 年

迈瑞拉陛下，我敬爱的主公，派遣我和家父前往……雅姆国（Yam），开启通往那里的大门。我历时 7 个月完成了此项任务，带回各种美丽而珍奇的礼物，深受陛下赞赏。

——哈尔胡夫，公元前 2250 年

古埃及有时会被称为是"孤立主义者"，后世人反观才会意识到那是文明古国。古埃及受护于其天然边界，那里的人们充满优越感，对异国及其居民高度怀疑。当然，与四周贫瘠陌生的土地相比，古埃及人对他们生活在肥沃且物产丰富的土地上感到庆幸，当时的国家意识形态对这一点过分强调，导致排外。但是，抛开官方的政治修辞不说，埃及人从未排斥过来自尼罗河河谷以外的影响，他们欢迎邻国的移民（只要他们愿意入乡随俗），他们——若非出于好奇——渴望利用邻国的经济潜力，为埃及增添荣耀以及财富。

哈尔胡夫之旅

古埃及保留下来的最古老也是最重要的旅行记录可追溯至第六王朝（公元前 2325~ 公元前 2175 年），在金字塔时代将要结束的时候。从阿斯旺俯瞰，尼罗河的山丘上有一座岩石雕凿的墓碑，墓碑的一个立面上刻着一个男人的形象和他的自传，这个人是哈尔胡夫。这很常见：所有有身份的古埃及人都把他们的成就刻在石头上，使之永垂不朽。不过哈尔胡夫确实有过人之处，他到遥远的雅姆国（Yam）进行了不是 1 次而是 4 次探险，这让哈尔胡夫成为了最具冒险精神的古代探险家之一。

第一次探险是哈尔胡夫和他的父亲受迈瑞拉一世之命进行的，此次行程的目的在于巩固贸易路线并为王室

拱北哈瓦（阿斯旺）哈尔胡夫墓侧面浮雕，公元前 23 世纪。

腓尼基旅行家

对海洋贸易的依赖，使得腓尼基人成为古代地中海地区最伟大的探险家。从公元前15世纪开始到公元前4世纪最终覆灭，腓尼基商人在整个地中海地区进行贸易航行，他们从黎巴嫩海岸的腹地朱拜勒、赛达和提尔出发，去了很远的地方，这一点考古发现可以证明。他们在许多主要的地中海岛屿上建立了永久聚居点，这些岛屿包括塞浦路斯、克里特、西西里、撒丁岛、马耳他、伊维萨，北非的商业活动集中于迦太基——突尼斯湾腓尼基人的主要聚居城市。为了寻找贵金属和含金属的矿藏，腓尼基商人在西班牙安达卢西亚海岸附近定居，甚至远至直布罗陀海峡，建立加的斯城，在摩洛哥的大西洋沿岸和更南面索维拉群岛中的一个岛上开辟了许多殖民地。

这些航行持续的时间和距离一样令人惊奇，文献记载腓尼基人和他们的后代也许去了更远的内陆。古代作者写道，他们去了马德拉和加那利群岛，在亚速尔群岛上发现的腓尼基硬币显示他们也许去了更远的大西洋，这一点尚未经证实。中世纪早期的一份手稿记录了公元前5世纪下半叶，一个叫作哈诺的迦太基海员沿着西非海岸所进行的航行，不过路线还存在争议。其他古代历史文献提到腓尼基水手去了传说中的俄斐岛——可能位于东非或阿拉伯沙漠南部。据说一个叫作西姆利科的迦太基人为了寻找锡矿，最远去了布列塔尼，甚至英格兰南部海岸线，不过考古发现中没有证据表明迦太基人和北欧人存在贸易往来。

腓尼基双排桨航海船浮雕，发现于亚述国王辛那赫里布位于尼尼微（今伊拉克）的宫殿内，约公元前700年。

带回珍宝。目的地雅姆国位于尼罗河上游，今天的苏丹境内。哈尔胡夫的家乡阿卜镇（今天的埃及象岛）距雅姆约900千米，阿卜距古埃及首都孟斐斯700千米。哈尔胡夫是从皇宫还是从自己家乡出发的，我们不得而知，但他为能在7个月内就完成使命并为国王带回珍宝感到十分骄傲。

第一次成功后国王又一次派遣哈尔胡夫前往雅姆，这次全由他一个人做主了。他从象岛出发，返程时取道下努比亚（位于今天苏丹北部的尼罗河河谷）的许多小地方，借机了解各地的风土人情，8个月后回到埃及。现代的埃及学家和历史学家有理由对哈尔胡夫的好奇心表示感谢，因为他的观察和记录是我们了解早期努比亚政治情况的最好材料。

哈尔胡夫第三次去雅姆时选取了一条不同的路线，从尼罗河河谷更北面的提斯（This，今天的吉尔贾）出发，沿"绿洲之路"行进。现在的骆驼商队仍在使用这条路线，这条路线在阿拉伯语中被称为达卜阿尔巴因（Darb el-Arba'in），意为"40天之路"。这条路通向哈里杰绿洲（Kharga Oasis），贯穿撒哈拉沙漠东部，抵达苏丹的达尔福尔地区（Darfur District），不过哈尔胡夫肯定要在某个地方偏离这一路线，朝东返回尼罗河。他到雅姆的时候发现那里的统治者不在国内，而是正在发动针对泰吉美人（Tjemeh，今天利比亚东南部的居民）的战争，而他们原定要商讨贸易问题的。哈尔胡夫并没有放弃，也去了泰吉美，成功地完成了谈判，带着一支由300头毛驴组成的驴队返回，

少年国王内弗卡拉－佩皮二世坐在其母膝上的雕像（公元前2300年）

来，立即回来，来满足内弗卡拉国王的要求。"

埃及和非洲：第一次环球旅行？

出于对奇珍异宝的渴求，古埃及人频繁地向红海沿岸直至庞特地区（Land of Punt）进发，其中最著名的一次是哈特谢普苏特女王（Hatshepsut）在位期间（公元前1473～公元前1458年），由财政部长奈赫西（Nehsi）带领的，这一事件的来龙去脉详细地记录在卢克索附近帝王谷中女王祭殿的墙

每头驴的背上都驮着奇珍异宝，包括香料、乌木、精油、豹皮、象牙。但是，返程之旅有些曲折：为了像过去一样穿过下努比亚，哈尔胡夫先得和统治者磋商才能保证安全。只有在雅姆统治者指派的持械卫队的护送下，哈尔胡夫才能穿越高地。他如释重负地踏上往北的返程之路，回到了王室所在的孟斐斯，那里的人们用满载美酒和美食的船只迎接他的归来。

哈尔胡夫在迈瑞拉的继任者——少年国王内弗卡拉－佩皮二世（Neferkara Pepi Ⅱ）——在位初期第四次前往雅姆。对哈尔胡夫来说，这次旅程中最荣耀的时刻，是收到一封来自国王的信。信中，内弗卡拉兴奋地催促哈尔胡夫将最珍奇的宝贝——跳舞的俾格米人——从雅姆安全运送至埃及。过去从未有一个人从尼罗河上游带回如此奇妙的"战利品"，少年国王在信中写道："快带着俾格米人回北方

哈尔胡夫第三次去雅姆国时选取的路线以及庞特的可能位置。公元前15世纪，哈特谢普苏特派了一支探险队去庞特。

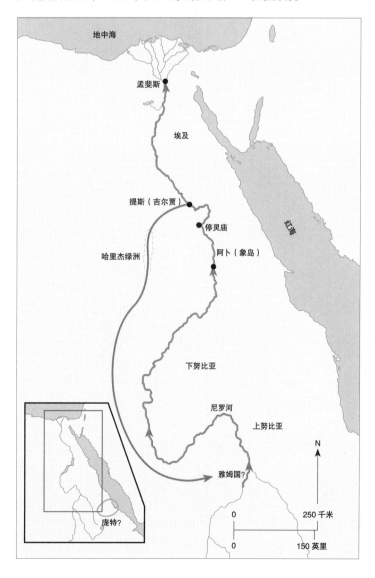

右图：上漆的木船模型，船员正在使帆，埃及中部，迈尔，大约公元前1900年。

下图：代尔巴哈山哈特谢普苏特神庙中的茅草屋村浮雕，公元前15世纪。

壁上。这些探险需要一定的航海知识，但和第二十六王朝国王尼科二世（Necho Ⅱ，公元前610～公元前595年）下令进行的航海探险相比航海知识就不那么重要了。

根据希腊历史学家希罗多德的记录，尼科国王派遣了一整个舰队的腓尼基水手进行了一次环非航行，出发时取道红海和印度洋，通过直布罗陀海峡返程。船上的食物依靠周期性的靠岸播种和收获取得，全程历时近3年。尽管这个故事看似风光无限，但大量的文化和文学上的证据表明，这次航行根本不存在。不过这个故事倒是再次证实了腓尼基人卓越的航海能力，这一点得到当时地中海东部居民的认可。

希罗多德

公元前 450 年

哈利卡那索斯的希罗多德在此展示他的发现，让人类的成就得以免疫于时间，让伟大的行为——有的是希腊人的功绩，有的是野蛮人的功绩——不至于黯然失色，特别是为了告诫人们人类征战的缘由。

——希罗多德，公元前 5 世纪

世界上最古老的历史书就这样诞生了，这史诗性的记录直到 2500 年后仍然在重印。这本书的作者是希罗多德，一位了不起的旅行家，关于他的生平我们所知甚少。他来自一座叫作哈利卡那索斯的古代城市，即今天的土耳其港口城市博德鲁姆，我们所知仅限于这寥寥数语。

希罗多德大约出生于公元前 484 年，当时正是希腊的黄金时代，波斯战争于公元前 479 年结束，此后迎来了希腊文明的高峰。他的同时代人中包括一些最伟大的希腊人，比如伯里克利、苏格拉底、普罗泰戈拉、索福克勒斯、修昔底德。希罗多德大约于公元前 425 年去世，那时的柏拉图还是个蹒跚学步的孩子。

希罗多德大约于公元前 457 年被流放，原因是他想推翻哈利卡那索斯的暴君吕戈达米斯。他可能在萨摩斯岛上生活了许多年，而后回到哈利卡那索斯，并驱逐了吕戈达米斯。在这一重大事件之后，他似乎又踏上了旅程，开创了史无前例的探险：他穿越小亚细亚、巴比伦、埃及、利比亚、黎巴嫩、巴勒斯坦和希腊，最北到达黑海。

人们一般认为希罗多德在公元前 443 年第一次发现了意大利南部的图利，此地后来成了希腊的殖民地。他在此度过余生，完成了《历史》这一颠覆性的著作。

希罗多德是"历史之父"，大多数人只知道这一美誉（普鲁塔克不友好地称他为"谎言之父"），不过他可不仅仅是"历史之父"，他是历史上第一位游记作家，一位杰出的历史学家、人类学家、探险家、戏剧家和敏锐的记者。他总能发掘出那些让人愉快或惊恐的信息，似乎这些还不够，他还写了第一部有韵律的史诗。

《历史》

《历史》是一部记录波斯战争的编年史杰作，内容从公元前 6 世纪中期的居鲁士入侵开始，延续到冈比西斯和大流士的故事，至公元前 5 世纪薛西斯灭亡为止。本书妙笔生花，悬念丛生，笔风更接近于小说家而非历史学家。

《历史》并没有采用传统的叙述方式，其中充满了细致的情爱描写、

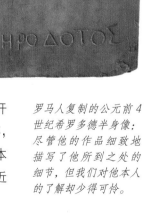

罗马人复制的公元前 4 世纪希罗多德半身像：尽管他的作品细致地描写了他所到之处的细节，但我们对他本人的了解却少得可怜。

爱情故事、暴力、罪行、异乡奇俗、春宫场面、回忆、梦境、政治思考、哲学思辨、先知启示、地理疑问、自然历史、短篇小说和希腊神话，令读者眼前一亮。

埃及和周边地区

从《历史》中我们可能无法确知希罗多德到底去了哪里，只能判断哪些内容是根据一手材料、哪些是根据二手材料写的。可以推测他去了土耳其境内的爱琴海岸，包括以弗所、米利都、普利内、帕加马、萨第斯、士麦那，最后经由黑海抵达奥尔比亚；我们知道他在希腊诸岛和萨摩斯以及雅典生活了很久，他到过现在的黎巴嫩和伊拉克，包括提尔和巴比伦这两座伟大的城市，也许还横跨了利比亚，最后以当时的意大利南部为终点。

文明的摇篮埃及触动了希罗多德的激情，这是他最精彩的旅程，他顺着尼罗河缓缓地航行，在南部的象岛看到了尼罗河大瀑布，他痴迷于那神秘的潮汐和水流以及季节性洪水。他精确地描述了在尼罗河河口航行一天可以听见的声音［"河水深 11 英寻（1 英寻 =1.8288 米），河底是泥沙，这告诉我们淤泥延伸到多远"］，基于这一观察，有理论认为整个尼罗河

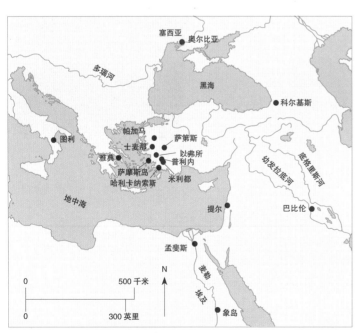

左图：象岛是希罗多德到达的埃及的最南端，几个世纪以来，他对埃及的记录都是重要的参考资料。

下图：埃及托勒密时代的青铜巴斯特女神像，希罗多德的《历史》中描写过巴斯特庆典。

河谷都曾是红海的分支，埃及是一个巨大的冲积平原，是"尼罗河的礼物"。对 2000 年前尚未掌握地理知识的人们来说，这可是了不起的推理。

由于埃及历史悠久——"值得描述的细节比其他任何地方都多"，希罗多德满怀仰慕之情地记录下了当地的风俗、建筑细节、饮食、农耕、丧礼和祭祀仪式、制作木乃伊的工序、恋尸癖，所有这些描述编织成了埃及和其居民的动人画卷。他详细描写了埃及鸻（一种鸟）如何除去鳄鱼口中的水蛭，还记录下尼罗河货运船的建造方法。这些体现了他的认知深度。《历史》卷二长期以来代表了人们对于古埃及最翔实的认识，直至 19 世纪才有其他著作取而代之。

对于现代读者来说，希罗多德不愿留名这样一种谦逊的态度颇具教益。和许多现代人不同，他的足迹踏遍了大半个世界，却刻意对这段经历轻描淡写。"为了获得能满足我的材料，我坐船去了腓尼基的提尔，因为我听说那里有一座献给赫拉克利斯的宏伟庙宇。"他如是写道，便戛然而止，似乎那是最简单和自然的旅程。这是怎样的旅行家啊！

色诺芬

公元前 401~ 公元前 400 年

色诺芬立即亲自倒了一杯圣水，并让人在年轻人的杯子里倒满水，以献给神，神谕揭示了梦境，告知他们浅滩所在的位置，让他们能获得更多启示。

——色诺芬，公元前 428~ 公元前 354 年

色诺芬的书是许多孩子学习古希腊历史的入门读物。雅典人色诺芬本是苏格拉底的学生，保守派政治流亡者。公元前 401 年，他与一大群希腊雇佣军一起加入了一个波斯人的雇佣军团，这次旅程把他们带到了美索不达米亚南部一场决定性的战役中。色诺芬的回忆录中也记录了希腊军队的大溃败——公元前 400 年，返回黑海时，军队中的人数减少了不少，那时他已经晋升为军队的总指挥官。他还记录了他们沿着黑海南岸到达拜占庭及周边地区的经过。

公元前 401 年是波斯帝国的鼎盛时期，其疆域从爱琴海延伸至兴都库什山，从锡尔河延伸至尼罗河，这辽阔的疆界此时受到了挑战。亚历山大二世的挑战者是他的亲弟弟居鲁士，此人当时只有 21 或 22 岁，他和希腊人交往甚密，确切地说是在伯罗奔尼撒战争末期（公元前 431~ 公元前 404 年）支援过斯巴达。公元前 401 年，借助斯巴达的阴谋诡计，居鲁士招募了大约 13000 人组成希腊雇佣军。他们的长征始于春天，起点位于萨第斯，波斯帝国最西端的吕底亚首府。

转折点

公元前 401 年 9 月，在离巴比伦不远的库那克萨，决定性的战役开始了。希腊雇佣军表现出色，但居鲁士的死使他们六神无主，萨第斯总督提沙费尔尼斯很快占了上风，大多数雇佣军领袖都中圈套而死。暂时群龙无

奇里乞亚山口，通往托罗斯山脉的要道，色诺芬和亚历山大都曾经过。

首的士兵们勇敢地继续战斗，提沙费尔尼斯兴师动众地想消灭他们，却未能如愿。

返程途中，希腊人沿着底格里斯河上游朝北前进，最终到达了黑海的东南角(希腊人将黑海委婉地称为"友好之海")。他们先到了俄庇斯(大致是现在的巴格达)，渡过小扎卜河(色诺芬省略了)与大扎卜河汇合之处，到达希腊人称为拉里萨(尼姆鲁德)和梅斯庇拉(尼尼微)的地方。他们现在是在亚美尼亚东部凡湖卡帕多西亚人的领土上，但并未顺着底格里斯河走向它的源头，而是沿着它的一条支流朝北到达了现在的比特利斯和穆契(Mouch)。他们进入了海拔超过 1000 米的高原地区，而冬天渐渐临近(公元前 401~ 公元前 400 年)。

色诺芬描写他们如何穿越天寒地冻的卡利比地区(Chalybians)的篇章中有许多令人印象深刻的段落，比如"他们分 3 个阶段穿越一片积雪的平原，其面积大约有 13 个波斯那么大，第三个阶段最艰难。北风割着他们的脸，把什么都吹走了，人们被冻僵了。一个先知让他们宰杀动物献给风"——虔诚的色诺芬总是应允这样的献祭。那时，由于战役中的死伤和天气的恶劣，原先 13000 人的雇佣军减少至 10000 人(一个不错的整数)，到了夏天，又少了 400 人。5 月时，在现在土耳其的博兹特佩(Boztepe)，一小队歪歪扭扭地前进着的士兵惊呼："海！海！"那是黑海，是居住在爱琴海最远处入海口的科尔喀斯人的领地。大溃败结束了，

左图：奥克瑟斯宝藏中的一对黄金臂镯(藏于大英博物馆)，两端是两个狮身鹫首的怪兽。色诺芬说，在波斯宫廷中，臂镯是一种尊贵的礼物。

土耳其西南部利西亚克桑瑟斯的涅瑞伊得斯纪念碑细部，表现了一个王朝即将倾覆的时刻：右边是被攻占的城市；左边是两名装备精良的希腊步兵，他们手持双柄盾牌，戴着饰有纹章的头盔。

10000 名士兵在离特拉佩佐斯（今特拉布宗）不远处看见黑海的东南角，发出那一声著名的欢呼："海！海！"这张图片恰到好处地捕捉到士兵需要穿越的险要土地。

大合唱开始了。

重现希腊的辉煌

　　公元前 400 年 6 月至 7 月，他们到达了希腊城市特拉布宗，前面是克拉索斯和柯特尤拉（Cotyora），这里居住着的是莫叙诺依科人。在色诺芬看来，他们没有文明可言，他们甚至不吃面包。在科提奥拉，色诺芬

这张地图是 10000 名士兵穿越波斯帝国西部时的行进路线：从吕底亚的萨第斯到美索不达米亚南部，回程时取道库尔德斯坦到博斯普鲁斯。

提议让这 10000 人——一个希腊城邦的规模——在海岸永久地定居，地点在柯特尤拉和锡诺普之间。这个建议没有受到多少异议，那时大多数人都认为他们所看见的就是"家"了。此外，他们现在终于能够像一般居住在沿海地区的希腊人那样出行：走水路而非陆路，坐船从一个港口抵达另一个港口。

　　就这样，他们从柯特尤拉出发，经过锡诺普到达赫拉克利，来到黑海西南端的卡培港。另外一些要求不那么高的人经陆路到于斯屈达尔，抵达拜占庭对面，博斯普鲁斯海峡位于亚洲的那一岸，那里正由斯巴达人统治。斯巴达人觉得这些人非常可疑，威胁说要把他们全部变成奴隶，但色诺芬赢得了时间和人力，他召集大批人马，于公元前 400 ~ 公元前 399 年，以色雷斯首领的名义从北面一直打到马尔马拉海西面。那时斯巴达人忽然改变了"外交政策"，决定将安那托利亚的希腊城市从波斯帝国中解放出去。所以，公元前 399 年，仍以色诺芬为首的 10000 人加入了一支名为"居鲁士人"的斯巴达远征军。色诺芬于公元前 350 年去世，他十分长寿，一生写了许多著作，除了《长征记》外，其他都是说教性质的。

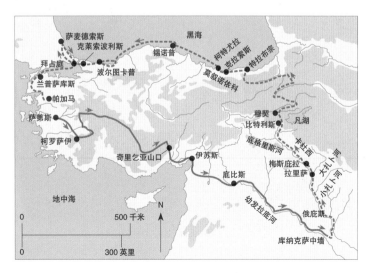

亚历山大大帝

公元前 334 ~ 公元前 323 年

我可以说一个无可质疑的事实，那就是他永远不会停止征服，哪怕是把欧洲并入了亚洲，把不列颠岛并入了欧洲。他会继续去征服未知的疆界，他似乎本性如此。若他没有对手，他就能把最好的变得更好。

——阿里安，公元 2 世纪

亚历山大大帝是有史以来最杰出的骑手和震慑世界的征服者。他在很小的时候就会骑马，之后频繁地骑在马背上指挥作战、打猎和游历。他对爱马——色萨利的布西法拉斯——耳语的故事非常有名，他和这匹马形影不离 20 年——无论是在征战时还是和平时期。不过，他有时也和他的上千个部下（必要时部下中也有女人）一起走路。他们的足迹绵延 32000 千米：公元前 330 年从希腊内陆出发，穿过安那托利亚、波斯、近东到达阿富汗，进入中亚和印度，最后回到美索不达米亚的巴比伦。公元前 323 年 6 月，亚历山大大帝在此去世。他所向披靡，这一点伟大的历史学家阿里安已经在他的作品中明确地指出了。

亚历山大大帝的征战范围广大，战绩显赫，是人类历史上最伟大的征战之一。战争于公元前 334 年始于海上。亚历山大大帝当时正在指挥一支远征军与波斯人作战，这场战争是由他父亲——马其顿的腓力二世发起的。他成了第一个踏上亚洲这片土地的人，地点是赫勒斯滂南岸（今达达尼尔海峡）。他们绕路去了传说中的特洛伊战争遗址，新一代的阿喀琉斯和他的帕特罗克洛斯们（赫费斯提翁）去那里瞻仰先人的坟墓。同年 5 月，亚历山大大帝在特罗亚赢得了格拉尼库斯河战役，他一生中曾 3 次击败伟大的国王大流士三世及其督抚们，这是第一次。这之后他解散了大部分舰队，5 月到 8 月间都在小亚细亚陆地上作战。

公元前 1 世纪青铜骑士像，亚历山大戴着皇冠，骑着布西法拉斯，用长矛（遗失）向对手进攻。尽管这是宫廷雕塑家——西库翁的利西普斯——的原作，却是于 1751 年在意大利赫库兰尼姆古城被发现的。

埃及卢克索一座庙宇内的浅浮雕，右边是亚历山大，他已被人当作法老，因此是受崇拜的对象，而他正在向埃及敏神致敬。

公元前 333 年春，亚历山大大帝率领他的队伍在安那托利亚中部的大弗里吉亚活动，值得一提的是他们快速破解了戈尔迪之结。那年夏天他去了安卡拉，从那里朝南，穿过奇里乞亚山口到达大数和索里；第二次大战役于同一年 11 月在帕亚斯河河岸进行，离现在的伊斯肯德伦（得名于亚历山大）不远。这场战役打开了通往累范特的大门。公元前 332 年 1 月到 7 或 8 月间，他一直在试图攻陷腓尼基的提尔，那时的提尔是座堡垒般的海滨城市。轻易夺取加沙后，亚历山大大帝开始考虑进军埃及，这也没什么阻碍。公元前 331 年年初，他以法老身份建立了以他名字命名的都城——亚历山大，然后他行进 500 千米，到沙漠以西的锡瓦绿洲去寻求阿蒙先知的启示。

高加米拉之役

公元前 331 年春天，亚历山大大帝从提尔回到埃及的孟斐斯，盛夏时在塔普萨卡斯渡过幼发拉底河上游，接着继续往东渡过底格里斯河，大约在 10 月 1 日与大流士进行了决定性的高加米拉战役，这个地方离尼尼微很近。战役结束后，亚历山大大帝途经巴比伦前往巴比伦尼亚（美索不达米亚南部），穿过锡坦奇尼到伊朗。首先，他扫除了在古波斯行政中心苏萨可能遇到的障碍，冬季时他前往宗教中心和皇家陵寝所在地波斯波利斯。公元前 330 年春，又在伊朗国土上进行了一场战役，之后他回到波斯波利斯，烧毁了宫殿，这一行为饱受诟病。亚历山大大帝从米底（今伊朗北部）出发，取道原先的波斯首都帕萨尔加德，于6月抵达雷伊（今德黑兰）。

7月，亚历山大大帝前往里海南岸的赫卡尼亚；8月继续前往阿瑞亚——此地位于现今阿富汗西北部，建立亚历山大的阿瑞安（今赫拉特）。而后他朝南前往德兰吉亚那和塞斯坦。尽管冬天来了，他依然继续向阿拉霍西亚挺进，在一座波斯碉堡处建立了另一座亚历山大（今坎大哈）。随后，经由帕拉帕米萨代，他到达兴都库什山脚下，于公元前330年至公元前229年冬季建立了高加索的亚历山德里亚（今喀布尔北部，靠近贝格拉姆和恰里卡尔德的地方）。

进军印度

公元前329年，亚历山大大帝翻越了可怕的兴都库什山脉，到达德拉普萨卡和巴克特里亚（二地都在阿富汗东北部）的巴克特拉（阿富汗北部的巴尔赫）；随后渡过阿姆河抵达马拉坎达（撒马尔罕）——那是粟特王朝的夏宫（位于今乌兹别克斯坦境内），跨越药杀水（即锡尔河）。绝域亚历山德里亚的建立永远地见证着他伟大旅程最东北面的终点。

公元前329年至公元前328年冬季，亚历山大大帝在巴克特拉逗留，公元前328年夏末时他回到马拉坎达；公元前328~公元前327年他在诺塔卡停留，于公元前327年春攻占

波斯波利斯位于现今伊朗南部的法尔斯省，是波斯帝国主要的举行仪式的地方。这里始建于大流士一世在位时期（公元前520~公元前486年），经多次扩建，后被亚历山大烧毁。图片中前景是大流士宫殿，背景是阿帕达纳，或称仪式观礼台。

右图：亚历山大征服现在的阿富汗，导致希腊的分裂以及东方艺术和某种程度上的宗教统一：可以看见小小的希腊神赫拉克利斯（左）旁边是一尊佛陀像。

粟特岩山和克里尼斯堡垒。为了巩固对当地的控制，亚历山大和一个粟特军阀的女儿罗克珊娜结了婚。春末，他最终离开了巴克特拉，再次翻越兴都库什山回到高加索的亚历山德里亚，开始了另一场征程——入侵"印度"（旁遮普地区），这个地方长期以来都是古波斯帝国的领土。

公元前 327 年至公元前 326 年冬季，亚历山大留在阿萨锡尼（斯瓦特和布内尔两地），之后他攻占了马萨加和高大的阿诺斯岩山（位于皮

尔萨尔山脉上），去往十分宽广的河流——印度河。途经一个王国时（首都在塔克西拉）他没受到任何阻碍。5 月，希达斯皮斯河（巴基斯坦的杰赫勒姆）战役中，亚历山大遇到来自波鲁斯（保瓦拉的一个王公）的顽强抵抗。他打败了波鲁斯，于 6 月末渡过奇纳布河和拉维河，到达比亚斯河。此时亚历山大大帝的大军劳累、思乡，同时又受到季风的侵蚀，他们最终哗变了。

亚历山大大帝自得地宣称他"打败了波斯人、米底人、巴克特拉人、塞克人（和亚洲的任何一个民族）；翻越高加索山，渡过阿姆河、塔奈斯

亚历山大及其军队行军总里程达 32000 千米，从欧洲的希腊到印度次大陆西北，最终回到美索不达米亚。

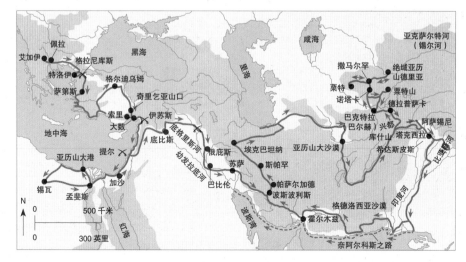

河，甚至印度河、希达斯皮斯河、奇纳布河和拉维河。"若不是士兵哗变，本该渡过比亚斯河的。士兵们强行要求亚历山大大帝朝西走回到希达斯皮斯河，他们的战舰就停在那里。11月时大军开始前往印度河河口。

晚年

亚历山大大帝还进行了许多次探险。公元前325年，他在今天的木耳坦消灭那里的马里人时受了重伤。但到7月，大军又抵达巴塔拉（巴基斯坦的海得拉巴），8月他解散了军队。这些不那么光荣的退役士兵被送回了伊朗，陆路经过塞斯坦和卡马尼亚。奈阿尔科斯指挥的一条战舰受命沿着印度洋和波斯湾慢慢航行，与军队会合。亚历山大本人9月出发，当时他仍带了许多士兵及其家属，穿越格德洛西亚沙漠（莫克兰地区），但他们却未能如期和战舰会合，许多士兵、动物以及跟着军队的人都死了——十分具有讽刺意味的是由于缺乏饮用水并且洪水泛滥而死。到公元前325年12月中，奈阿尔科斯到达哈莫泽亚（霍尔木兹海峡）；同一个月稍晚些，他和国王在卡马尼亚碰面（可能是在古拉什尔德，另一个亚历山德里亚）。

公元前324年年初，奈阿尔科斯离开霍尔木兹，驶进了波斯湾。大约在1月，亚历山大到达伊朗南部的帕萨尔加德；3月，他和奈阿尔科斯在苏萨再次见面。这时军心仍不稳定，6月，在底格里斯河上的俄庇斯发生了第二次哗变。接下去的一整个冬天（公元前324~公元前323年），军队都在残酷地镇压埃克巴坦纳（哈马丹）的科萨安游牧民族。

公元前323年年初，亚历山大回到巴比伦并准备他的下一次大规模征战，这次的对手是阿拉伯人。但他6月初就去世了，死因可能是疟疾引起的高烧。在被运往故乡马其顿王国安葬时，亚历山大的遗体却被运往亚历山大港——他所建造的都城，这看似永无终结的旅程终于不得不结束了。

对页右图：在奥克瑟斯宝藏中发现的一系列大金币，价值10德拉马克。金币铸造于公元前326年前后，是为了庆祝亚历山大（骑马的人）在希达斯皮斯河战役中完胜波拉斯国王（骑象的人）。

位于马其顿佩拉的戴奥尼索斯马赛克壁画，原本是马其顿王国都城中一座豪华大宅的装饰。画中描绘的可能是克拉特鲁斯（右）协助亚历山大（左）在叙利亚的斗兽场中猎狮子。

皮西亚斯

公元前 320 年

马西利亚人皮西亚斯似乎确实去过那些地区［北部］。他在《大洋记》（On the Ocean）中记录道：野蛮人告诉过我们好几次太阳落山的位置。这些地方是如此，夜非常短……太阳下山后……又立刻升起。

——杰米诺斯，公元 50 年

大约在公元前 320 年，马西利亚（马赛）人皮西亚斯返程了，这段伟大旅程的地点包括大西洋、英国，甚至是北极以北的地方。他回来时把他的经历写成了一本叫作《大洋记》的书，这本书对当时地中海地区的学者，比如历史学家提马埃乌斯、地理学兼天文学家狄西阿库斯，产生了重大影响。后来，亚历山大图书馆总管、博学的厄拉多塞也提到了这本书。这 3 个人都只引用皮西亚斯对大西洋的描写，其奇妙的内容包括汹涌的海面、巨大的浪头，居住在那里的奇特民族也进入了地中海人的视线。

并非所有人都相信皮西亚斯的故事，波利比乌斯和斯特拉波就提出了尖锐的批评，不过这可能是因为皮西亚斯的描写不符合他们自己的预想，虽然如此，他们也引用皮西亚斯的书——如果不是为了取笑的话。原作后来的去向，我们不得而知，如同其他许多古代的伟大著作一样，我们只能从那些仰慕者或嘲弄者那里得到些零星的信息。

皮西亚斯是个怎样的人？能解答这个问题的信息也极少。而最重要的信息是他是个探险家，大西洋沿岸丰富的锡矿和北方商人带去马西利亚的琥珀都能触发他的好奇心。不过皮西亚斯可不仅仅是个探险家，他对人和自然现象的描写表明他有丰富的科学知识，他对航行距离的估测特别能体现这一点。皮西亚斯在不同的地点测量夏至那天正午时太阳影子的长度，将这些数据分别与在马西利亚测得的数据相比较，以此计算他已朝北航行了多远的距离。喜帕恰斯后来也用这些数据计算纬度并证实它们与布列塔尼北岸、马恩岛、刘易斯岛和设德兰岛北部的纬度一致。不过没有相应的测量经度的方法，往西航行的距离是通过航行时间计算的。这样，皮西亚斯意识到布列塔尼是一个往西延伸的半岛，他精确地估计出不列颠岛的面积和形状。

现存的文本足以让我们重构这场伟大旅行的概貌了：皮西亚斯可能经陆路，从马西利亚出发，取道奥德山谷到达加龙河，沿河而下到吉伦特河口，第一

中图：法国圣叙尔比斯墓中发现的公元前 5 世纪下半叶的琥珀和玻璃项链。琥珀来自日德兰半岛。公元前 10 世纪，波罗的海商贸活动频繁，皮西亚斯的著作让我们知道琥珀的来源。

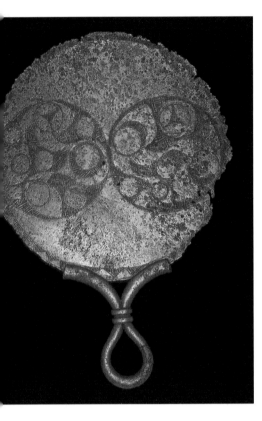

可能经马恩岛和刘易斯岛去了西岸，在设德兰上了岸，之后发生了什么我们就不清楚了。他提到了图勒，要航行6天才能到。这里，他说道，海洋是凝结的，夜很短，最多两三个小时。从我们所知的零碎线索中，可以间接推断出他所说的是冰岛。这并不代表他本人一定去过冰岛，不过至少他写的是那些去过的人所看到的。

　　皮西亚斯从遥远的北方一路航行到不列颠东海岸，可能从北海绕行，去了生产琥珀的日德兰地区。他花了很长篇幅描写琥珀，这些内容可能是他从去过那里的英国人口中听来的。旅行的最后一段是向西穿越英吉利海峡，在从布列塔尼回马西利亚之前，这段插曲让他估算出不列颠岛南岸的长度。皮西亚斯的大西洋之行富有史诗的意味，他或许不是第一个去探索海洋及其周边岛屿的人，但他是第一个平安返回并记下途中发现的人。

次看到了大西洋。他在那里租了当地的船只朝北前往布列塔尼，穿越康沃尔，在那里看见了锡的开采和买卖活动。

　　皮西亚斯只需要跟随着马西利亚人进口锡的路线就能完成这趟旅程，但既然已走了这么远，他就决定从水路和陆路好好探索一下布列塔尼。他

公元前1世纪有装饰的铜镜，发掘于康沃尔郡，圣凯弗恩，特里兰·巴霍。一同发掘的还有胸针、玻璃珠和手镯，表明这可能是一座家境富有的女士的坟，或许她是皮西亚斯见过的某位锡矿工人的后代。

地图中表示的是皮西亚斯可能的行进路线，纬度是皮西亚斯根据太阳光的高度计算的。他是真的去过冰岛和盛产琥珀的日德兰半岛，还是从去过那里的人口中获得的信息，这个问题仍有待查证。

汉尼拔

公元前 223 ~ 公元前 200 年

西庇阿从未料到汉尼拔会企图翻越阿尔卑斯山，就算料到，他也会认为这次远征注定失败。因此，当他发现汉尼拔安然无恙并在攻取意大利城池时，他对对手的勇气深表赞叹。

——波利比乌斯，公元前 2 世纪

下左图：这尊被普遍认为是汉尼拔的大理石半身像。罗马人非常憎恨汉尼拔，所以大多数纪念他的物品都佚失了。

汉尼拔·巴卡出生在迦太基（今突尼斯附近的一座城市），当时罗马帝国为取得地中海西部的控制权正在与其进行激烈的争斗。从公元前 264 年延续至公元前 241 年的那场战争使得双方都弹尽粮绝，后来是罗马帝国获胜。汉尼拔的父亲哈米尔卡是那场战争的指挥官，传说他曾让儿子发誓永远不与罗马人结盟。

汉尼拔在西班牙长大，迦太基人在那里建立了一个新帝国，用西班牙的白银和人力填充自身越来越少的储备。汉尼拔因其天不怕地不怕的个性成了军队里最受爱戴的人，哈米尔卡死后，他成了西班牙迦太基人的首领。

公元前 220 年，汉尼拔带领着军队渡过塔霍河，开始了长达 17 年的漫长旅程。前进途中，萨贡托人与他的盟友发生战争，他得决定是否参战，这并非易事，因为萨贡托是罗马人的盟友。汉尼拔发起了进攻，也知道这么做意味着要与罗马人开战。萨贡托于公元前 218 年沦陷，汉尼拔在正式宣战前朝着意大利长驱直入。

行进中的军队

踏上这征途需要极大的勇气，2415 千米的路程由曲折的山脉构成，山上住着难以对付的部落。抵达可怕的阿尔卑斯山之前，需要穿过西班牙北部的荒野，渡过法国南部的河流。为了克服这些困难，汉尼拔带上了他的大象，他觉得用大象对付没有经验的罗马骑兵将十分有效，因此费尽力气赶着它们翻过了一座又一座山。但没有一个人能一帆风顺地占领每一座

城市——除非有当地民众投诚，每座主要的意大利城市中都存在这样的人。汉尼拔所进行的不仅是一场军事赌博，也是政治赌博：许多刚刚被罗马帝国收服的意大利人将汉尼拔视为来解救他们的人，自愿加入了他的队伍。

汉尼拔在弟弟哈斯德鲁巴的陪同下离开西班牙，同行的还有另一个弟弟马戈。他的军队由90000人组成，其中骑兵12000人，外加几十头大象。接下来的几个月中，他们渡过埃布罗河到达比利牛斯山，进入法国南部，军队每天前进16千米，几乎是每走一步就遭遇当地部落的反抗。

迦太基人遭遇的最强的抵抗来自罗马人，但罗马人的指挥官西庇阿被意大利北部高卢人的起义困住，无法脱身。他们渡过罗纳河时大象从木筏上翻了下来，最后人们是游过河的。

在阿罗布鲁格斯时，由于受到当地高卢人部落的骚扰，迦太基人不得不加快前往阿尔卑斯山的步伐。但汉尼拔介入了迪朗斯河（罗纳河的一条支流）沿岸一个部落的内战，胜者对他们心怀感激，让汉尼拔在翻越阿尔卑斯山前得以喘一口气。

翻越阿尔卑斯山

关于汉尼拔翻越阿尔卑斯山的路线存在一些争议。古代地理学家斯特拉波指出"汉尼拔通过都灵的垭口"。（汉尼拔在那里打了一仗，摧毁了部落的主要城市。）比较明显的一条路线是通过拉什尔山口，不过这相对容易些，不会是历史学家描述的那条又

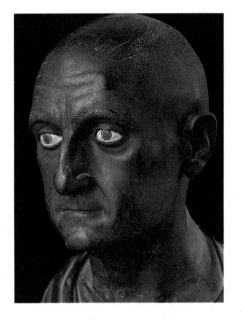

高又艰难的路。汉尼拔可能是因为向导的欺骗或山里的凶悍部落改变了行程。阿罗布鲁格斯人发动了一场进攻（可能在德拉克峡谷一带），把汉尼拔军队永远地赶走了，但行进的中间阶段，在今天的拉尔让蒂埃拉贝塞埃，敌对的部落把大石头从山上滚下来砸在士兵身上，又在小路上袭击士兵坐骑，导致大量伤亡。

汉尼拔顽强地反击，双方都损失惨重。行进3天后，汉尼拔攻占了另一座高卢城镇，为他的部下取得了接下来几天的口粮和喘息的时间，他还把部落成员从他那里抢去的牲畜也夺回来了。

部落里的人们从这次攻城中吸取了教训，就不再阻拦汉尼拔了。汉尼拔对这种转变很怀疑，他确实该怀疑，因为部落成员真正的目的是把军队引入一个最易进行伏击的位置。汉尼拔的防备十分有用，他指挥大象进攻，让迦太基人幸免于难，但损失很大。

对页右图：一枚迦太基银币上的战象。尽管困难重重，但汉尼拔还是决定带着大象行军，因为它们对罗马兵团的打击是致命性的。

大圣伯纳德山口是汉尼拔翻越阿尔卑斯山可能经过的地方之一,不过精确路线仍存在争议。

高卢人并不就此罢休,过了几天,汉尼拔的军队不得不在受寒风席卷的、光秃秃的岩石上宿营,把动物安置在隘路里。军队要翻越垭口时下起雪来,雪落在往年的积雪上,使道路变得非常滑,通常能置人于死地。军队还没下山,一场山体滑坡就挡住了他们的行程。一条小路被一块大岩石堵死了,士兵们用火烧它的底部,再淋上醋,直到它碎成小块。现在大队人马看见了波河,汉尼拔指着伦巴第苍翠的平原描绘着下面丰富的资源来提高士兵们的士气。

最终,15天后,汉尼拔的军队到达了意大利。5个月的征程后,军队中有一半人不是死了,就是做了逃兵,剩下的能和罗马人作战的迦太基部队不到36000人。在帕维亚附近的特雷比亚河,汉尼拔以其高超的作战能力打败了罗马人,继续朝南挺进。

他在亚平宁山受到崎岖地形和暴风雪的阻碍,一头好不容易翻越了阿尔卑斯山的大象也死在了这里。

穿越意大利

公元前217年春,罗马人又一次反击,汉尼拔在特拉西美诺湖对其进行伏击,杀死了罗马执政官和12000名罗马军团士兵。

接下来的一年中汉尼拔持续往南,在坎帕尼亚进行抢掠。公元前216年,罗马人派了一支庞大的军队在坎尼附近想摧毁他。汉尼拔使用了经典的两翼包围战术大败罗马军队,杀死了45000人。

这是汉尼拔远征的高峰,从军事上说,他的远征是了不起的胜利,而从政治角度看,却是惨不忍睹的失败。罗马人的盟友没有起义,这样一来,以汉尼拔的力量是不可能战胜罗马帝

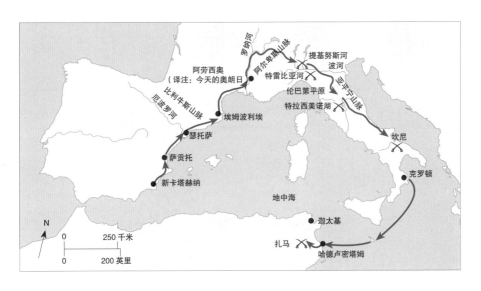

地图中是汉尼拔的军队从新卡塔赫纳穿越西班牙和法国，而后翻越阿尔卑斯山到达意大利的路线。数次战役后，他把船从意大利的脚尖拖回北非，最终在扎马被罗马人打败。

国雄厚的人力和物力的。

　　公元前203年，罗马人反攻，他们没有理睬汉尼拔而直接入侵非洲，迫使迦太基人撤回军队。汉尼拔离开了意大利，这次是从南部走的水路。汉尼拔出征时29岁，返程时已45岁了。

　　汉尼拔的回乡之旅并不顺利，公元前202年，罗马人在扎马打败了他，他不得不与之讲和。他遭到政治对手的流放，被追至地中海。20年后，也就是公元前183年，罗马人在比提尼亚将汉尼拔逼入绝境，他自杀了。尽管如此，几个世纪后，妈妈们为了让吵闹不休的孩子们安静下来，还是会轻轻地说："汉尼拔在门口呢。"

迦太基，还可以看见古城遗迹。尽管汉尼拔一生都在为迦太基战斗，但他很小的时候就离开了这里，此后20年中，也只是短暂地停留了一阵子。

圣保罗

公元 60 年

现在我还劝你们放心。你们的性命，一个也不失丧，唯独失丧这船。因我所属所侍奉的神，他的使者昨夜站在我旁边说："保罗，不要害怕，你必定站在凯撒面前，并且与你同船的人，神都赐给你了。"

——《使徒行传》27: 21~22

碧绿的凯撒利亚，使徒保罗就是从这里的港口出发去罗马的，还能在水下看到古代港口的一部分。

波求非斯都于公元 60 年接任罗马犹太人省总督时，他的前任没有完成的事项中包括对大数的保罗的审判。这是一个一边游历一边传道的人，耶路撒冷的大祭司指控他把非犹太人带进了圣殿。作为一个罗马公民，保罗有权在罗马皇帝面前受审，这样就避免了进入他的对手们为他在耶路撒冷预备的闹剧法庭。

保罗已经在监狱里被关押了两年，经过短暂的听证会后，他被押送至凯撒利亚，从那里去罗马。保罗是个有些地位的人，因为他既是迅速扩张的基督教中的领袖，又出生在一个有名望的家庭。这样一来，他可以至少带一个朋友——假扮成仆人——前往。这个人是路加，他在《福音书》中记录了保罗前往罗马的过程，这也是古时最详尽的航海记录之一。路加不是水手，因此他的记录对许多老练的海员来说可能只是常识。同行的还有一个叫作裘利斯的百夫长，他的任务是押送保罗和其他囚犯到罗马。

现在，8 月已过去了一半，航海季也差不多过去了，裘利斯找不到直接去罗马的船，只好借助一条前往小亚细亚米拉港的商船。米拉是一个主要港口，去那里找船继续航行就方便多了。保罗和其他犯人登上了一条长约 21 米的小商船，船员包括 6 个水手，他们用桨使劲地推动着高高的船尾使之前进。犯人，或许还包括百夫长，都睡在露天甲板上——除非百夫长利用官衔篡夺船长的船舱。

到米拉后，这些人坐上了一艘亚历山大港的船只，这艘船可能大得多，上面装满了从埃及运往罗马的玉米，这些玉米是给罗马平民做面包用的。保罗的船在海上与恶劣的天气做着斗争，可能在9月中旬，在克里特岛的拉撒雅找到了安全的靠岸点。

这队人滞留在拉撒雅等待天气好转，但这样的拖延使得他们彻底错过了航海的安全时期，因为冬季的地中海时常会发生突然的飑风，这是尽人皆知的。在这种情况下，裘利斯决定请一位议员来商议下一步该怎么办。作为一个经验丰富的旅行者，保罗的意见应当被采纳——尽管他在那一小群人中的社会地位禁止他参加议事。

海上风暴

议事会后，保罗对路加说了他的预感："不谨慎将会酿成大错"——

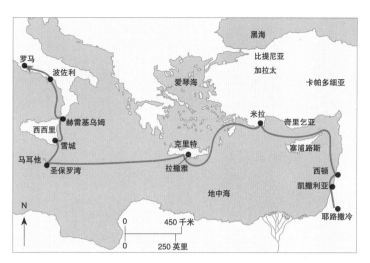

他们不打算在安全的地方等待冬天过去。百夫长的最终决定让人十分怀疑保罗乘坐的船是一艘皇家运粮船。

船队借助平和的南风出发了，但他们还没来得及离开克里特，一场突如其来的飑风就使得他们不得不躲到高大岛上。风是从东北方吹来的，在剧烈的冰雹中风把船往非洲方向吹了好几天。水手为了加固船只，就把绳子绕在船体上，但木材受的压力太大，船只开始大量进水。首先货物被丢弃了，然后是乘客的私人物品，最后是船只配件。

保罗冷静地对犯人和船员说没有危险，这让人以为保罗从前就经历过船只失事且活了下来，也就不慌张了。在两个星期艰难的航行后，船员听到了破浪的声音，他们知道大陆已经很近了。这是马耳他岛，可能是克拉岬，此地保护着今天被称为圣保罗湾的地方。

水手把摇摇晃晃的船划到岸边，每个人都安全地上了岸，在他们身后，船只被波浪打成了碎片。岛上的居民对这些被驱逐的人施以慷慨的援助，多亏保罗的审慎，船上的物品和人都安全地到了岸上。在岛上，有一次保

使徒保罗的史诗性旅程：从凯撒利亚到罗马，是古代文献中记录得最为详细的航海之一。

左图：意大利拉文纳阿里乌派洗礼堂中使徒保罗的马赛克画像，他在旅行途中传播福音，并克服了种种艰难险阻，包括被捕和两次沉船。

壁画中画的是一座忙碌的海港，可能位于意大利的波佐利，这里是使徒保罗航海的终点，此后他是通过陆路到达罗马的。

"狄斯库利号"——也在马耳他岛上过冬，3个月后启航，百夫长要求他们带这队人同行。也许是晴天外加顺风的缘故，这群人出发几天后就到达了波图利（今波佐利）。货船可能是在奥斯提亚港航行，这是罗马人卸货的台伯河河口的一个港口，但乘客一般都是在波图利下船，那里有一个规模较大的基督教社区，保罗在此逗留了一阵子后从亚璧古道去了罗马。

此后我们所知的关于保罗的信息就非常少。到了罗马，尼禄皇帝似乎不怎么想管他的案件，他也相当自由。"保罗在自己所租的房子里住了足足两年……放胆传讲神国的道，将主耶稣基督的事教导人，并没有人禁止。"（《使徒行传》28: 30~31）《使徒行传》到此就结束了，一些人认为保罗被处死，不过很有可能他被无罪释放了，重新踏上旅程，如愿去了西班牙。

罗往火堆里添加柴火时被蛇咬伤，他对当地人能免疫于蛇毒感到非常惊讶（并非所有蛇在咬人时都分泌毒液，鉴于现在马耳他岛上没有蛇，我们不知道保罗是被哪种蛇咬伤了）。

另一艘亚历山大港来的船只——

亚璧古道一角，使徒保罗经这条路到达罗马，这是罗马大大小小的路中最有名的一条，大部分地方都保护得非常好，现在仍有许多游客前来参观和行走。

哈德良皇帝

121~134 年

我不愿成为凯撒，在不列颠岛屿上流浪，忍受严寒。

——诗人弗罗鲁斯致哈德良

我不愿成为弗罗鲁斯，终日流连于酒馆和廉价餐馆。

——哈德良致弗罗鲁斯

几乎每个罗马皇帝在位时都在罗马以外的地方生活过，有时是游历，有时是征战，但没有人像哈德良皇帝那样。他有着一颗充满活力的灵魂，这颗灵魂把他从罗马带去了不列颠和埃及。除去 3 年的间断，这趟旅程始于公元 121 年，终于公元 134 年。

哈德良的前任图拉真（哈德良父亲的堂兄）是一位杰出的统治者，他征服了巴比伦尼亚和达基亚，大大扩张了罗马帝国的版图。哈德良跟着图拉真住在达基亚，后来成为下潘诺尼亚（今匈牙利和巴尔干）的总督。108 年，哈德良成为执政官——元老院生涯的顶峰，而后去了雅典。和许多罗马精英一样，他也沉浸于对希腊文明的热爱之中。

哈德良被图拉真收养，于公元 117 年继承王位。这位罗马的新统治者智慧超凡，且有着一颗好奇的心，他构想的帝国蓝图与之前的国王大不相同。继位后，哈德良立即放弃了一些图拉真的战利品，让帝国更倾向于防守，这样的局面维持了许多年。在帝国之内，哈德良的目标是让人民变成公民而非臣民。这种包容的观念外加想亲自监管一切的愿望，促使哈德良踏上旅程。另一层原因是他在罗马元老中不受拥护，许多人反对他的继位，其中有 4 个人因阴谋叛国而被处死。

出发

公元 121 年，在罗马待了不到 3 年后，哈德良如释重负地离开了。他首先检阅了莱茵兰的军团，然后去了不列颠。此时，他的同行者中包括传记作家苏埃托尼乌斯，现在他已经不受人们重视了，不知是为什么。哈德良在不列颠和德国建筑了坚固的边界防卫体系，过去从未有人这么做过，因为大家都默认边界是会不断扩张的，但哈德良认为帝国的边界已经达到了其自然界线。他在德国的边界上围了

哈德良在位时多数时间都在罗马帝国境内旅行，这座大理石半身像发掘于他位于蒂沃利的别墅内。

围栏，在英国建造了长114千米的城墙——从英格兰北部泰恩的沃尔森德到索尔韦湾畔的鲍斯内。城墙的一头刻着哈德良的名字——也许是因为这是他亲自设计的，他是个业余建筑师。

哈德良从不列颠去往高卢南部，一路上特别留意军队的训练和军事策略。到了西班牙后，他并没去拜访图拉真的故乡伊塔利卡，这一点让许多人十分吃惊。他在那里处理了一些行政事务后就出发去非洲了，那里被摩尔人的起义搅得鸡犬不宁，使他不能回到西部各省去了。

东方之行

哈德良去了小亚细亚，途中他在哈德良堡（亦称阿德里安堡）重建了奥德利赛镇，把一大群因最近的起义而失去家园的犹太人安置在那里。为了与帕提亚帝国（亦称安息帝国）讲和，哈德良继续向东。他的一大理念是应当维护帝国边界的和平，与周边民族和谐共处。完成小亚细亚之旅后，他回到了雅典。哈德良从小就热爱希腊，

他有个外号叫"小希腊人"(Graeculus)，现在他愈加沉浸在希腊文明中，他还参与了伊洛西斯秘教仪式。

哈德良回到罗马后，不能适应受禁锢的城市生活，公元128年，他又离开了，先去了北非，然后去了叙利亚和阿拉伯。这些旅程不仅满足了一个患有旅行癖的国王的意愿，也巩固了帝国的各个省份。在人们心目中，哈德良是所有臣民的皇帝，而非远在罗马的统治者。哈德良的一项措施对整个欧洲文化产生了深远影响，即把犹太人希腊化的尝试。哈德良的这一举措引起了大规模起义，间接导致了犹太人的逃亡。

第二次去小亚细亚时，哈德良遇见了一个18岁的英俊少年安提诺乌斯，深深地迷上了他，他一直是国王的旅伴，直至公元130年在埃及发生的那场悲剧。他们在尼罗河上航行时，安提诺乌斯不知为何掉进河里淹死了。许多人认为这个年轻人深受埃及死亡和重生仪式的影响，有意为他

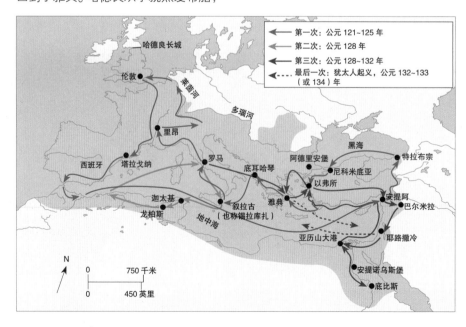

一位国王的旅行：哈德良的探索过程包括去罗马帝国的每一个角落拜访，部分是出于对旅行的爱好，部分出于和罗马元老院志同道合。

挚爱的人和他的王国献身。另一些人则认为哈德良本性狂热，出于某种原因杀死了他的伴侣。无论真正的原因为何，安提诺乌斯成了受人尊崇的人物，"安提诺波利斯"便是为了纪念他而命名的。哈德良在无限的悲伤中完成了尼罗河探险，回到罗马，再一次去了雅典，途中始建奥林匹斯神殿。不过没过多久，他就不得不带领着军队离开都城，去镇压犹太人西蒙·巴尔－科赫巴发动的起义。哈德良漫长的征程于 134 年结束。

> 游民般的灵魂
> 肉身的友人，以及宾客
> 如今你在何处流浪，
> 苍白、寒冷、光裸
> 永远失去了欢愉？

哈德良死于公元 138 年，死前不久写了这几行滑稽的句子。他将死亡视为灵魂踏上了又一次新的旅程。

哈德良位于罗马郊外蒂沃利的宏伟别墅，可以看作是他的旅行记录，因为许多建筑物是根据他旅行途中看见的建筑物修建的。这里的是克诺珀斯殿，得名于埃及的克诺珀斯运河。

左图：哈德良的年轻旅伴安提诺乌斯，穿着埃及服饰。

中世纪时期

中世纪时，愈加先进的造船技术触发了人们长途探险的热潮。诺斯人开始乘着他们坚固的商船向北航行横渡北大西洋，他们使用桨和正方形风帆，导航技术十分先进。他们到达冰岛和格陵兰，并继续航向新大陆，他们是第一批去那里的欧洲人。

到了15世纪，当时的中国皇帝罕见地派遣了一支庞大的船队探索了整个印度洋。1405年，郑和率领着63艘船组成的船队从长江出发，这想必是震撼人心的一幕，有的船有9根桅杆，吨位是哥伦布远航加勒比海所用船只的10倍。

那时，陆路和海路都很危险，不过船只数量的增加和性能的提升让越来越多的人踏上航海之旅。中国佛教徒沿着丝绸之路抵达印度去拜访圣迹，搜集佛教典籍和遗迹。法显通过船只把手稿运回中国；而玄奘是通过陆路，他让大象驮着大量佛教典籍翻越喜马拉雅山回到中国。

马可·波罗和他的家人一路颠簸着来到中国，他在中国生活了23年，经海路返程时带着一位蒙古公主去和波斯王子结亲。他仔细地观察了中国风俗，他记录的故事让欧洲人第一次感受到了东方的神秘和力量。成吉思汗和他的蒙古军队使整个欧洲为之颤栗，他们横扫每一寸土地，步步紧逼。海洋对这些杰出的骑手不能构成任何威胁，他们占领了十分广大的疆土。

许多中国僧人到印度寻找佛教典籍。这是从敦煌出土的丝绸卷轴局部，描绘的是唐代官员和僧人迎接从印度归来的玄奘，马匹驮着一箱箱佛典。

宗教朝圣——中世纪的又一股浪潮——常常是经海路。基督徒冒着被海盗抢劫或沦为奴隶的风险，乘着单层甲板的大帆船从威尼斯出发抵达圣地；一些人在康沃尔登船前往西班牙古城圣地亚哥–德孔波斯特拉。大多数朝圣者都是徒步穿越欧洲抵达圣地亚哥或罗马的，他们在翻越阿尔卑斯山时可能遭到抢劫或被监禁。对于许多人来说，这是他们一生中唯一一次漫长的旅程。

随着伊斯兰教的兴起，穆斯林朝圣者要走越来越长的路才能到达麦加。在远东的人坐船，在北非或亚洲的信徒从各个不知名的小地方启程，与马帮同行。对于他们来说到达麦加是唯一有意义的事，旅途算不了什么，这是每一个穆斯林一生必须要完成的一段旅程。

甚至是伊本·白图泰这位经验老道的陆路旅行家也在马拉巴尔海岸翻了船，丢失了他要敬献给中国皇帝的珍宝。在将近 30 年中，伊本·白图泰环游了半个世界，向人们展现了一幅栩栩如生的亚洲图景。是他和马可·波罗让异国游记流行起来，其他人受到他们的启发也开始写游记，并去亲眼见证奇迹。

印度俱兰地区的胡椒采收画面，选自一本有关东方旅行记的书籍，其中包括马可·波罗的旅行，由布西科大师于15世纪早期绘制。伊本·白图泰和马可·波罗这样的旅行家开始记录他们一路上各种奇特和美妙的见闻。

丝绸之路上早期的中国旅行家

12

公元 399 ~ 414 年、公元 629 ~ 645 年

佛教伴着丝绸之路上商人的足迹一同来到中国，公元 4 世纪时，佛教已经成为这个国家的主要宗教，且遍布每个地区。最早踏出长城朝西探险的中国旅行家中有一部分是佛教朝圣者，他们迫切地去印度寻访圣迹，和基督教朝圣者前往圣地或穆斯林信徒朝觐麦加一样。

有学识的人去印度还有一个目的，中国的佛学受限于典籍的混乱，佛教沿着丝绸之路传到中国后，其含义和阐释被私下传播所扭曲，中国佛学家去印度是为了获取佛教原典。历史上，极少有人是出于此目的而去探险的，他们跨越了半个亚洲，不是为贸易或征服，不是为获取名利，而是为了一些古老的书籍。

朝圣早在公元 3 世纪中期就开始了，但最早的关于中国人去印度的详细记载所记录的是法显，他于公元 399 年从长安出发，沿着丝绸之路穿过最危险的障碍——罗布泊，那里只有"唯以死人枯骨为标帜"。在印度河上游陡峭的峡谷中，道路被悬崖割开，使得"临之目炫，欲进则投足无所"。

法显在印度生活了 6 年，一边拜访寺庙和恒河山谷中的圣地，一边搜集佛典。返程时他决定不再走那条危险的陆路，而改为海路。在已成为重要佛教国家的锡兰停留了一段时间后，法显坐上商船去了爪哇，回到中国，在南京写下《佛国记》，这是最早的几部游记之一。这部书让中国人看到了更加广阔的世界，同时告知世人无论是通过陆路还是海路，到印度都非常危险。

大法师

200 年后，另一位了不起的僧人追随着法显的足迹，成为了中国探险史和文学史上最为著名的旅行家。和他的前辈一样，玄奘史诗般的印度之

地图上标示的是法显和玄奘去印度所走的路线，他们去时都走丝绸之路，法显决定经海路返回。

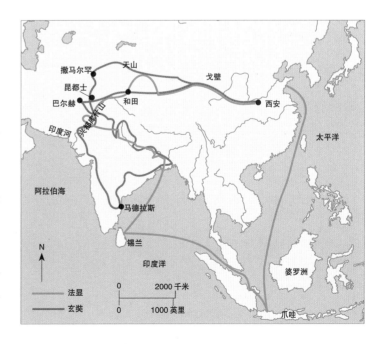

10世纪的一幅彩色木雕，画面上玄奘背着卷轴，手持拂尘驱赶恶灵。

右图：敦煌103号坑内的壁画：玄奘牵着驮着卷轴和古籍的大象。

旅也是为了获取印度的佛教原典以便更正汉语佛典中的错误。他假设汉语翻译中存在谬误，这一点非常正确。这一次取经的影响力与法显相比大得多了，玄奘去印度之前在中国就已经非常有名，许多信徒把他尊称为"大法师"。

当时的皇帝禁止中国人踏出王朝的边界，玄奘不得不匿名出发。他于公元629年启程，这次旅程在中国文献中被划归为传奇。在塔克拉玛干沙漠中，他抵抗着干渴、风沙和幻觉的侵扰。在接下来的行程中，他又侥幸逃过了暗杀和边界守卫的检查。在天山时，他轻描淡写地说马队里的14匹马在暴风雪中丧生了。他在兴都库什山脉上深达9米的雪堆之间艰难地行进。在阿富汗的昆都士，他被卷入一系列宫廷纠纷之中，当时一个年轻的王后毒害了国王，为了与其继承人，即她的继子结婚。

玄奘的取经之路成了许多传奇故事的素材，最著名的是吴承恩的著作《西游记》，但考古学和历史学的研究成果证实了他的西域之行的真实性。

玄奘在印度生活了12～13年，在印度次大陆上四处游历，搜集佛典，拜访佛教圣地和寺庙。他打算返程时，当时统治着印度北部的戒日王送了一头大象给他，便于他把典籍运回中国，典籍总数为657件，装入520个箱子。他于公元645年回到长安，受到民众热烈的欢迎，人们为了一睹其尊容，相互拥挤着甚至发生了踩踏。

旅行和探险在中国远不如像在欧洲那么受到重视。传统的中国人将自己的国家视为一个自给自足的世界，对外界的需求很少。法显和玄奘取经在任何时代，对任何民族来说，都是无与伦比的，是对传统的一种违抗。他们不仅生动地记录了中亚和印度的风土人情——从当时保存下来的文字记录非常稀少——还让外界重新认识了中国：中国人也会往外看了。

探索北美的早期旅行者

公元 6~10 世纪

他们上了岸，到处看了看，天气不错，绿草上有露珠，他们所做的第一件事便是捧起几滴露珠贴到嘴唇上，这是他们所尝过的最甘甜的味道。

——《格陵兰传奇》，公元 12 世纪

大西洋划定了欧洲世界的外部界线，它似乎无穷无尽，分布在海面上的神秘岛屿拥有天堂一般的魅力。早在公元 6 世纪，寻求天堂以避世的爱尔兰僧人就乘着兽皮做成的船划到岸边，据说克朗弗特的圣布伦丹到达过位于赫布里底群岛深处的一个小岛（这座小岛后来以他的名字命名）。圣布伦丹岛和一座传说中的布伦丹岩石岛直到 19 世纪还被标记在英国海军的航海地图上。

圣布伦丹的探索是几代爱尔兰海员集体航海知识的体现，圣哥伦巴和其他人都做过惊人的航海旅行，在骚动的苏格兰沿海地区建立起宗教社区。到了公元 700 年，几个僧人已在遥远的法罗群岛上定居，他们发现那里 6 月的阳光明亮得能让"他们挑出衬衣上的虱子"。

北欧人定居冰岛和格陵兰

北欧人于公元 9 世纪开始探索北面的冰岛和更北的地方，他们是经验丰富的水手和造船工匠，住在山地，互相交流都是通过水路。悠久的造船历史使得他们的军舰和商船都具有很高的适航性。北欧人凭借船桨、正方形风帆和对海洋环境的了解去了距离陆地很远的海域，很快就渡过北海

北欧商船模型，这种船曾航行至冰岛、格陵兰和更远的地方。

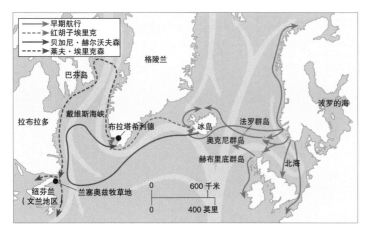

北欧人的北大西洋航海路线。

纽芬兰群岛兰塞奥兹牧草地上一栋重建的房子，已知北欧人在北美唯一的定居点，这里或许是莱夫·埃里克森和他的船员过冬的地方。

到达英吉利海峡。不过，他们更常去波罗的海甚至更南面的比斯开湾做生意。公元 9 世纪时，北欧商船已经到达了西面的法罗群岛和冰岛。

促使北欧人向西迁移的原因很多，包括人口增长、土地短缺和频繁的战乱。人们带着全部身家和牲畜一同逃走。公元 900 年时，大约 2000 个北欧人在冰岛定居，他们赶走了那里的爱尔兰人。海洋的居民们观察天空、星星、波浪和鸟类的飞行轨迹，依靠粗略的导航系统、航位推算、星星出现的时间来航行，最重要的是，长期积累的经验使得他们对岩石、岛屿和海岸线了如指掌。不过在那样一个不稳定的社会环境中，纠纷和争斗也相当常见。

大约在 980 年时，爱惹是生非的红胡子埃里克被驱逐 3 年，他起航朝

北去了一个没有人的岛屿，他发现那里的草场比家乡的要好。他说服其他人跟他一起去，在一个叫作格陵兰的地方定居。不久，居民就开始沿着北部险恶的海岸线前行，那里有大量的鱼类和哺乳动物，他们必然将发现位于他们新家对面的那座天寒地冻的岛屿。在加拿大北极圈内巴芬岛的考古发现告诉我们，北欧人和因纽特采集狩猎者进行过零星的贸易往来。

拉布拉多和文兰

大约在 985 年时，贝加尼·赫尔沃夫森在去往格陵兰时迷失了方向，他看见了拉布拉多南岸茂密的森林，不过没有登陆，为此受到许多人的批评。公元 10 世纪 90 年代，红胡子埃里克的儿子莱夫·埃里克森渡海到达戴维斯海峡西岸，然后沿着一片愈加茂密的森林向南航行，一直到达纬度远远超过格陵兰的地方。他和 35 个船员在纽芬兰北部的兰赛奥兹牧草地过冬，到周边国家探索了一圈，满载木材，顺着西风回家去了。

莱夫·埃里克森再也没有回拉布拉多或文兰，他在一个无名岛上发现了野葡萄，他的弟弟索尔瓦德跟着他去了那里，与当地人发生纠纷被杀死。之后还有未被记录下来的间歇性探险，多数都是为了搜寻木材，但北欧人上百年来都在开拓新的疆土。由于当地人的仇视和严酷的气候，他们从未在北美永久定居。

1350 年，北欧人停止了对马克兰的探险，150 年后，意大利人约翰·卡博拉从布里斯托出发，登上纽芬兰，发现了那里的鳕鱼。

基督教朝圣

始于公元 4 世纪

没有任何阻碍

能使他退缩

因他发誓

要成为朝圣者

——约翰·班扬，1680 年

与穆罕默德的信众不同，最早的基督徒并未立刻想重返那些见证宗教创始人生平的地方。基督教世界中的朝圣发生得相对晚些，公元 4 世纪，罗马君士坦丁大帝皈依基督教，他的母亲圣海伦娜迫切地拜访了巴勒斯坦，朝圣的习惯自此形成。除了圣地巴勒斯坦，早期神父，比如哲罗姆隐居的沙漠也是朝拜的地点。一批西方朝圣者跟着商队或自行穿越拜占庭帝国的累范特到达耶路撒冷，一系列朝圣路线就此固定了。

11 世纪时塞尔柱王朝侵略小亚细亚，夺取耶路撒冷。事情发生了变化，西方人昔日的包容心消失了，他们发起了第一次十字军东征，目的是保持朝圣之路畅通无阻。十字军（短暂地）夺回了耶路撒冷，成立了圣殿骑士团和医院骑士团，以保护通往圣地的朝圣之路，这是朝圣史上纷争激烈的一个阶段。

基督教朝圣的巅峰时期始于 11 世纪末期，终于 16 世纪的宗教改革。人们从欧洲各地去往圣地（特指巴勒斯坦），有人通过陆路，有人通过海路，后者绝大多数来自威尼斯，

那里有固定的船只。最大的危险来自土耳其和摩尔海盗，他们在东地中海袭击船只，把抓来的人卖到阿拉伯市场做奴隶。

即便安全到了巴勒斯坦沿岸的雅法，当地阿拉伯统治者还为朝圣者制造了大量的麻烦，而许多人在去耶路撒冷、伯利恒、约旦河以及其他地方的途中死于疾病和劳累。为改变这一现象，欧洲国家的统治者开设了旅店以帮助他们的国民。除去这些艰难险阻，圣地巴勒斯坦长久以来也是终极的，也许是最危险的朝圣之旅。

永恒之城：罗马

另一条不那么神圣但情况好得多的朝圣之路通往罗马，这里有许多吸引人的特点：圣彼得（或许包括圣保罗）在此殉道；教皇常驻此地；罗马的历史遗迹之丰富史无前例；特别重要的一点是，这里能满足观光和朝圣的双重需求，因为罗马是西方古典文明的摇篮。

不过去往罗马的旅程也存在着许多危险，最主要的是翻越阿尔卑斯山，

许多朝圣者，比如坎特伯雷大主教阿夫西格于959年冻死在山的垭口上。此外，中世纪时出现了一股反教皇浪潮，背后的支持者可能是神圣罗马帝国皇帝或法兰西国王，许多朝圣者遭到阻拦或被监禁。1161年，腓烈特一世下令拘捕从英国来的山姆森，他失去了全部财产，不过十分幸运地保住了性命；步洛瓦的彼得也被国王的刽子手捉住。另一些人被捕是因为他们带着值钱的物品：11世纪，坎特伯雷的安瑟伦大主教被勃艮第公爵拘捕，后者觊觎前者携带的大量金银。

教皇将1300年宣布为千禧年，允许朝圣者享乐，朝圣者便大量涌入罗马。1350年黑死病的传播，让许多人十分恐慌，因为他们认为朝圣者会传播病菌，仅仅是朝圣的人数就足以诱发黑死病。1450年，200个朝圣者在米尔维奥桥上因为互相踩踏致死，另有许多人跌入台伯河中淹死。教皇对享乐的宽容被改头换面成对朝圣者的榨取：神父在圣彼得殉道处架起了赌博机器一般的设备从人们那里赚得了很多钱。去罗马朝圣和去耶路撒冷一样，都要很有勇气才行。

圣地亚哥–德孔波斯特拉

另一处中世纪朝圣地是西班牙的圣地亚哥–德孔波斯特拉。人们来此，是因为圣雅各的坟墓和神龛位于此地。根据传说，这位使徒生前到过西班牙，死后他的尸体奇迹般地被运到这里。对西班牙人来说，圣雅各代表了一种乐观的爱国主义精神，人们相信他参与了多次与摩尔人的交战，重新夺回了西班牙，他有一个绰号叫"马塔莫罗斯"——"摩尔人杀手"。

对页图：13世纪的地图，其中将耶路撒冷描绘为世界的中心。这种以神学知识为基础绘制的地图对于旅行家来说是障碍而非帮手。

1300年到达罗马参加大赦的一队朝圣者，选自15世纪早期乔瓦尼·塞坎比编年录。

中世纪插图,表现朝
圣者在前往耶路撒冷
的路上,但并非所有朝
圣之旅都像插图中这样
宁静。

随着基督教在伊比利亚半岛的复兴，圣地亚哥之路在欧洲声名鹊起。12世纪时人们建起了宏伟的大教堂，

贯穿西班牙北部和法国的陆路修建完毕，通往英国的海路也十分畅通。这些路的两旁都是教堂，它们能启迪和鼓励朝圣者。修道院向那些步行或骑马到来的人们敞开大门。在比利牛斯山，克吕尼隐修院的教士们在多雾的夜晚鸣钟，指引朝圣者走向可以住宿的地方；有钱人建造桥梁、修护道路来帮助虔诚的旅行者；朝圣途中不再需要交费；治安维护队中的弓箭手在路上巡逻，确保人们在朝圣道路上的安全。

从一开始，圣地亚哥之路就吸引了许多知名的朝圣者。阿西斯的圣弗朗西斯于1212年去了那里；瑞典的圣毕哲，1341年；冈特的约翰，1386年；詹姆士·道格拉斯爵士在去和摩尔人作战的路上，把罗伯特·布鲁斯的心脏也带去了那里；诺福克的玛格丽·肯普是15世纪一位虔诚的信徒。有了以上这些人物，圣地亚哥成了人们的必去之地。

不过，尽管有那么多有名的朝圣者，人们也能在途中得到援助，去

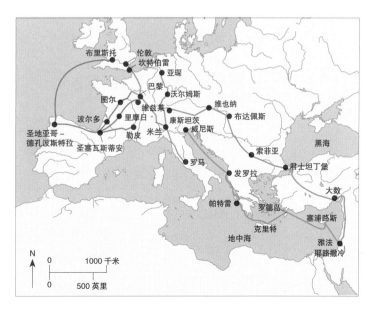

坎特伯雷大教堂彩色玻璃一角，朝圣者正在去圣托马斯神龛的路上。坎特伯雷大教堂一直受到朝圣者的垂青，直至亨利八世在宗教改革时阻止他们的到来。

往圣地亚哥的旅程却并非一帆风顺。朝圣者中一部分人是罪犯，他们走上这条路是作为苦刑或惩罚的一种方式（有时戴着镣铐），这些"旅伴"通常会给其他人带来麻烦。路上还有歌手、魔术师、乞丐和在逃犯，他们都想从品行端正的朝圣者身上捞一票。一名叫作约翰的伦敦人于 1318 年在埃斯特里拉附近作案；1319 年，一群英国强盗在潘普洛纳附近被捕。黑心的酒馆老板偶尔也会谋害朝圣者，抢劫他们的财物。在法国，一家修道院的人员发现到达下一个宗教场所的朝圣者人数不对，结果在附近一家客栈的木屋里发现了 88 具尸体。

所有这些问题又会导致其他问题。政府发现一些来历不明的朝圣者会影响治安，就颁布了一些规定：西班牙的腓力二世要求所有外国朝圣者都必须持有本国政府或当地主教签发的证明；法国的路易十五把没有证明的朝圣者送到船上做苦力；英国朝圣者出国时随身携带的钱财受到限制，且必须起誓不在港口泄露国家机密。尽管如此，许多朝圣者不仅到达了圣地亚哥，还带回了珍品：威廉一世的一位骑士给他带回一匹马，亨利一世的女儿甚至获得了圣雅各的一只经过防腐处理的手。

最终，朝圣的黄金时代过去了。亨利八世与罗马教廷失和后不再鼓励人们朝圣，路德宣称"救赎来自信仰，而非朝圣"，就连教皇都在反宗教改革运动时意识到人们过分沉湎于对历史遗迹和享乐的追求中了。

虽然如此，在宗教改革之前的 500 年中，那些有机会去朝圣的欧洲人——无论是去耶路撒冷、罗马，还是去圣地亚哥——都得以超越他们出生的国家、生活的城镇、拥有的房产，超越宗教辖区或教区，完成他们终身难忘的旅程。后来的几个世纪中，人们发现了新的朝圣地点，比如卢尔德和法蒂玛，去那里寻求伤病治愈和灵魂的重生。但最伟大的旅程无疑是在中世纪，那时消除来世的罪孽与此世的冒险紧紧联系在一起。

成吉思汗

1206 ~ 1227 年

我的后代将穿上缀着金子的衣服，骑着最好的战马，迎娶最美的女子，他们将忘记是谁让这一切成为可能。

拉施特《史集》*，13 世纪中期

12 世纪末期，三兄弟骑着马沿着土拉河绿油油的河岸奔驰，这条河流向贝加尔湖。他们的父亲——一个小部落的首领——被人谋害后，他们决定进行一场政治赌博：他们前去拜访父亲的朋友脱斡邻勒，此人是名为"克烈"的景教部落的首领。

脱斡邻勒接待了兄弟三人，接过了他们敬献的珍贵礼物——黑貂皮外衣，并答应帮助三兄弟的领头人铁木真。这场在一个没有统一首领的游牧民族聚居地进行的"外交活动"触发了历史上规模最大的军事浪潮和大批中亚游牧民族的迁徙。

铁木真出生在蒙古东北部的肯特省达达勒县，并在那里长大。史书上说他出生时手中握着一块指关节骨大小的血块，这象征着伟大。他童年时代生活的土地是一片肥沃却未经开垦的干草原，那里只有山丘、河流和蒙古包——今天这种圆顶的帐篷在蒙古还随处可见。

他的第一个密友是札木合，他们童年时结拜为安达。结拜时要与对方握手，互换鲜血，发誓像兄弟一样保护彼此。史书上说他们共同统治，时常睡一张床，后来却忽然神秘地分道扬镳了。他们再次相见是为争夺草原的统治权，结果扎木合被捉住，铁木真放走了他。扎木合死时没有流血，这在蒙古人看来是一种荣耀的死亡方式。

征服之旅

野心勃勃的铁木真带领着他的军队穿过北部寂静的山脉、南部的沙漠和蒙古部落中部的干草原，一路召集忠实的追随者，把这片难以驾驭的土地上的人们联合起来。1206 年，各个部落都同意铁木真任蒙古大汗，号成吉思汗，意为"海洋之王"——不过这片土地上没有海，"蒙古"开始成为民族的族称。成吉思汗很快把目光投向部落南部的宋朝——游牧民族最早期的敌人。

成吉思汗晚年的一幅肖像，至今，每个蒙古人仍都在蒙古包里挂他的画像。

---

* 引文并非出自《蒙古秘史》，原文有误，审校者注。

成吉思汗站在清真寺台阶上对布哈拉的人民说话，像许多中亚领袖一样，他也通过做出宗教的承诺获取政治支持。

右图：建于1127年的布哈拉大唤拜塔，可以俯瞰一座宗教学校，至今仍在运作。传说成吉思汗对尖塔深表惊叹，下令不许将其摧毁。

蒙古人穿过戈壁时，他们的11万军队面对的是宋朝的5000万人马。蒙古人骑着烈马——马血有时是他们唯一的补给——逐一攻占了宋朝北方的城市，成吉思汗的计谋一次次获得成功。

在松花江，蒙古人向太守提出一个条件——至少史书上是这么说的：如果他能把城中所有的猫和鸟都交出来，军队就不会入侵。太守把猫和鸟都捉来交给蒙古人，他们在这些动物的尾巴上绑上可燃材料并点了火，这些动物惊慌失措地逃回城里，蒙古人紧接着冲入了火海。

向西进发

攻占北京后，成吉思汗建立了新的政权，暂时满足于进行平静的专制。为加强贸易，成吉思汗派遣了一个使团去觐见花剌子模首领摩诃末，他庞大的帝国疆域包括波斯东北部及现在的阿富汗、土库曼斯坦、乌兹别克斯坦、哈萨克斯坦、吉尔吉斯斯坦和塔吉克斯坦所在地。

使团给首领带去了金条、美玉、象牙和白色毛毡，首领把他们请了回去，没有作出任何回应，成吉思汗就又派了一队人，这次的使团带了300头骆驼，驮着水獭皮和黑貂皮到达阿特劳，那里的行政长官把这些使者全部杀死了。成吉思汗又派遣了两位使者去觐见首领，要求审判讹答剌的行政长官，他收到的回复是两位使者的脑袋——胡子和头发都被烧掉了。

1219年，成吉思汗离开了他那边界稳固的东方帝国向未知的伊斯兰国家宣战。他的军队行进了3200千米，穿越沙漠和终年积雪的天山山脉，——攻取沿途的小城镇，他的目标是布哈拉。这是中亚最繁华的城市，市内有运河，是那个地区的宗教和文化中心，布哈拉的地毯出口到埃及。

成吉思汗雇了一个土库曼人作向导，带领着他们穿过克孜勒库姆沙漠。布哈拉城里的人料想这是一次平常的进攻，占领过程将会很长，不过城市

在 10 天内就沦陷了，因为城里的毛拉鼓励投降。

成吉思汗的遗产

　　1222 年整整一年，成吉思汗都是在兴都库什山脉两侧牧场上度过的，他请来了那位道号"长春真人"——不愿在北京为金朝宫廷效力的清修之士。即使在自己的管辖之下，成吉思汗也借鉴了汉人的统治方式。

　　这是成吉思汗帝国的悖论所在：他是一个蒙古游牧民族，带领着大批牧民征服了宋朝的北部、中亚和波斯的广大地区，但除了遍地死尸和废墟外，他的功绩可说微乎其微；不过，成吉思汗每到一处就吸取那里人们的生活习惯、政策和新臣民的兴趣爱好。

　　到达畏兀儿地区时，成吉思汗发现了文字的重要性。他请一位畏兀儿学者依据当地人使用的字母和文体起草了第一份蒙古文书，这样一来，

帖木儿

　　1336 年，一个婴儿在苍绿之城碣石（今乌兹别克斯坦境内）出生。在那里，成吉思意为"力量"，帖木儿意为"铁"，他也是一个小部落首领的儿子。但是由于受到对手的挑衅，帖木儿 20 多岁时就受了严重的箭伤。波斯人把他叫作"弱者帖木儿"，也就是历史上的帖木儿。

　　蒙古人于 1361 年重新夺回锡尔河和阿姆河之间的河中地区，帖木儿去那里向人们寻求帮助。他在当地人中的受欢迎程度远远超过其他竞争者，很快他就占据了统治地位，在撒马尔罕建立了都城。帖木儿一生都未停下过脚步，他从来都不在一个地方停留超过两年。他以河中为中心向西征服

帖木儿头像

了大宋、阿富汗、波斯、格鲁吉亚、亚美尼亚、北印度、伊拉克、叙利亚和土耳其地区。

　　帖木儿在东部治理他的帝国，那里是波斯拜火教的诞生地，也是佛陀去朝圣的地方。帖木儿本人的宗教信仰尚存争议，他的帝国信奉伊斯兰教，其艺术品也表现出明显的伊斯兰特征——尽管这个帝国是建立在帕提亚、萨曼王朝、大宋、印度和健驮逻国的基础之上的，但这些王朝的影响长久以来都通过丝绸之路输送进来。

　　帖木儿在印度雇用了艺术家和手工匠；在赫拉特、撒马尔罕和布哈拉他资助从事雕像彩绘、书籍装帧和诗歌写作的人们；监督那个地区规模最大的建筑工程，包括从伊朗到中国西许多绿洲城市中的清真寺、宗教学校和陵园。帖木儿作为一个统治者的才华体现在对艺术的改进中，他把一系列不同文化组合成的大杂烩提升为更精致的艺术形式。

　　帖木儿的影响远远不局限于河中地区：他死后 100 年，他的一个后代从撒马尔罕开始了向西的征程。他统治了喀布尔（今阿富汗的首都）20 年，然后去了德里。他的名字叫巴卑尔，他的王朝叫作莫卧儿王朝，莫卧儿是蒙古的"变体"。

　　在帖木儿的统治下，发源于游牧民族的"蒙古和平"促成了亚洲最伟大的艺术觉醒。

成吉思汗的征服之旅路线图以及他去世时蒙古的疆域。

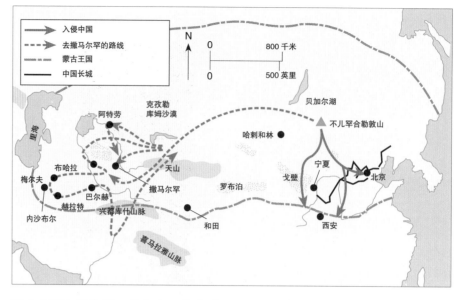

蒙古人不久就能记下他们自己的史诗了,这是蒙古身份的基石。成吉思汗的军队发现了火药、石弩、攻城槌和其他攻城器械。不久后,蒙古人把都城从哈剌和林——草原上的"帐篷之城"——搬到了北京。在河中地区和波斯时,成吉思汗喜欢上了从伊朗南部运来的西拉葡萄和矫健的阿拉伯马匹,这种马比他从小见到的敦实的草原马匹跑得可快得多了。即便是蒙古人在中亚建立的伊儿汗国,也不是因为骑术和战斗力而闻名,后人会记得那个地区,是因为丰富的伊斯兰书籍

和纪念碑。

成吉思汗死于宁夏,他的遗体被运回蒙古东北部,他一生都在那里祭拜蒙古人的天神蒙克·腾格里。他的遗体被秘密地埋葬在他家乡北部的某处山丘中,传说所有参加和目睹葬礼的人最后都被杀死了。

12世纪,一个人踏上了征服之旅,而他本人、他的房屋和人民都被他所征服的地方永久地改变了,他本人的影响和他的名字一样,慢慢被人遗忘。世界的征服者和他的追随者都臣服于他们自己的战利品。

拉施特手稿中的蒙古人攻城场面,人们认为是蒙古人把瘟疫带到了欧洲,因为他们的攻城方法之一是把携带瘟疫的动物射进攻打的城市里。

马可·波罗

1271 ~ 1295 年

直到今天，再没有一个人——无论是基督徒还是异教徒、鞑靼人还是印度人，或是其他任何种族——像马可·波罗一样认识和探索了这么广大的地域及那里的奇观。

——马可·波罗，1298 年

298 年，热那亚与威尼斯经过短暂的交战，一个叫作鲁斯蒂谦的法国冒险小说家和一个叫作马可·波罗的威尼斯商人被关进了同一间牢房。这令人意想不到的相遇促成了一本绝无仅有的书——《马可·波罗游记》，直到 7 个世纪后的今天，它依然令无数的读者神魂颠倒。《马可·波罗游记》记录了马可·波罗在远东度过的 23 年。

马可·波罗生于 1254 年，在地中海的商业中心威尼斯长大，他的家庭是一户与克里米亚人有联系的商人之家。1260 年，他的父亲和叔父前去拓展伏尔加河沿岸的商机，当地人的敌视使他们被困在布哈拉长达 3年。一位前来拜访的蒙古使者救了他们，带着他们取道中亚，到达北京，忽必烈汗在那里统治着他刚刚征服的一片国土。

忽必烈汗向他的客人们询问基督教和欧洲的情况，最终派遣皇室卫队护送他们回去，还给教皇写了一封信，邀请 100 个有学识的人前来访问，请求教皇赠送耶路撒冷圣墓教堂内使用的灯油。父亲和叔父回到威尼斯时，马可·波罗 15 岁。

两年后，1271 年，年轻的马可·波罗和父辈一起去了中国，他们带着灯油和信，一开始有两个修士同行，不过这两个人中途退出回家去了。马可·波罗在远东 23 年的亲身经历让他的游记成为一部独一无二的历史和文学作品。

中国之旅

马可·波罗一家沿着里海西岸航行，经过格鲁吉亚到达波斯湾的霍尔木兹。由于船只"非常危险……是用椰子壳绑成的"，他们放弃了原先打

14 世纪法国微缩版《马可·波罗游记》，波罗家两兄弟在君士坦丁堡向鲍德温皇帝讲述所见所闻。出发去黑海之前，皇帝祝福了他们。

加泰罗尼亚地图局部，描绘的是欧洲商人——和波罗兄弟二人很像——带着满载货物的骆驼和马匹在丝绸之路上行进。

13世纪元朝，一枚蒙古通行证。马可·波罗要在蒙古顺利地游历，可能也需要这样的通行证，据说是用黄金做的。

左图：马可·波罗在中国看到的奇迹之一是纸币，成吉思汗于1260~1287年间首次发行。

算从水路去中国的计划，改为取道赫拉特和巴尔赫，经陆路前往。途中他们被疾病耽搁了一年，然后穿越了"世界上最高的帕米尔高原"，到达塔克拉玛干沙漠。他们经过莎车、于阗、且末和罗布泊，穿越了可怕的戈壁，在敦煌住了一年，最终于1275年到达了可汗的夏宫。

马可·波罗一家比之前任何一个西方人所走的路程都要远，但历时3年多长达9000千米的旅程，仅仅是一个开始。

东方的奇迹

忽必烈汗对这些威尼斯人的表现很满意。马可·波罗通晓4种语言，他作为忽必烈汗的特使出使到缅甸和印度。

中世纪的欧洲对于东方文明一无所知，《马可·波罗游记》开启了这个未曾进入欧洲人想象的世界。作为一个实用主义者，马可·波罗将中国人的习俗、商品和日常生活分类记下，这片广袤土地的文化

和物质生活都远远比欧洲领先。他描述了可汗的大厅，能够容纳6000人就座，皇宫的邮政调度非常有序，信使一天可以行进185千米。大城市之间的贸易往来通常在运河上进行，轻易就超越了威尼斯的小河。更值得一提的是贸易中所用的成熟的记账方式

右图：布西科大师的插画，描绘成吉思汗正在监督一笔交易，用银两交换纸币。

和世界上第一张纸币，这让马可·波罗感到震惊。这里的其他商品，包括煤——会燃烧的石头，石棉——不会燃烧的布——等等，都让他吃惊；中国的冶铁规模，欧洲要再过500年才能与之相提并论。

马可·波罗本人的经历是这样的：1277年可汗指派他在枢密院任职，在大运河所在的扬州任税务官。17年后，这家人聚敛了大量财富，迫切地想离开，但皇帝仍然健在，他很不情愿地让他们随着一队护送蒙古公主与波斯王子结亲的队伍离开，他们经由特拉布宗和君士坦丁堡（今伊斯坦布尔）回到了威尼斯。

马可·波罗到过中国吗？

他于回到威尼斯3年后完成了游记，这本书成了畅销书。当时的人都认为马可·波罗说的是精彩的谎言。他在威尼斯结了婚，并死在那里，终年70岁。临死时，一位修士恳求他承认他所写的都是谎话，他的反应是："我所写的还不及我所见到的一半。"

马可·波罗说谎了吗？他和鲁斯蒂谦不过是搜集了一些中亚集市上的流言碎语而后添油加醋一番吗？我们似乎和马可·波罗一样是站在戈壁滩上，站在历史如沙砾声一般的低语中，在真实和虚构之间摇摆。马可·波罗说的是事实，东方的确存在着伟大的文明，比西方文明先进许多。他所记录的在今天看来全是真的，他的文风也不仅仅是一个商人的账簿。但一些学者有理由表示怀疑，马可·波罗没有提到长城、缠足和中国书法，中国史书上没有马可·波罗的名字，鲁斯蒂谦本身就很成问题——他是一个冒险小说作者。

随后，我们面对的是一个历史的讽刺：马可·波罗挑战了基督教在欧洲奉行的宇宙观，即在一个更加先进的文明之中，没人听说过耶稣基督的教诲。但他的书扩大了欧洲——而非中国——在全球范围内的影响。1492年，哥伦布受他的启发，带着一个详尽的《马可·波罗游记》注释本想在西面打通一条往来中国的道路，他找到了一片欧洲人从未听说过的土地。

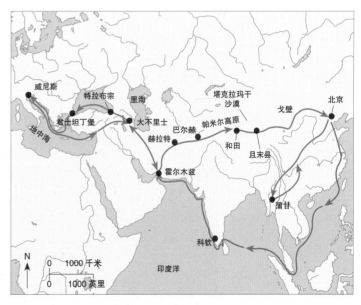

马可·波罗的旅行历时23年，总距离约38625千米。他和他的父亲以及叔父通过丝绸之路到达中国，回程时走的是海路。

17 伊本·白图泰

1325 ～ 1354 年

> 我决心告别所有亲爱的人——男人或女人，抛弃我的家，就像小鸟遗弃鸟巢一样。
>
> ——伊本·白图泰，14 世纪

1325 年 6 月的一天早晨，伊本·白图泰出发去朝觐（麦加朝圣），他当时不可能知道这会变成历史上历时最长、最伟大的一趟旅行。他独自骑驴离开他出生的丹吉尔（摩洛哥西北部城市）时只有 21 岁。24 年后他重返故里，穆罕默德·伊本·白图泰大摇大摆地穿过城门，他成了一个富豪，一个人尽皆知的冒险家，带着一大队随从和崇拜者。他的足迹绵延 12 万千米，从西班牙的安达卢斯到马拉巴尔；他会见了 40 多个国家的最高领袖，曾被任命为大使和法官；娶了许多妻子，生了许多孩子；无数次侥幸活了下来，去麦加朝圣过许多次。

出发去朝圣

伊本·白图泰于 1304 年出生于一个柏柏尔人之家，这家人精通伊斯兰教法，因此十分受人敬重。完成学业后，伊本·白图泰决定去朝圣，向

摩洛哥非斯的染坊，这个地方或许从伊本·白图泰时代起就是如此，他经过长年的旅行后回到这里，把见闻口授给伊本·犹礼。

不同的中东苏菲派学者学习。

他穿越北非来到突尼斯和亚历山大港，接着去了开罗，决心只要可能就不在同一条路上走两次。在去麦加的途中，他去了耶路撒冷、阿勒颇和大马士革（在那里目睹了黑死病），埃及苏丹接见了他并赠予他金子和其他礼物。他于1326年10月到达麦加，对整个伊斯兰世界中朝圣者的数量感到惊叹。对伊本·白图泰来说，朝圣像是一根导火线。他像其他人一样，出发时是一个朝圣者，但在圣城亲眼见到这么个不同民族的大熔炉，他忽然明白了这个世界有多辽阔，于是他想亲自去见证一下。

他从麦加穿越阿拉伯沙漠到达巴格达，随后去了波斯南部，然后返回麦加。他从海上航行至东非沿岸的蒙巴萨（今肯尼亚），然后折回北方回

到中东，往上游到达安那托利亚和黑海。伊本·白图泰继续向西到达克里米亚，向北去了高加索，因为天气太冷不得不返程。他去了君士坦丁堡，觐见了拜占庭皇帝安德鲁尼克斯，皇帝送了他一匹马、一张马鞍和一顶华盖。离开博斯普鲁斯海峡后，他前往布哈拉和撒马尔罕，往东抵达阿富汗，又穿越印度。

这时，伊本·白图泰的随行人员有他的仰慕者、仆人和几房妻子。后来他提到亲眼所见的奇特文化，比如瑜伽士的奇妙把戏，他为印度女子的殉夫自焚——女人爬进焚烧丈夫尸体的柴堆里——所震撼。在德里时，他去穆罕默德·图格卢克苏丹的宫殿拜访，苏丹赠送了许多礼物，还任命他为卡迪（大法官）——这位苏丹可能前一分钟还在热情款待他的客人，下一分钟就割开了他们的喉咙。摩洛

一份1238年的阿拉伯手稿中的印度船只，这些船随着季风横渡印度洋，沿非洲东海岸既定的商贸路线而下。

右图： *13世纪的手稿，清楚地描绘了骆驼商队和供商人与行者休息的商队旅店。*

哥人伊本·白图泰在德里生活了8年，直到1342年，苏丹任命他为中国大使。

去往中国的旅程中充满了危险和灾难。白图泰的使团在阿里格尔附近遭到土匪袭击，他本人被捉住，差点儿被杀死；好斗的部落民族前来挑衅；他们的船在马拉巴尔海峡沉没了，所有苏丹献给中国皇帝的礼物都丢失了。冒险家们并没有退缩，继续穿越锡兰（今斯里兰卡）和马尔代夫，到达孟加拉、阿萨姆、苏门答腊，最终他们来到中国。

伊本·白图泰很擅长讨官员们的喜爱，他大多数时间都在伊斯兰世界游历，他在那里建立起来的完美声望足以让他敲开任何一座皇室宫殿的大门。在一个少有人纯粹为旅行而旅行的年代里，伊本·白图泰却因此飞黄腾达，他的行囊里装满了礼物，时常受到皇室的盛情款待，带着一大批随从。旅行的顺利很大程度上依赖于恰当的时机：伊斯兰的影响力从西方的南欧延伸至东方的中国，让白图泰能在这片对基督徒来说是无法企及的土地上如鱼得水。

回家

这位伟大的伊斯兰旅行家于1349年回到摩洛哥，阿布·伊南国王在都城非斯迎接他。之后，他又进行了两次旅行，一次是去西班牙的伊斯兰地区安达鲁西亚，另一次是去撒哈拉沙漠边缘的廷巴克图。他于1354年返回，国王要求他写一本游记。白图泰将旅行见闻口授给安达卢西亚学者伊本·犹札，作品的名字叫作《献给观测者的礼物：城市奇谈和旅途奇遇》，今天简称为《游记》，这本书被认为是关于中世纪伊斯兰世界生活、社会和文化最重要的一部作品。

白图泰理应是一个虔诚的人，不过他既有美德，也有缺陷，他既愿意和乞丐同乞，也可以和国王共享盛宴。更重要的是，他从不放弃任何一个远行的机会，且总能最大限度地利用资源。

伊本·白图泰在摩洛哥平静地度过余生，死于1377年，葬于他的故乡丹吉尔。

伊本·白图泰的行程图，在20年时间里，他横跨北非和亚洲，然后返回。

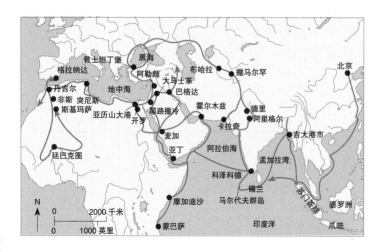

郑和

1405 ~ 1433 年

涉沧溟十万余里……观夫海洋，洪涛接天，巨浪如山，视诸夷域，迴隔于烟霞缥缈之间。而我之云帆高张，昼夜星驰，涉彼狂澜，若履通衢者……

——《郑和碑》碑文，福建长乐，1432 年

哥伦布横渡大西洋开辟到达中国的新航路之前 80 年，一位了不起的"中国船队队长"开始了一系列海洋探险，其规模足以令新大陆的发现者瞠目结舌。郑和史无前例的 7 次探险，从台湾到非洲，大大拓展了中国的影响力，当时，欧洲人还在努力地驶出地中海。倘若历史不发生奇怪的转变，欧洲或许不会成为最强大的殖民力量。

郑和是一个中国穆斯林，1371 年出生于云南省，10 岁时进入明朝宫廷，依据朝廷规定成为宦官。在朝廷服务了一段时间后，他加入了朱棣（当时皇帝的叔叔）征讨蒙古人的队伍，表现出十二万分的勇气和指挥才能。

朱棣于 1402 年夺取皇位，登基后自封永乐皇帝，随后派遣郑和进行一系列"西洋"探险。这发生在明代早期，在中国历史上很罕见。借助军事和政治上的优势，永乐皇帝希望巩固自身对于蛮夷之地的宗主国地位，并获取那里的珍品，以提升他的王朝和他本人的声望。

当时，中国的航海技术已远远领先于西方，中国人在 8 世纪就发明了罗盘，11 世纪时就在领航员中被广泛使用，比西方人早了 300 年。到了 14 世纪，中国人已经发展出成熟的制图体系，即基于矩形网格获得相对精确的标示。马可·波罗写过中国船只的先进性能，大型总舵兼具滑动龙骨的功能，舱壁可以掩护船壳的漏水部分，欧洲人是几百年后才知道这些原理的。

恢宏的船队

郑和的第一次探险开始于 1405

罗懋登著《三宝太监西洋记》，1597 年版。在这幅木刻中，郑和坐在右边。

右图：郑和的"宝船"远远超过80年后哥伦布去美洲所驾的船，看两艘船的比例便可知道。

年，从长江口出发，那是一个由63艘船只组成的船队，非常壮观。最大的一艘船叫作"宝船"，有9根桅杆，长137米，宽55米，吨位是哥伦布"圣玛利亚号"的10倍。

船队总人数达28000人，其中包括民政官、军事官、科学家、医生、商人、会计、翻译，还有海员和士兵，他们携带大量以贸易为目的的瓷器、漆器和丝绸。如此规模的船队，直到第一次世界大战时才被超越。郑和事先就派人告知所有东南亚的统治者他所带领的是中国船队。大多数君主都表现得很得体，因为他们只要表面上服从就行，有些叛逆的王子被更加顺从的人物所取代了。

在1405年至1433年所进行的

一系列航海中，郑和的船队在印尼群岛之间航行，沿着泰国和马来西亚的海岸，渡过印度洋到达锡兰以及位于马拉巴尔海岸的两个印度商贸城市：柯枝和科泽科德（或称卡利卡特）。后来的航行中他们向波斯湾和阿拉伯海南岸进发，郑和取道阿拉伯海去麦加朝圣，最终到达了东非沿岸。

这幅中国画中描绘的是泉州港口，郑和走出中国国门之前其船队停靠的最后一个地方。

郑和的船队在他们所经之处建立商埠，搜集珍宝，其中包括犀牛角、象牙、龟壳、珍奇木材、香料、药材、珍珠和宝石。使者们将礼物赠予他们，请他们献给天子，其中最有名的礼物是马林迪苏丹赠送的一头长颈鹿，它在紫禁城内被视为吉祥之物。

中国人的发现之旅与日后欧洲人的探险活动截然相反，欧洲人的目的总是征服或建立帝国。中国船队无疑彰显了一个王朝的强盛，在7次探险中郑和只动用了两次武力，其中一次还是针对海盗。他们的目的是外交上的和商业上的，旨在更广的范围内结交朋友，建立联盟。

郑和死于1433年，或许是返程后不久死的，又或许是死在海上。他

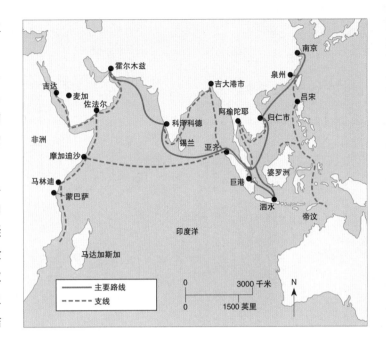

郑和船队的主要路线和支线。

取得的成就无与伦比。他拜访了大约35个国家，建立了极为广泛的外交和商贸网络，增进了中国人对外面世界的了解。

这位伟大的船长——又称"三宝太监"，他的死与中国重新恢复到闭关锁国的状态恰好发生在同一时间。中国对她之外的世界重又视而不见，海外航行被禁止了。郑和下西洋的记录见于《瀛涯胜览》，该书已有部分佚失，郑和的船队也在码头上慢慢腐烂。中国历史上短暂而辉煌的探险时代匆匆地结束了。

郑和带了一头长颈鹿回中国，这是马林迪（位于非洲东岸）苏丹赠送的礼物。这幅画由沈度绘制，其中描绘朝廷将长颈鹿视为吉祥之物。

文艺复兴时期

哥伦布首次到达美洲，震惊世界。此后5年，瓦斯科·达伽马从非洲环航至印度。至此，一切都改变了，忽然，没有人再怀疑地球是圆的。人们迅速发现了商机，对迅速扩张的新领土和贸易路线的争夺战真正开始了。

新近发现的新世界中的财富和与远东利润丰厚的香料贸易是许多文艺复兴时期探险家旅行的主要动机。人们不久就穿越了南美洲和北美洲的广大陆地，望见了太平洋——那时，离欧洲如此之近的中非仍是一片未知的土地。旧世界中的主要权力大国企图瓜分新发现的土地，其中最主要的竞争对手是葡萄牙和西班牙。

瓦尔泰马或许是终极的探险家，他自称到过人类所知的所有地方，比如埃及。他常常装扮成穆斯林以便拜访麦加，搜集关于马六甲群岛的信息。即便他所讲的离奇故事中只有一半是真的，那么他也足以成为那个时代最伟大的旅行家。

麦哲伦——从西班牙出发的葡萄牙人——发现了火地岛中的海峡（如今叫作麦哲伦海峡），开启了第一次环球航行，尽管他本人中途就去世了，并未完成这次航行。他船队中的幸存者最终返程了，实际上马六甲群岛上的奴隶才是环游世界的第一人。

科尔特斯和皮萨罗凭借他们的鲁莽大胆和花言巧语轻而易举地征服了新世界中两种伟大的文明。这两位贪婪残酷的西班牙探险家是日后长达几个世纪的野蛮行径的始作俑者，从那时起，原住民们就不再能看到任何光明，没有一个人能招架得住侵略者强劲的火力和携带的疾病。

16世纪早期佛兰芒挂毯：第一个环航非洲到达印度的欧洲人是瓦斯科·达伽马，他在印度繁忙的海港登船前，与科泽科德统治者道别。

新世界的地貌飞快地，甚至是有些残忍地被暴露在外，短短20年中，北美洲南部大多数土地——比如科罗纳多和德·索托都遭到了科罗纳多和德索托等探险家的蹂躏，这些人穷凶极恶地去那里淘金。与之相比，南部大陆却是偶然被发现的。"镀金人"奥雷亚纳和其他几个人被派去给他们的同伴送食物时被困在雨林中，他们的同伴去寻找传说中的黄金国了。他在河上造了一条船朝下游航行，那条河距太平洋海岸线只有200米，在如今的厄瓜多尔境内的安第斯山脉上方。他航行了大约7个月，最后抵达了大西洋上的亚马孙河河口。

随着德雷克乘着"金鹿号"所做的第一次惊人的环球航行，英国人进入了人们的视线。这是第一次，船只在船长的带领下进行航行，这些英国人是历史上第二批完成环球航行的人。德雷克的成功意味着从现在开始，英国人成了权力游戏中的主要玩家之一，这让西班牙人非常恼火。

人们费了许多周折才开辟了从大西洋到太平洋的北部航线。一开始，人们期望可以从圣劳伦斯河出发，经陆路到达中国。卡蒂埃和尚普兰在加拿大的许多河流以及湖泊上进行探险，证明之前假想的路线行不通。与此同时，人们试图开辟更北面的海路，即著名的西北航道。弗罗比舍和戴维斯以及之后许多勇敢的海员冒着艰险去探索那些险恶的海域，最终一无所获。哈得孙、巴芬、福克斯和詹姆士都是他们的后继者，这些人都未能找到那条隐秘的海路。

亚伯拉罕·奥特柳斯的地图"美洲新貌"或称"新世界"，选自1570年所作《世界概貌》，展示了在当时人们对这片刚发现的大陆的认识。

克里斯托弗·哥伦布 19

1492 ~ 1493 年

殿下……在考虑派遣我，克里斯托弗·哥伦布，前往印度……他指示说我不该像往常一样经东面的陆路前往，而应该经由西面的航路，这条路如今已少有人采用，据我们所知，没有人这么走过。

——克里斯托弗·哥伦布，《航海日志》序言，1492 年

1493 年 4 月 21 日，哥伦布在他的两位赞助人——阿拉贡的斐迪南二世和卡斯蒂利亚的伊莎贝拉一世（西班牙天主教国王）——的陪同下，骄傲地走在巴塞罗那的大街上。那时，人群中流传着他横渡了"汪洋之海"的消息，"汪洋之海"即大西洋当时的名字。当时，在巴塞罗那人心目中，哥伦布完成了一项不可能的任务，即在西面，而非东面，开辟一条通往亚洲的海路。这么一来，西班牙国王似乎打败了他的对手葡萄牙。不过不久后，人们就开始怀疑哥伦布的发现。1493 年 11 月，皮特·马特将这片土地称作"一个新世界"，也就是我们现在所称的美洲。

探险的诞生

哥伦布渴望开辟一条通往富庶亚洲的海路，这是他的先人久已建立起来的传统。15 世纪时，葡萄牙人对此最为热心，为了达到这个目的，他们企图占领整个非洲。尽管哥伦布接受的是西班牙国王的赞助，他探险的根基却在葡萄牙，他在那里生活和工作到 1485 年，他确信从西面而非东面到达亚洲速度会更快。

从西面航行至亚洲这样的想法有些不同寻常，但并不新鲜。大多数受过教育的人都明白地球是球体，理论上是可以从西面抵达的。一些人甚至已经尝试过，比如 1291 年，维瓦

圣母玛丽亚和海员，阿莱霍·费尔南德斯绘（约 1510 年），地上的人包括哥伦布、斐迪南国王（左）、丰塞卡主教、韦斯普奇和平松兄弟中的一个（右），神意在指引着西班牙人的探险。

当代重建的"妮娜号"、"平塔号"和"圣玛利亚号",船又小又拥挤(长约18米),但三角帆让它们行动自如。

尔弟兄弟;1488 年,弗莱明·斐迪南·梵·奥尔曼(赞助人是葡萄牙国王若昂二世,他拒绝了哥伦布的请求),可他们未能返航。在未知海域中无休无止地航行,其中的艰险足以吓退很多人。但哥伦布相信他知道别人所不知道的秘密,他事先作了许多研究,和全欧洲的志同道合者互相切磋,他错误地相信了世界比大多数人所说的小 20%。他自信地画了他自己的世界地图——也许就是他航海时用的那一张,他所需要的就是找一位皇室赞助人。

当时,皇室的赞助是所有探险中至关重要的一部分,这能让探险活动取得合法性,确保日后的所有头衔和声明会受到保护和支持。哥伦布花了 8 年时间,直到 1492 年 4 月 17 日,才最终获得他所渴望的委任状和荣誉头衔,但葡萄牙和西班牙的专家委员会中无一人被他说服。最后,是他的不懈坚持和人格魅力起了重要作用。"水滴石穿",他有一次这么说道。

伊莎贝拉女王第一次见到哥伦布时就很喜欢他,她觉得航行可能带来的利益值得付出高昂的花销和巨大的风险。既然葡萄牙人占领了穆斯林城市格拉纳达（1492 年 1 月 1 日），成功地重新夺取了伊比利亚半岛，她就忽略了专家们的意见，接受了哥伦布的请愿，封这位意大利热那亚织工的儿子为"汪洋之海"舰队司令，在他发现的任何土地上，他都会被任命为这些地方的总督和行政长官。

横渡大西洋

哥伦布在葡萄牙生活时掌握了丰富的关于大西洋风向的知识，他的经验和研究成果让他认为大西洋上的风呈螺旋形，即"东北风"。他从西班牙的加那利群岛出发，在这个维度上，海风可以推动他的船只前进。哥伦布此行真正的风险在于，他意在到达的欧洲北部土地上的"西风"能否帮助他回到他所熟悉的海面上。

虽然疑虑重重，"妮娜号"、"平塔号"和"圣玛利亚号" 3 艘船还是载着 90 位船员于 1492 年 8 月 3 日从帕洛斯出发了，在加那利短暂地停留了一阵儿后，他们于 9 月 6 日从戈利塔港口驶向未知的海域。他们可以动用的只有不精确的航海技术，在毫无变化的海面上进行航位推算，外加原始的天文观测技术。哥伦布有导航仪器，不过那些只是用来摆样子的。令人惊叹的是，此次航行的路线与日后西班牙帝国大帆船横渡大西洋时所采用的理想航线非常接近。

10 月 12 日，也许此前从未有一艘欧洲船只像他们的船只一样在看不见陆地的海面上航行那么久，其中有一段时间是在无风的马尾藻海渡过的，船只抵达了当时尚无人知晓的巴

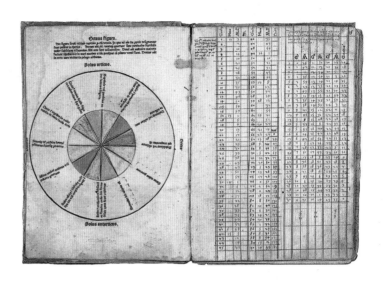

哈马群岛。哥伦布把这座岛命名为"圣萨尔瓦多"，并立刻宣布其为西班牙领土。这是美洲和欧洲的第一次交流。

哥伦布每到一个有人的岛上，就把那里的人们叫作"印第安人"，他错误地以为自己是到了印度，这是对亚洲的错误称法。他对当地人的态度模棱两可，这预示着他无意中建立起来的西班牙帝国的态度。一方面，他与当地人建立起友善的、大家长般的关系，在他看来，那里的人们保有宁静和纯真的特质；另一方面，那里的人十分天真，任人宰割。哥伦布毫不犹豫地捉了 10 个人回去作为航海向导，顺便向他的欧洲赞助人炫耀一番。

初次登陆后，哥伦布在陆地上停留了 3 个月，接着去探索其他的岛屿。他苦苦寻觅传说中仙境般的日本、中国和印度的踪迹，但都一无所获。11 月 21 日，深感挫败的"平塔号"船长马丁·品宗哗变了，他背弃船长一个人淘金去了。到目前为止，从岛上还没发现什么有价值的东西——除了美丽的自然风光。直到在广大而肥沃

上图：一个由哥伦布涂色的罗盘，显示不同纬度上的风向和日照时间，计划十分周全。

下图：哥伦布使用过航海设备，这张图片中他正在使用六分仪，让他那些紧张的船员安心。

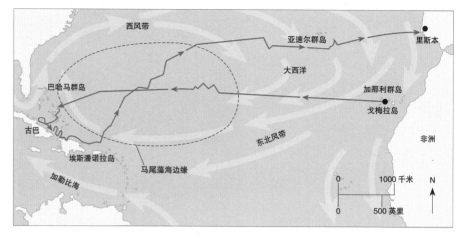

哥伦布第一次横渡大西洋的路线，大西洋上的风使这条最佳路线变得可能，后来西班牙的一艘船也跟着来了。

的埃斯潘诺拉岛（又称伊斯帕尼奥拉岛，今海地和多米尼加共和国）上发现黄金以后，整个探险的意义才突显出来，哥伦布也将不再满足于在汪洋中发现一群荒芜人烟的岛屿（比如亚速尔群岛）了。

哥伦布最大程度地利用他的处境，"圣玛利亚号"搁浅，这本是一场灾难，但这个事发地点却成了欧洲人在美洲建立的第一个殖民地，他让39个船员去做黄金生意，自己回欧洲去了。路上，品宗带着大量的黄金重新加入了探险队，哥伦布出于功利的目的接纳了他。

为了寻找回家的航路，哥伦布带领着剩下的两艘船只继续向北航行，于1493年1月16日发现了加勒比群岛，到此为止，他所冒的一切风险都变得物有所值。2月18日，他终于回到了他所熟悉的海域和由葡萄牙人守卫着的亚速尔群岛。

探险余波

哥伦布返航所引起的兴奋情绪使得斐迪南和伊莎贝拉开始进行频繁的外交活动，他们与葡萄牙签订了《托尔德西利亚斯条约》（1494年6月7日），承认西班牙有权占有哥伦布所发现的地方以及一条想象中的界线——"佛得角以西370里格"——以西所有的土地。这项约定使得西班牙在美洲建立起帝国。

出于傲慢和对头衔的重视，哥伦布一直宣称他开辟了前往亚洲的新航路，这种固执对于他的名誉和事业来说都是致命的。虽然他又去了美洲3次，但是竞争者很快就超越了他，皇室赞助人也疏远了他。1506年，这位"新世界"的发现者在痛苦和谵妄中去世，终年55岁。

费尔南德斯·德·奥维耶多《印度群岛通史和自然史》中所绘吊床，哥伦布的水手是第一批看到吊床的人。随着吊床在船只上被广泛使用，当地语言中的词汇（hammock）也流传下来了。

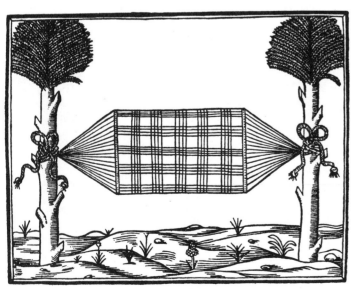

瓦斯科·达伽马

1497 ~ 1498 年

他们中有一个远道而来的年轻人，他已见过我们这样的船只。这让我们欢欣鼓舞，因为我们似乎已抵达了理想之地。

——阿尔瓦罗·维利乌，15 世纪

1497 年 7 月 8 日，4 艘船从里本出发，从此以后，欧洲与亚洲的关系永久地改变了。船队的指挥官是瓦斯科·达伽马，一位籍籍无名的圣地亚哥军团中的葡萄牙骑士。其他两艘船的船长分别是达伽马的弟弟保罗和尼可拉·科库略，第四艘是粮食补给船。若昂二世于 1481 年继位，此前葡萄牙人的注意力主要集中于非洲的黄金和奴隶贸易，但新国王的意图非常清晰：派遣船只测绘非洲的海岸线，与亚洲的基督徒建立起联系。

1482~1486 年间，两次探险活动都在非洲海面上苦苦地逆风进行，第二次探险的指挥官迭戈·卡奥在今天的纳米比亚海岸去世，探险队就此返航。第三次由巴托罗缪·迪亚士带领，于 1487 年出发，他也艰难地在

达伽马画像，可能是印度画家画的。

达伽马的舰队，选自《舰队回忆录》，1568 年。

逆风中向南航行，直至由于一场风暴被迫在汪洋之中颠簸前行。当返回非洲海岸时，他发现海岸线是朝东的。他在不知情的情况下绕过非洲南部海角，发现了通往亚洲的航路。这时迪亚士的手下要求回到葡萄牙，他们于1489年返回。

迪亚士发现南纬地区吹的是西风，意识到南大西洋上的风呈螺旋形（哥伦布发现北大西洋也是如此）。若帆船想绕过非洲南端，就必须先去西南部，以便顺风而行。

环非洲之行

奥若二世并不重视迪亚士的发现，1497年新国王唐·曼努埃尔继位后才勉强同意进行下一次航海。此行由于经费短缺，国王没有赠送与外交使命相匹配的礼品，还得请马尔基奥尼银行提供一艘船只。与达伽马同行的只有150人，不过其中有几个人在当时是经验相当丰富的领航员，还有一些人能说阿拉伯语和刚果语言。

第一阶段，也是较熟悉的一个阶段，达伽马到了加那利群岛和佛得角，从那里进入未知的海域。这是葡萄牙舰队第一次从西南面进入大西洋，目的是顺应西风，西风曾帮助迪亚士绕过佛得角。短短4个月后，位于南非西岸的圣赫勒拿湾就映入眼帘，"我们鸣炮向长官表示祝贺，用国旗和军旗来装点船只"。迪亚士花了一年多时间才到这个地方。

出于使船只获得充分补给的考虑，达伽马让他的手下上岸与当地居民交往。葡萄牙人和非洲人互相为对方奏乐，但是戒备心最终升级为暴力，双方都动用了长矛和弓箭。

继续前行至圣布拉斯湾，此时粮食补给船发生故障。在南非海岸滞留一个月后，达伽马紧贴着海岸朝北航

16世纪的科泽科德，位于印度洋沿岸，是达伽马的目的地，胡椒贸易重镇，选自格奥尔格·布劳恩和弗朗斯·霍根贝尔格所著《世界城市》。

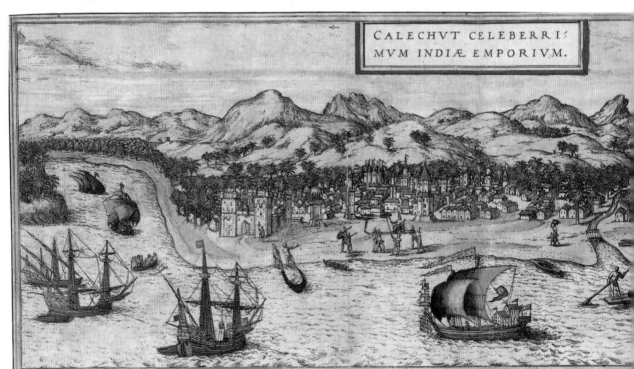

CALECHVT CELEBERRI: MVM INDIÆ EMPORIVM.

行。12月末时，3艘船经过了被达伽马称作纳塔尔的地方，纳塔尔在葡萄牙语中意为"圣诞节"。这时，一艘船丢失了一根船锚，折断了主桅杆，由于缺乏淡水，船队于1498年1月11日在因哈里姆（今莫桑比克境内）抛锚。葡萄牙人受到大批当地人的欢迎，其中多数是女人，她们的"腿上、手上和头发上戴着铜质饰品"。

达伽马的船队平安渡过凶险的莫桑比克海峡，在赞比西河最北面的支流抛锚，他把这里称作"吉祥之河"。他在此停留了32天，以便收集饮用水，让他的船员休息（他们都患上了坏血病，由维生素缺乏引起的致命疾病，在确定病因之前夺去了许多船员的生命），修整船只。身穿丝质衣服、头戴阿拉伯小帽的穆斯林走来向他们问候，这是第一次，葡萄牙人发现自己置身于一个熟悉的文明之中。

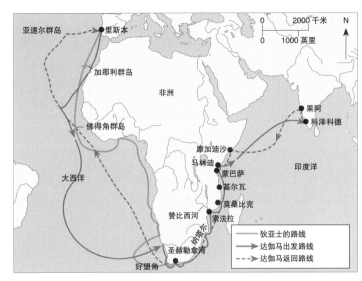

又航行了几天，船队到达莫桑比克岛，科库略的船驶进港口时搁浅。莫桑比克是个港口，那里来往的商船很多，达伽马雇了一个领航员，向他打听印度洋上的贸易信息。他和当地人还发生了争执，朝岸上的人群开了几枪，离开时，他确信有人正在策划一项阴谋要置他于死地。

达伽马的领航员带着他们安全地穿越基尔瓦，葡萄牙人在那里听说了一些关于一个信奉基督教民族的故事，这让他们感到狂喜。他们接下来去了蒙巴萨，又一次欺骗了当地人，抢来一艘装满黄金和白银的船只。达伽马的暴力行径差点儿毁了整个探险，不过他们在下一个沿海城市麻林地（今马林迪）受到盛情款待。葡萄牙人在此雇了一位新的领航员启程去印度，并用音乐和烟火对此行大大庆祝了一番。

初到印度

在温和的季风推送下，他们到达印度只用了23天。5月20日，达伽马的船队在科泽科德抛锚，这是马拉

迪亚士和达伽马的航海路线，最外面一条路线表明，达伽马对南大西洋风向的了解使得他的航海成为可能。

巴尔海岸最重要的胡椒贸易中心。在这里，葡萄牙人轻易地受骗上当，误以为看见了他们苦苦寻找的基督徒，并去朝拜印度庙宇，神像的"牙齿从嘴唇里突出一英寸，长了四五条手臂"，这也没能让他们产生怀疑。

达伽马的外交使命险些功亏一篑，因为他大肆炫耀自己国家的国王有多么显赫，"比这里任何一位国王都要强大"，而且他赠予科泽科德沙摩林人的礼物一文不值，其中包括珊瑚串和渔民的兜帽。达伽马没有丝毫外交手腕，这使他的处境变得又危险又尴尬，不过最终，他带着香料、大量语言知识和关于印度洋的水文知识，于 8 月 29 日离开科泽科德。

达伽马的船队在印度海岸附近逗留至 10 月，抢夺那里的船只，绑架人质，对他们施以苦刑，这些行为为日后当地人对他们的猜忌和仇恨埋下了种子。船队花了 3 个月横渡印度洋返回非洲，这期间他们的一艘船被焚烧后丢弃。达伽马于 1499 年 1 月 11 日起航回家，于 3 月 20 日绕过佛得角，花了 27 天抵达圣地亚哥岛。这时保罗生了病，达伽马把他带到亚速尔群岛，他在那里去世。与此同时，科库略直接返回里斯本，于 1499 年 7 月到达。一共 55 人在整个航行过程中去世。

旅程的意义

达伽马航行的意义在于，使得人们了解了半个地球的形状，开辟了从欧洲到亚洲的海路，促进了全球经济的诞生，而欧洲日后在亚洲建立霸权，这条海路难辞其咎。这是欧洲人第一次由海路绕过非洲到达印度，多亏了海员们的技术、航位的标示、造船技术的进步，途中没有发生重大不幸。达伽马从带领他进入印度洋的领航员那里获取了丰富的知识。

达伽马的成就引领了整整一个时代，由于旅途还算顺利，他的成就常常被人低估。不过作为一个英雄式的人物，达伽马有很多缺陷，他的暴力、猜忌、拙劣的外交手段预示着欧洲同非洲和印度的关系从一开始就是一场灾难。

葡萄牙艺术家所绘印度人的生活：妇女穿着彩色纱丽往水罐里装水（约 1540 年，藏于罗马卡萨那滕斯图书馆）。达伽马的航行开辟了通往亚洲的水路，葡萄牙人很快就明白了坎贝布料贸易的重要性，于 1534 年占领了迪乌北面的港口。

卢多维科·瓦尔泰马

1501 ~ 1508 年

我听说后，就告诉他我是意大利人，在开罗变成了马穆鲁克人。
他听了很高兴，盛情款待了我。

——卢多维科·瓦尔泰马，1510

卢多维科·迪·瓦尔泰马的《游记》自从 1510 年在罗马出版后，立即成了文艺复兴时期的畅销书，接着拉丁文、德文和英文译本相继问世。1517 年作者去世，膝下无嗣。新的印刷术让书籍得以大量重印，以满足葡萄牙人发现和征服大西洋以及太平洋的渴望所需要的信息。

瓦尔泰马自称博洛尼亚或罗马诺，他的姓氏不见于博洛尼亚家族年鉴，他可能是中亚人或者叫作路德维希·韦特海姆，写成意大利文字就变成瓦尔泰马。他最喜欢在与别人讲述冒险经历时吹嘘他的各种伪装：一次装扮成间谍，一次假扮成苦行僧，一次装疯卖傻，一次装成马穆鲁克人尤纳斯——苏丹的情人，当然其他的伪装还有很多。

不过，这种吹嘘后来却让人怀疑起他更重要的一个身份，即旅行家。他是第一个到达马六甲群岛的欧洲人，早在 1563 年，加西亚·德·奥尔塔——在果阿生活的葡萄牙医生——就写道，瓦尔泰马到达科泽科德和柯枝，但由于依靠季风航行，这在当时理应是不可能的。19 世纪的人们也对此表示怀疑，现今学者则证实了确实是不可能的。

幸运的士兵

瓦尔泰马是一个幸运儿，他加入了埃及和叙利亚的马穆鲁克军队，皈依伊斯兰教，获得了在封建欧洲基督教世界里不可能获得的社会地位。路德维希（或卢多维科，或尤纳斯）是个技术高超且无所顾忌的炮手。

他的旅程从 1501 年秋天开始，当时他穿着穆斯林的衣服，从威尼斯出发去埃及亚历山大港，加入马穆鲁克人。接着他去了大马士革，学了些阿拉伯语，当地人就把他当成穆斯林了（他本人是这么说的）。不过后来他在也门被拘捕和监禁，这说明和大多数"拉"马穆鲁克人一样，他的穆斯林伪装也不那么让人信服。

1504 年 4 月 8 日，瓦尔泰马加入了一队由 60 个马穆鲁克卫兵组成的朝圣队伍，从大马士革前往麦加朝觐（他是第一个详细描述此过程的欧洲人）。接下来他去了吉达，经海路去往也门

一支正在前往麦加的朝圣者队伍，选自奥格斯堡的约尔格·比罗所著《瓦尔泰马游记》中的木刻。

俯瞰也门的萨那，或许和瓦尔泰马所见相同。

瓦尔泰马的航行路线，最远到达科泽科德，他取道莫桑比克回程，环航非洲。

其穆斯林联盟将要发动进攻的紧急消息告诉了他们。他参与了葡萄牙人对穆斯林商人发起的陆战和海战，此后被封为柯枝和坎努尔的总督，这一职位可谓日进斗金。他在此期间观察当地人的生活，搜集了更远地方的信息，比如向去过马六甲群岛的商人打探消息。

波恩纳尼战役后，瓦尔泰马于1507年12月4日被阿尔梅达的总督封为骑士，不久后一起出发去往特里斯坦–达库尼亚群岛。他们于次年1月在莫桑比克停留了一阵儿，于1508年7月到达里斯本，葡萄牙国王唐曼努埃尔听说了瓦尔泰马的事迹，首肯他的骑士地位。

瓦尔泰马和游记

在欧洲，叛教的人会为此付出惨重代价，因此瓦尔泰马用模棱两可的言辞和对所见所闻的歪曲来掩盖真实情况，正是这种歪曲赋予了游记玫瑰色彩的浪漫色彩。他7年的旅程中（他的旅行总计7年，至少他于1511年写给维托利娅·科隆纳的信中这么写到，米开朗基罗的十四行诗也是写给这位女士的）。瓦尔泰马的叙述中夹杂着古怪的阿拉伯语，由于在印度生活过的缘故，还有些许马拉雅拉姆语。他不懂波斯语，不过他倒是虚构过一个旅伴——名叫哈吉·奥·努尔的波斯商人。

瓦尔泰马的游记在当时是无人可及的。他既是骑士又是炮手，勇敢而爱冒险。他对游历过的地方的风俗心怀好奇，观察仔细，因此，里斯本、威尼斯和罗马那些受过教育的读者都迫切想从他那里知道更多事情，渴望纠正经典地理学的权威言论，丰富他们已有的政治和商业知识。但是，正如许多受到追捧的作者，特别是那些无甚知识的游记作家一样，"环游世界的旅行家永远都在讲童话"。

的亚丁，他在那里被捕后被押往内陆的都城贝达，于1504年9月9日抵达，正好加入围攻萨那的战役，经过6个月的僵持，萨那于1505年3月沦陷。同年晚些时候，瓦尔泰马从亚丁出发坐船到达科泽科德，帮助那里的人们抵抗葡萄牙对埃及与威尼斯之间经印度洋进行的香料和奢侈品贸易施加的限制，这使得两大王国的经济利益均受到损害，他们联合起来对付这一新生的威胁。他大肆吹嘘在霍尔木兹和波斯所作的短暂停留，不过这些信息模糊又互相矛盾，因为从年代上来说是不可能的。

1505年12月5日，瓦尔泰马在马拉巴尔海岸上的坎努尔转而向葡萄牙人投诚，把科泽科德的萨穆德拉拉贾及

斐迪南·麦哲伦

22

1519 ~ 1592 年

总指挥喜极而泣，他把海角命名为"渴望角"，因为我们长久以来都渴望见到它……我们从狭长的海峡中驶出，进入太平洋。

——安东尼奥·皮加费塔，1520 年 11 月 28 日，抵达太平洋时所记

如同许多 16 世纪进行的探险所关注的内容，斐迪南·麦哲伦的探险也与肉豆蔻和丁香之类人们熟悉而又富有异域风情的香料有关，不过这次还事关去世已久的教皇的声明。和许多其他的探险一样，这个故事中也存在用理智无法解释的疑问，诸多的传说已使得它的本来面目变得无法辨认，其中之一就是人们普遍相信，麦哲伦是环球航行的第一人。

实际上，麦哲伦并没有完成环球航行，而籍籍无名的塞巴斯蒂安·埃尔卡诺 —— 麦哲伦船队的成员之一 —— 才是环球航行的第一人，因为麦哲伦掉队了，航行到一半时他在菲律宾的一个岛屿上被杀害了。

这一令人悲伤的事实并未减损斐迪南·麦哲伦的成就。他是葡萄牙人，却为西班牙人执行航海任务，这在当时是离经叛道的行为。船队由 5 艘船组成，它们分别是"维多利亚号"、"特立尼达号"、"圣安东尼奥号"、"康塞普西翁号"和"圣地亚哥号"。1519 年 9 月，麦哲伦带领着的船队由瓜达尔基维尔河河口出发，开启了航向未知的危险旅程。他的船队中只有一艘船返航，237 名成员中只有 18 名回到故乡。今天，人们承认他的成就代表了航海史上最巨大的勇气、最精湛的技术。他发现了南美洲的麦哲伦海峡；在突起的甲板上观测星云；自始至终，他最渴望的事情就

左下图：麦哲伦是自学驾驶葡萄牙大帆船和卡拉维尔帆船（小型便于操控的帆船）的，这幅画像绘于 16 世纪，作者不详。

右下图：麦哲伦的船"维多利亚号"，在加的斯购买，价格不到 250 英镑。

95

麦哲伦船队环航世界路线图。他在菲律宾宿雾省被杀害，此后探险队由塞巴斯蒂安·埃尔卡诺带领，总共5艘船出发，只有一艘返航。准确地说，探险队中的马六甲奴隶昂利戈是第一个环游世界的人。

是成为一个英雄式的海员，人们会因此永远地铭记他。

将地球一分为二

一开始，的确是香料引诱麦哲伦和他的船员驶出西班牙南部小渔港桑卢卡尔·德·巴拉梅德的。他和西班牙宫廷都知道东方那个叫作"马六甲"的地方盛产丁香、肉豆蔻和肉豆蔻种衣，所以马六甲又被称为"香料之岛"。不过有一个问题：谁能对这些地方行使权力？西班牙？或是老对头葡萄牙？

这个问题源于教皇亚历山大六世于1494年签订的《托尔德西利亚斯条约》，其中规定所有未被占领的土地以想象中的界线来分割，即"佛得角以西370里格界线"，此界线东面所有土地归葡萄牙所有（包括巴西），西面所有土地归西班牙所有（包括墨西哥、哥伦比亚和智利）。依据当时这个奇怪的逻辑，该项条约意味着马六甲（欧洲人向东航行绕过非洲和印度时曾经过那里）是葡萄牙人的。西班牙人认为这是彻底的无稽之谈，坚持说如果他们能横渡巴尔博亚新发现的（且很快将被命名的）太平洋，从

西面抵达这些群岛，他们也能享有岛上无穷无尽的财富。

马六甲舰队

所以西班牙国王就为探险提供经费，任命麦哲伦为舰队总指挥。1519年，5艘小小的船（"我可不愿意乘这种船去加那利，"驻塞维利亚的葡萄牙领事这么写道，"它们的船骨软得像黄油。"）悬挂着卡斯蒂利亚国旗向西出发了。马六甲舰队（这伟大的名字是麦哲伦取的）的成员包括一个叫作昂利戈的马六甲奴隶，一个专门负责记日记的悠闲的威尼斯人，旅客兼间谍安东尼奥·皮加费塔，外加英国来的安德鲁大人，他是从布里斯托应募而来的。

这一行人的关键问题是他们将要抵达的广袤大陆和巴尔博亚所说的马尔德苏尔。6年前，这位太平洋的发现者站在他所在的位置写道此地"静静地立在达里恩山的山顶上"。除了征服者外，极少有人去造访过那片土地，也没有人绘制过那里的地图，更没有人知道它是否像有些人所说的那样一直延伸到南极，阻挡了往西的海路。麦哲伦只有一张地图，上面标示出大西洋在普雷特河处大大地缩进了一块，至于其他可能的航路，地图上都没有标示。

一群人航行了整整一年，期间发生了一场可怕的哗变，许多人被放逐或处死；一艘船（"圣地亚哥号"）沉没了；他们发现了企鹅、海豹和大脚的南美洲原住民——他们后来被称作巴塔哥尼亚人。后来，船员在船右弦处发现了一个海角，从那里开始陆

地向西延伸，前面似乎有一条航路，贯穿陆地和积雪的山峰。结果，这是谁都料想不到的发现：肉眼难以明辨，路线曲折艰难，行进困难，风向变幻莫测，这就是麦哲伦海峡，它把从火地岛开始的陆地一分为二，至今仍是从大西洋的凶险海域进入平静海域的捷径。

其余的3艘西班牙船只（"圣安东尼奥号"在其凶悍船员的要求下携带重要物资返航了）在水上经历了38天的磨难，筋疲力尽地穿越海峡。1520年11月28日，"特立尼达号"、"维多利亚号"和"康塞普西翁号"驶进海峡西面的尽头，沐浴在宁静的金色夕阳之中。麦哲伦哭了起来，把他所在的这片海洋叫作"太平洋"，现在他所要做的就是渡过这片海。再过3天，或许4天，就能到马六甲了，他想。

安东尼奥·皮加费塔对"海贼之岛"的印象，这是今天关岛附近的马里亚纳群岛。麦哲伦对当地人的航海能力，特别是三角帆和支腿印象非常深刻。

他犯了悲剧性的可怕错误，穿越这未知的、漫无边际的海洋花费了许多时间。食物和饮用水都没有了，船员一个接一个因坏血病而死（被捉上船的巴塔哥人也死了），哗变的情绪日益高涨。正在这千钧一发的时刻，他们成功地抵达关岛，此前的航行中，他们错过了每一个可以登陆的岛屿。他们不是花了3天，而是3个半月，才到达一个可以获得补给的地方，当地人说的话，奴隶昂利戈还能听得懂一些。

经过短暂的休息——以以往的标准来看是短暂的——他们去了菲律宾。10天后船队抵达萨马岛，他们与岛民建立起往来，岛民一开始看上去很友好。然后他们去了萨马利瓦岛，马六甲奴隶向前来迎接他们的船只欢呼，这一时刻理应被永远地定格，很明显船员知道奴隶所欢呼的每一个词的意思。从语言学上说，这个词就是

左图：马里亚纳群岛上的武士带着巨型仪式性盾牌，上面饰有一缕缕人的头发。十几个人爬上麦哲伦的船抢劫了一番。这个人发盾牌出自婆罗洲，探险队也到过那里，和一队驾驶独木舟的人打了一仗。

宿雾岛民，他们刺着文身，包着头巾，非常吓人，在头人拉普拉普的带领下打败了麦哲伦。

右图：塞巴斯蒂安·埃尔卡诺，"维多利亚号"的巴斯克人船长，他艰难地把船带回了卡迪兹，成为了第一个环航世界的人。

"环游"。昂利戈，这个最卑微的奴隶，是第一个环游世界的人，完成了他从未想到过的丰功伟绩——尽管这次航行中的许多阶段都不是他自愿选择的。

但一个月后，斐迪南·麦哲伦与菲律宾群岛上的宿雾人发生纠纷，被杀死了。每年的这一天，当地人都在头人拉普拉普的带领下进行纪念活动。在事发的麦克坦海滩上立着一块纪念碑，一面记录着死者的勇气和无畏，另一面记录着凶手英勇的民族主义精神。

舰队的其余成员带着悲恸的心情返航，向西沿着往常和（对葡萄牙来说）熟悉的航路横渡印度洋到达好望角，重新回到大西洋，中途又损失了一艘船。最后，1522 年 9 月 6 日——距出发时整整 3 年，吨位为 85 的"维多利亚号"在现任指挥官塞巴斯蒂安·埃尔卡诺的带领下渡过瓜达尔基维尔河，为西班牙国王带回了丁香。

国王陛下送给埃尔卡诺船长一个镶嵌宝石的地球仪，铭文是"你首先环绕着我航行（Primus Circumdedisti Me）"。从此以后，除了最精业的海洋史学家，其他人都把这些饱经风霜的船员们遗忘了。

宿雾人的海岸边竖起了纪念碑，蓬塔阿雷纳斯北面还有一条与之齐名的海峡，遥远的地方有一簇星云，这些都会让人们永远记住麦哲伦。不可否认的一点是，带领这场冒险的人将受到所有航海家的景仰，占据航海史上尊贵的地位。这场探险使得西班牙和葡萄牙垄断了与马六甲群岛的海上贸易。昂利戈或许是第一个进行环球航行的人，埃尔卡诺或许是第一个一次性完成环球航行的人，但是麦哲伦使这一切成为可能。他本人未能完成航行，因此遗憾将永远伴随着我们。历史，正如有些人说的那样，是不公正的，生活本身也是如此。

埃尔南·科尔特斯 23

1519 ~ 1521 年

宏伟的城镇……石头建筑从水面上升起，景象使人着迷……我们的几个士兵问这一切是否全是梦境。

——伯纳尔·迪亚兹·戴尔·卡斯蒂略，1519 年

1519 年 11 月，西班牙征服者埃尔南·科尔特斯率领一队疲惫的士兵站在山垭口上凝视着下面的墨西哥谷，他们看见一座宏伟的城市，建筑、运河和金字塔在阳光下闪闪发亮，这景象震慑了这个最冷酷的西班牙人。

科尔特斯和他的伙伴们目睹了对欧洲人来说如此陌生的社会，陌生得无法理解。500 多万人生活在这个秩序严谨的文明之中，受最高君主蒙特祖马二世的统治。"这些［特诺奇提特兰］人的生活和西班牙人一样和谐，有秩序，"科尔特斯在致西班牙国王的信中这么写道，"考虑到这些人是野蛮人，与上帝断绝了往来，他们在其他方面的成就令人震惊。"

埃尔南·科尔特斯的历史形象多种多样：伟大的将军、杰出的政治家、贪婪的淘金者。他无疑是个狡猾的人，他与阿兹特克人的交往充分说明他知道他们最关心什么，他们的软肋在哪里。他是个克里斯玛式的领袖，能让暴徒、修士和手艺人都对他忠心耿耿。最重要的是，科尔特斯不受命于任何人，与权威唱反调，决心坚定，是这些品质让他到达了特诺奇提特兰。

新世界之旅

1485 年，科尔特斯出生于西班牙埃斯特雷马杜拉区的麦德林，在萨拉曼卡大学学习。1501 年他放弃了学业，决心到西印度群岛去碰碰运气，这是当时许多野心勃勃的年轻人向往的地方。1504 年，他从圣多明各（今多米尼加共和国）出发，1511 年加入迪亚哥·贝拉斯克斯远征古巴的军队，很快就成为圣地亚哥·德·古巴市的市长。

科尔特斯听说贝拉斯克斯的外甥

同时代德国画家克里斯托弗·魏迪兹（1500—1559 年）所绘埃尔南·科尔特斯，他手持带家族标识的武器——瓦哈卡山谷侯爵。

多明各会修士迪亚哥·杜兰绘西班牙人的征服之旅，画中蒙特祖马正在向科尔特斯赠送象牙。杜兰是重要的阿兹特克编年史学家。

胡安·德·格里哈瓦尔望见美洲以西的陆地后，1517 年，他说服长官让他带领 11 艘船只去挖掘黄金和"其他宝藏"。贝拉斯克斯很快意识到这位新任指挥官会变成强大的对手，他企图阻止这次探险，于是取消了委任状。科尔特斯无视长官的命令，带着 600 个人、不足 20 匹马和 10 门劣质大炮向西航去。

第一次他们到达尤卡坦东岸的科苏梅尔岛，科尔特斯在那里遇见了一个被放逐的西班牙人，名叫赫罗尼莫·德·阿吉拉尔，此人在玛雅旅行了 7 年，精通他们的语言，他被强行拉上船做翻译；不久后科尔特斯与当地人在塔巴斯科海岸附近激战了一番，俘获了一个名叫玛林凯（或叫玛丽娜）的印第安女子。他勉强与当地人讲和，继续前往韦拉克鲁斯，于 1519 年圣周四到达，遇见了阿兹特克统治者蒙特祖马二世的使者。

蒙特祖马二世（1468—1520 年）当时正在巩固他前任统治者的战利品，忽然听说"群山"在向东移动和东面来了些陌生人的故事——除了很久以前，羽蛇神魁札尔科亚特尔的传说，这里的人们再没听说过这样的故事。几个世纪前，羽蛇神被赶出圣城托尔特克，逃亡到墨西哥湾，用蛇皮做了一艘皮筏，消失在地平线外，并发誓将再度造访。多么可怕的历史巧合，科尔特斯正好在这一年来到韦拉克鲁斯。

不知蒙特祖马二世是否真的相信来人是羽蛇神，出于外交礼节，他派遣了 5 位使节去迎接科尔特斯，向其敬献珍贵的礼物和神圣的王冠。使节把科尔特斯当作神来迎接，为他戴上羽蛇神的面具、羽毛头饰和项链，而他则向他们抛射铁器，还发了一枚炮弹，接着挑衅他们也发动进攻。使节不明白发生了什么，逃回特诺奇提特兰去了。蒙特祖马二世下令当地人对客人友善一些，多送些礼物，其中包括"像车轮那么大的"金日轮，可这些都不管用，反倒加强了科尔特斯对阿兹特克领土的好奇心。

向特诺奇提特兰进发

科尔特斯没有理睬贝拉斯克斯下达的撤退命令，他在韦拉克鲁斯留了一队人驻守，并直接写信向西班牙国王承诺敬献自己所找到的五分之一的黄金，而后为了防止船员弃逃，他烧毁了剩余的船只。1519 年 8 月 16 日，他带着不足 350 人的小军队前往特诺奇提特兰。

蒙特祖马二世眼见西班牙人昂首阔步地向陆地走来，犹豫不决。科尔特斯一路上热情地拉拢当地头人，这些人抱怨说阿兹特克的税务官横征暴敛，并招募了一大批军队来援助他，所以到达特拉斯卡拉（海拔2100米）之前科尔特斯一行没有遇到什么抵抗。

特拉斯卡拉人和西班牙人进行了两次交战，西班牙人发现他们面对的是一群装备先进的印第安战士，他们高度团结，充分利用马匹和雾气，科尔特斯的部队险胜对手。赢得胜利的科尔特斯很慷慨，只接受了少量赠予，为每个军官娶了妻子。接着他向乔鲁拉挺进，那是古老的羽蛇神祭拜场所，也是阿兹特克人的忠实盟友。在进城时科尔特斯一行没遇到阻碍，他们杀害了聚集在神庙辖区内的5000个贵族，而后大肆掠夺，把抢来的衣服和盐送给特拉斯卡拉人。

蒙特祖马二世和他的臣民无动于衷地看着西班牙征服者从山上走下来，踏上特诺奇提特兰的土地，两人于1519年11月8日在都城外的一条公路上第一次相遇了。

科尔特斯和其手下对这座伟大的城市叹为观止，他们爬上为祭奠太阳神胡特兹罗普特利而建造的金字塔，那里弥漫着人血和活人献祭的气味；

阿兹特克武士穿着鲜艳的羽毛制服，左起第二位为鹰战士，这是军队中最高的军阶。

下图：科尔特斯从古巴的圣地亚哥·德·古巴到墨西哥谷再到阿兹特克腹地的行进路线。

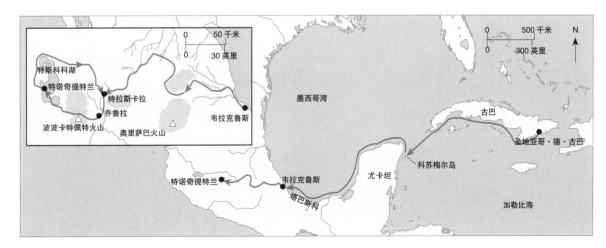

他们在大型市场里游荡，这里每天有两万人光顾。然而最重要的，是他们对黄金的渴望。韦拉克鲁斯发生动乱的消息传到科尔特斯耳朵里后，他把蒙特祖马二世劫持来做人质，国王就命人送来越来越多的礼物。

科尔特斯带了几个人去平息他的副手在墨西哥湾沿岸发动的哗变，任命佩德罗·阿尔瓦拉多为总管，此人是个强悍的士兵，但没有丝毫外交手腕，他在某个节庆场合屠杀了上百个贵族，结果被愤怒的印第安人俘虏了。科尔特斯回来时城里十分平静——是一种不祥的平静，很快，他就被围堵在军营里。人们不再拥护蒙特祖马二世，他们杀了他，统治者另有其人。

科尔特斯决定夜晚弃城，浴血奋战返回特拉斯卡拉，残兵只有原来的四分之一。他十分精明地在乡下旅行了一段时间，利用阿兹特克的苛政，重新招募了军队，沿着特诺奇提特兰公路行军，同时，一支由经过特殊设计的船只组成的舰队保护他不受来自水上的攻击。

夺城

科尔特斯经过长达 93 天的血腥战斗夺取了特诺奇提特兰，当地人顽强地抵抗入侵者。西班牙人夺取每个街区都要经过一番恶斗，他们胆战心惊地看着祭司把俘虏来的敌军当作人祭杀掉。科尔特斯封锁了城市，许多人死于饥饿或由饥饿导致的疾病。特诺奇提特兰于 1521 年 8 月 13 日沦陷，这时城里原先的 30 万人中只有 6 万人幸存。

埃尔南·科尔特斯抵达墨西哥谷后不到两年，就摧毁了阿兹特克文明和美洲最大的城市，他能取得胜利，多亏了长期的部署经验和先进的武器，其中包括铁铸的剑，这些剑能劈开木制盾牌，穿透石制的棍棒。而马匹能加快士兵的进攻速度，可怕的野狗足以吓退最勇敢的武士。

科尔特斯在古老都城的废墟上建立了墨西哥城，用残忍的手段加强他的统治。1523 年，他被任命为新西班牙的总督和最高行政长官，不过 3 年后他被撤职了，并被勒令回到西班牙接受调查。经过无数次的政治动荡，他的财富所剩无几。1547 年，科尔特斯在塞维利亚的一栋小房子里去世。

《阿萨蒂特兰古抄本》局部：16 世纪晚期，左边是科尔特斯、他的情妇兼翻译马林凯、征服者军队、印第安搬运工，科尔特斯刚下马，朝蒙特祖马皇帝走去。右边是阿兹特克最后一位统治者瓜特穆斯，1521 年，他死于特诺奇提特兰的心脏位置——特拉特洛尔科金字塔脚下。

弗朗西斯科·皮萨罗

1524 ~ 1525 年、1526 ~ 1528 年、1530 ~ 1533 年

确实，我们不是靠自己的力量成功，因为我们人数寥寥，是上帝的力量成就了我们。

——克里斯托瓦尔·德·梅纳，皮萨罗的一位副官，16 世纪

弗朗西斯科·皮萨罗的伟大旅程把他从巴拿马带到库斯科——印加王朝首都——东南 2500 千米的地方。不过他不是一次性到达的，而是经过了 9 年断断续续的行进。而到了一个未知的地方，他的目的是征服而非纯粹的探险。

皮萨罗是个充满矛盾的奇怪人物。1477 年，他出生于西班牙埃斯特雷马杜拉区，那里道路崎岖。他是士兵和修道院女仆的私生子，没有受过教育，一生都不识字，也不会骑马和击剑。但有什么促使这个沉默寡言的人做出了一系列了不起的决定，让他以发现者、征服者和摧毁者的身份名垂史册？他甚至摧毁了其他人都不知晓的最后一个伟大的王朝。

着迷

皮萨罗的第一个重要决定是航海去"新世界"，他于 1502 年抵达，当时 25 岁。接下来 20 年中，他在加勒比群岛和大陆地区进行了许多次残忍的战斗，成为战功颇为显赫的军官：1513 年，瓦斯科·努涅斯·德·巴尔博亚横渡巴拿马地峡望见太平洋时，他是军队的上尉，并在宣布当地属于西班牙的文件上画了符号。

西班牙在太平洋上建立了巴拿马镇，作为奖赏，弗朗西斯科·皮萨罗得到了一小群印第安人，他想建个养马场并成为镇长。现在，40 多岁的皮萨罗本该安心退休了，但他听说一个名叫秘鲁或维鲁的富庶之地，决定向南去南美海岸一探究竟，这个念头让他着了迷。

皮萨罗和搭档买了当地为数不多的几艘船中的一艘，船是在新大陆靠太平洋一侧建造起来的。1524 年 11 月，他带着 80 个人和 4 匹马出发了，这次旅程是一场灾难，任何见过红树林、沼泽、泥滩和如今哥伦比亚海岸的人，都会明白这是为什么。他们多

左图：当时人所绘画像，人们普遍认为画中的人是皮萨罗，他戴着卡拉特拉瓦骑士徽章。尽管他是私生子且目不识丁，但征服秘鲁却使他成为了侯爵和他那个时代最富有的人之一。

103

次登陆的地点就可以说明问题，比如"饥饿港口"和"废墟之村"。

他们一无所获地回到巴拿马，决心冒险再试一次。第二次航行始于1526年12月，终于1528年年初。第一次收获是截获了一艘印加远洋货船，货船装载的物资包括金银、绣花服装、珠宝和陶器，这些证明了一个先进文明的存在。

皮萨罗第三次探险时在厄瓜多尔海岸这样的布理蒂棕榈树沼泽中挣扎了好几个月。

皮萨罗莫明其妙地把船队带去了无人居住的高格纳岛，此地又叫"地狱之门"。船员逐一死于疾病，在饥饿和绝望中，他们给巴拿马总督送了信，请求他把他们从"狂热的屠杀"中解救出来。船员回到岛上后，总督下令任何人都能随便离开，皮萨罗在沙滩上画了一条线，鼓动船员跨过线加入他的队伍。不过他的口才没起到什么作用，只有13个人跟他走了，其余人回去了巴拿马。

这些坚定的人们沿着现今厄瓜多尔和秘鲁的海岸线航行，繁华的城镇和印加王朝居民的聚居点令他们感到目炫。皮萨罗的人没有做打仗的准备，当地人只是热情地欢迎他们。

皮萨罗回到西班牙后，获得了查理国王的授权书，准许他施行他的占领计划。他带着更多钱和人手回去了，1530年12月他离开巴拿马进行第三次探险。船直接从厄瓜多尔北部起航，他在赤道附近登陆，而非他3年前所见到的秘鲁海岸。这意味着整整一年他都要在丛林中苦苦寻找出路，和当地人发生纠纷，把许多时间浪费在秘鲁北部。

入侵

探险队乘着轻型木筏，于1532年5月到达印加大陆，包括62个骑手在内的168人小心翼翼地行至海岸。这些人一到这里就发现当地正在进行一场血腥的内战，印加王朝鼎盛时期的最后一位国王死于天花，这天花是由探险家的船队带来的，他的两个儿子正在争夺王位。最后，名叫阿塔瓦尔帕的儿子胜出，他沿着山路向都城库斯科进发，去举行加冕仪式。

第一次航行, 1524~1525 年
第二次航行, 1526~1528 年
第三次航行, 1530~1533 年

左图: 皮萨罗到印加帝国旅行过很多次。　**中图**: 色彩鲜艳的皇室外衣, 这是皇帝穿的衣服。

右图: 华曼·波马绘, 印加帝国皇帝四周站着朝廷官员。皇帝穿着一件和上图中一样的及膝外衣, 图案可能是皇室的一种书写方式或帝国的标志。

皮萨罗大胆地决定离开海岸线附近的道路, 直接闯入大陆去会见伟大的新印加国王, 这么一来他们就放弃了一切海洋上的通信手段和逃生之路。这一小群人痛苦地在安第斯山脉中爬上爬下, 但在印加国王的命令下, 他们在途中没有遭到任何人的抵抗。最后, 他们到了卡哈马卡, 在一个大型方形广场四周的房子里住了下来。西班牙人为阿塔瓦尔帕军队的数量所震撼, 军营中的火把明亮得像"繁星点缀的夜空"。

将军与僵持

住下后的第二天下午, 也就是 1532 年 11 月 16 日, 印加国王出来会见这群陌生人。这是仪式性的游行, 上千个没有武装的侍从穿着华丽的制服, 一边行进一边歌唱。阿塔瓦尔帕戴着的黄金和珠宝饰品在闪闪发光, 80 个贵族抬着他坐的轿子, 广场上人山人海。

皮萨罗作了他一生中最大胆的一个决定: 出其不意地袭击来迎接他的君主。他为数不多的手下朝秘鲁人发起进攻, 挥舞着锋利的金属剑杀害他们。"才两个小时, 天还亮着, 广场上就堆积了六七千具死尸。"皮萨罗完全靠步行, 就把阿塔瓦尔帕从轿子

右图：刻着头人头像的金质烧杯，现存贵金属容器非常少，因为西班牙人把它们都熔化了。

上捉了下来。征服印加从将军开始——俘虏国王。

聪明的印加国王知道绑架者看重的是贵金属，阿塔瓦尔帕下令在一个大房间里堆满金银，作为他自己的赎金。接下来是8个月的僵持，运送牲畜的车辆运载着珍宝源源不断地赶来。皮萨罗的人熔化了15吨黄金和白银物品，但没有如约释放阿塔瓦尔帕。1533年7月26日，印加国王被诬告企图组织军队潜逃，经过草率的审判，他被绞死了。

奖赏——库斯科

侵略者现在能无拘无束地向都城库斯科进发了。他们花了3个月时间，沿着安第斯山上的印加皇家大道走了1100千米，除了来自阿塔瓦尔帕残军的抵抗，他们还受到先前在王位争夺战中失败的国王弟弟的热烈欢迎。1533年11月15日，皮萨罗的人马成功到达了库斯科，他向西班牙国王描述库斯科时写道那是"印第安城市中最宏伟美丽的一座……建筑物是如此精美，与西班牙比也毫不逊色"。

皮萨罗的成功是秘鲁人的灾难，库斯科被捣毁了，他们在此熔化了更多的金银，比在卡哈马卡熔化的都要多。20年里，征服者之间的内战从未间断。印加皇室发动了一场大规模起义，但被西班牙人打败，许多起义领袖被处决。印加王朝的统治体系被破坏殆尽，仓库被洗劫一空，牲畜遭到屠宰，土地和建筑物被荒弃。秘鲁平民几乎沦为西班牙人的奴隶，大量人口死于西班牙人携带的疾病。

库科斯的太阳神殿——整个印加帝国最神圣的庙宇。征服印加后，西班牙人在墙上和宏伟的石砌院子里建了巴洛克式的圣多明各修道院。

弗朗西斯科·德·奥雷亚纳

1541 ～ 1542 年

远不是沉船事故，而是奇迹。

——贡萨洛·费尔南德兹·德·奥维多，1547 年

征服秘鲁 7 年后，1540 年年末，弗朗西斯科·皮萨罗总督请他最小的弟弟贡萨洛担任印加北部首府基多（今厄瓜多尔境内）的副总督。贡萨洛大约 30 岁，是皮萨罗四兄弟中最英俊潇洒的一个。他到基多后，发现那里的西班牙人正在热烈地谈论着东部一片富饶的土地。据说这片亚马孙丛林中有许多珍贵的肉桂树（肉桂树在西班牙语中称作"卡内拉"）。更让人兴奋的是，在丛林以外有一片土地盛产黄金，数量奇多，以至于那里的头人在身上也擦满了金粉，这便是"镀金人"埃尔多拉多。贡萨洛·皮萨罗立即决定去征服卡内拉和埃尔多拉多。

贪婪、困境和背叛

皮萨罗于 1541 年年初出发，带了 220 个西班牙人、几百个印第安搬运工和强壮的牲畜，他还带了他的朋友弗朗西斯科·德·奥雷亚纳做副手，此人也 30 岁，同样是个经验丰富的士兵。年轻的西班牙人是全欧洲最优秀的战士，但一进入亚马孙丛林，他们就变得非常无助。皮萨罗经历了可怕的 10 个月，所有安第斯山来的印第安人不是死了就是弃逃了。实际上，肉桂树不是真正的香料，埃尔多拉多也不过是神话。西班牙人饥肠辘辘，在大雨中瑟瑟发抖，他们在无边无际的树林里迷失了方向。

绝望中，他们决定造一艘船来装载物资，那时大多数人都在树林里挖野菜充饥。树林里不缺木材、编织绳索用的藤蔓、粘接用的树脂。每个面黄肌瘦的人都来帮忙建造这艘巨型的敞篷船。皮萨罗听说下游有木薯田，航行两天就能到了，于是他派奥雷亚纳带了 57 个人沿纳波河而下，让他们带着抢来的食物回来。而情况一片混乱，下游既没有村庄也没有木薯，奥雷亚纳一直前行，希望找到他可以掠夺的人类聚居区，他的人当时把鞋子和树叶煮在一起吃，其

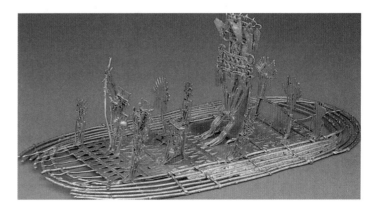

金质的缪斯卡木筏模型，有几个牧师坐在上面，表现的可能是镀金人埃尔多拉多在瓜塔维塔湖（今哥伦比亚波哥大附近）上举行宗教仪式。16 世纪时，所有的西班牙人都在亚马孙热带雨林里寻找埃尔多拉多。

中 7 个人已被饿死。河流引领着他们，雨水丰沛，那时的亚马孙河充满强大的力量，筋疲力尽的人们只能随波逐流。他们估算了一下，在 8 天内他们前行了 1200 千米，已不可能回上游去了。

探险史上存在一个悬而未决的问题：这是背叛？是早已有所预见？或是不可抗力导致的后果？1542 年 1 月 4 日，奥雷亚纳让他的人在一份文件上签字，发誓不再回上游去。皮萨罗确信这是无耻的背叛，他带着 140 个人回家去了，9 个月后他们步履蹒跚地回到基多，把生了锈的剑当作拐杖。皮萨罗在国王面前谴责奥雷亚纳："毫无信仰的人最残忍的表现：他带走了探险队的食物、火绳枪、弩和铁。"

沿河而下

奥雷亚纳是个了不起的语言学家，他掌握了足够的单词说服沿岸的部落居民用食物来交换他们带的珠子和装饰品。2 月中旬时，船和木筏组成的队伍从纳波河航行至亚马孙河主流，他们不知道自己是在世界上最大的河流上航行，除了跟随强大的水流，他们别无选择。很长一段时间内，他们看见的只有空空的河岸。然后，探险家们进入了富有的阿帕利亚头人的领土，他掌管 20 个村庄，每个村庄平均有 50 间大屋子，屋

1542 年，奥雷亚纳的人花了 8 个月沿着世界上最大的河流自西向东而下，大致紧贴着赤道，这是欧洲人最伟大的一次河流探险。

子被广大的玉米田和木薯田隔开。

阿帕利亚人盛情款待奥雷亚纳的人，奥雷亚纳决定再造一艘船。整整 35 天，他的人砍伐和搬运树木，切割木板，用当地的树胶粘接他们"有 19 根船骨"的船，编织绳索和风帆，他们把这艘船命名为"维多利亚号"。

直至 4 月，阿帕利亚人对西班牙人都很热情，而他们以后再也享受不到这种热情了。

他们迫于饥饿，本次探险的编年史作者加斯帕尔·德·卡瓦哈尔教士写道："岸上到处是树林，夜晚我们找不到宿营的地方，也没有地方可以钓鱼。"然后他们遇见了马契帕罗头人的大部落，他们和坐满了战士的先进战船斗争了几天，不过情况后来发生了变化，他们受邀去拜访马契帕罗头人本人，头人对他们的胡子和衣着深表赞叹。部落有许多食物，特别是人工养殖的淡水乌龟。饥饿的西班牙人太需要这些了，他们疯狂地掠夺房屋和养乌龟的水缸。印

中图：奥雷亚纳带领的探险家在亚马孙河沿岸看见了了不起的酋长国，当地人会制作精美的陶器，图中这只在亚马孙河口的马拉若岛发现的骨灰盒就是很好的例子。骨灰盒估计为公元 500 年所制，比欧洲人的到来早了 1000 年。

第安人发起反击，奥雷亚纳的队伍中有两个人被杀死，16个人受伤，他们不顾流血的伤口沿亚马孙河逃走了。

随后他们来到一个地方，这里的房子都建在柱子上，他们有"世上最好的陶器……上面漆着各种颜色的漆，非常生动"。探险还在进行，时间一周一周过去，后来遇到的两个部落敌意很强，西班牙人不知道他们的名字。探险家只是继续前进，经过河岸两侧人群聚居的村庄，偶尔上岸抢夺食物，并常常和战船作战。

亚马孙人

在内格罗和马德拉两条支流合流处以下，他们经过了一个个闪光的白色村庄，抓来的印第安女孩说这是"亚马孙最好的土地"。侵略者划着桨接近其中一个，遭到大量战士的抵抗。战斗相当野蛮，船被箭射得像只豪猪。加斯帕尔教士很震惊，"若非我待的地方足够严实，我必死无疑。"西班牙人冲入战士中间，可这些战士是由10多个亚马孙人带领着，"女性指挥官带领着所有亚马孙男人……有人胆敢掉头就用棍棒把他们打死，就在我们眼皮底下……这些女人脸色苍白，个子很高，头发编成辫子盘在头顶上。她们充满活力，光着身子，只遮住下体。她们手里拿着弓箭，力量可抵10个印第安人。"

西班牙当时出版了一本书，里面搜集了各种经典神话，亚马孙人的故事最受欢迎，使得征服者对充满奇迹的新世界十分好奇。有一种关于高个子战士为何把头发盘在头顶上的解释，说是因为他们原是帕里托克人或喂喂人中的男子。头发被用小管子固定在头上，男女都用一条小小的围裙遮住下体。

奥雷亚纳身经百战的士兵沿着似乎是无穷无尽的河流下行时还与当地人发生了许多纠纷。但到了7月末，他们掌握了关于潮汐和咸水的知识，于是修整船只打算航行至海上。他们没有罗盘、船锚、地图，也没有合格的水手，他们的食物和饮用水都少得可怜。尽管很艰难，微微的风和水流最终还是把船带过了圭亚那。1542年9月11日，第二艘船到达了委内瑞拉的玛格丽塔岛。

他们在8个月内完成了人类历史上最伟大的探险之一。他们沿着世界上最大的河流航行，记录所见所闻，为它命名，比其他欧洲人"发现"非洲河流早了3个世纪。

法国星相学家安德烈·塞维想象亚马孙女子射杀男子后烤来吃掉的画面。

亚马孙原住民武士被认为是世界上最好的弓箭手，这些亚诺马米人使用长达2米的有力长弓。

26 早期的北美探险家

1528～1536年、1540～1542年、1539～1542年

房屋很相似，都是四层楼。你能爬上屋顶走遍全村，不会碰到一条街道……第一层和第二层有走廊环绕，能顺着它们绕村庄一圈。

——佩德罗·德·卡斯塔尼达于新墨西哥佩科斯普韦布洛（译者注：普韦布洛特指祖尼人聚居区），1541年

欧洲人发现美洲触发了人们疯狂的淘金热，不止在墨西哥和秘鲁，还包括北部地区，即青春泉和锡沃7座"黄金之城"所在的地方，而早期的北部探险一无所获。1528年，潘菲洛·德·纳瓦埃斯从佛罗里达坦帕海湾出发向西时，他和船队失去了联系，不得不临时造了木筏向西航行，其中3张沉没，纳瓦埃斯遇难，但80位生还者抵达了加尔维斯顿岛。第二年，15位生还者跟随探险队的财务主管阿尔瓦尔·努涅斯·卡巴萨·德·巴卡经陆路向西。到了1533年，只有4人幸存，包括卡巴萨·德·巴卡、两位征服者和一个名叫埃斯特瓦尼科的摩洛哥奴隶。

这4个人继续往西，有时靠近海岸线，有时在内陆。他们没有发现"黄金之城"，只发现印第安游牧群体在沙漠中艰难地生活。他们是第一批看见美洲野牛的欧洲人，德·巴卡称它们是奶牛，"大小和西班牙的差不多，角很小……毛很长，像是上好的羊毛，看上去是件不错的外衣。"

卡巴萨·德·巴卡于1536年抵达墨西哥，把北部充满异域风情的土地上的见闻告诉了那里的官员，但官员忽略

右图：1879年拍摄的照片：一个祖尼人坐在祖尼普韦布洛正中间，普韦布洛和科罗纳多时代差不多。

了水牛和居住在干燥土地上的印第安部落。他说不出和黄金有关的事，他能说的只是传闻中的大型城镇，里面住满了人，这些城镇实际上是祖尼人的普韦布洛，可他并未到过那些地方。

锡沃的7座"黄金之城"

锡沃真的存在吗？墨西哥城里的传闻沸沸扬扬。为了一探究竟，新西班牙总督派遣了一个探险队到北方，领队是一个名叫弗雷·马科斯·德·尼扎的方济会教士和埃斯特瓦尼科，这

个和卡巴萨·德·巴卡一同旅行的奴隶如今获得了自由。这次探险是一场灾难，埃斯特瓦尼科试图接近祖尼人的普韦布洛时被杀害了。马科斯在远处凝视了祖尼人的居住区好一会儿：那是座"美丽的城市"，城里有许多平顶房，里面住着"肤色很浅"的人，

他们用的餐具都是金子和银子做的。教士的汇报在墨西哥城内引起轰动，怒气冲冲的官员指责马科斯不进城太过懦弱。实际上，这一切可能都是他编造的，他或许从未去过亚利桑那南部的希拉河以北的地方。总督很快任命弗朗西斯科·巴斯克斯·德·科罗纳多为一个新探险队的队长。科罗纳多是伊达尔戈（一种西班牙贵族头衔），西班牙国王查理五世的大臣，1535 年接受总督的任命成为军事总督。1540 年 4 月，他带领着 220 个骑兵、60 个步兵、许多奴隶，还有弗雷·马科斯和其他 4 个教士一同出发了。

探险队穿越亚利桑那南部的沙漠，渡过位于印第安贸易路线沿线上科罗拉多平原的水洼时遇到很多困难。科罗纳多要来的消息早就传到了祖尼人耳朵里。1540 年 7 月 7 日，西班牙人看见了名叫哈维库的祖尼人普韦布洛："一个拥挤的小村庄，看上去好像是全皱起来了。"马科斯所说的"不错的城市"不过是大一点的村庄罢了。印第安人顽强地抵抗，但

荷兰画家扬·莫斯塔埃特凭想象所绘，西班牙人进攻类似哈维库的普韦布洛（约 1540 年）。

111

18世纪西班牙人统治的佩科斯普韦布洛，普韦布洛本身建于约1300年，有700多个房间。

征服者还是很快占领了普韦布洛，他们把房子里的食物洗劫一空，但没有发现黄金。科罗纳多和他的人到其他普韦布洛勘察了一番，在祖尼人的带领下去了霍皮人村庄，那里也没有黄金，只有稻谷、织物和绿松石。

与此同时，其他征服者的足迹早已不局限在普韦布洛里了，他们到达了北面的大峡谷，士兵注视着远方的河流和东面名叫佩斯科的普韦布洛，一个"建在岩石上的小镇，中间有一个大院子，里面有蒸汽室"。又往东走了几天后，西班牙人看见了一大群水牛。1541年，科罗纳多朝东走了37天，穿过了大平原，去寻找那不切实际的梦想：黄金。他的人遇见了游牧民族，学会了如何骑在马背上猎美洲野牛。最终，一些人到达了堪萨斯的大本德，在那里发现了住在茅草屋里的威奇托印第安人，但仍没有找到贵金属。

1542年，科罗纳多带着沮丧的征服者回到墨西哥，现在探险队中只剩下不到100人，他们带回了绿松石、毯子，还有丰富的关于那片无金之地的地理知识。半个世纪后，人们才试图在北美洲的西南部定居。

密西西比探险

卡巴萨·德·巴卡回到墨西哥城一年后，与弗朗西斯科·皮萨罗同在秘鲁服役的埃尔南多·德·索托回到了西班牙。1537年，西班牙国王任命他为古巴总督，并授权他征服佛罗里达。德·索托招募了622个士兵，买了200匹马，于1539年5月在坦帕湾登陆，在那里发现了一个小村庄。他把村庄夷为平地后向北行进，穿越了不计其数的沼泽后，到达了一个地势较高的地方，士兵把玉米收割下来作为食物。他们每到一个村庄都绑架几个人，并把仓库里的草料抢来喂马。

德·索托是个无情且死板的头领，

残忍的探险家埃尔南多·德·索托，对黄金和财富非常贪婪。

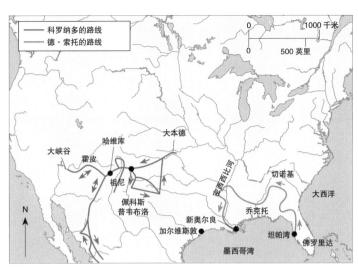

图例：
- 科罗纳多的路线
- 德·索托的路线

早期欧洲人在美洲东南和西南部的探险路线（卡巴萨·德·巴卡的路线未知）。

他把手下分成一个个小组以便喂马，到达切诺基后才准许休息。一个女头人送了奢侈的礼物给他，其中包括衣服、披肩和兽皮。切诺基位于萨凡纳河两岸，土地肥沃，庄稼茂盛，可是没有黄金。头人解释说这里的人是通过长途贸易获得贵金属的。她命令人们交出所有的铜和黄铜，甚至是闪闪发亮的云母片，并允许西班牙访客到附近一间存放尸体的房子里去抢劫她祖先戴着的淡水珍珠，结果这些东西全都一文不值。

探险队现在去往更加干旱的地域了，乔克托人早已准备好伏击他们。德·索托的搬运工偷走了他的行李车，他不得不向一座乔克托要塞发起进攻才能夺回来，这场战斗的死伤人数超过150人。一蹶不振的探险队在亚祖河过冬，他们看见了"相貌英俊的"印第安人坐在木筏上，"像著名舰队的指挥官那样"出现在面前。德·索托一行人继续向西去淘金，穿越奥索卡到达大平原的边缘，他们听说了"许多牲口"的故事，但从未亲眼见过一头水牛。

最后，埃尔南多·德·索托接受了一个事实，即西面不存在遍地黄金的王国，这只存在于他的想象之中。他放弃了淘金，转向墨西哥湾，在密西西比河畔死于高烧。他手下最能干的军官之一路易斯·德·莫斯科索带领着这队人回到古巴。令人惊奇的是，出发时的622人中有一半生还，途中捉来的印第安俘虏被丢弃在密西西比河畔。

德·索托的探险证明墨西哥湾以北不存在盛产黄金的国度。除了两次未能成行的法国探险，密西西比河谷和东南地区在接下来的100年中一直都很平静，那里不存在诱惑征服者的黄金，他们对沼泽、河流和沙漠没兴趣。

一块石质圆盘，中间有刻痕装饰，是德·索托见到的中密西西比人所戴的典型装饰品。

113

27 弗朗西斯·德雷克

1577 ~ 1580 年

弗朗西斯·德雷克对我说，到达麦哲伦海峡后，一场风暴先是把他吹向西北，然后朝西南转去，极端的天气持续了好几天，他无法张开船帆。

——约翰·温特，1622 年

弗朗西斯·德雷克是个冒险家，他的父亲埃德蒙是一位神父，虽然他公开承认自己结过婚，但当时神职人员的婚姻是非法的，所以弗朗西斯实际上是私生子。一些花边新闻（不是因为犯罪）迫使埃德蒙于1548 年离开德文郡。弗朗西斯·德雷克留在一个富有的亲戚威廉·霍金斯家，和威廉的儿子——他的表兄约翰一起长大并接受教育。年纪大些后，他到威廉的船上做学徒学习航海。16世纪中期，对于他这样的人来说，最好的职业就是贸易加海盗。

1568 年，约翰·霍金斯进行第三次奴役之旅时，德雷克是其中一艘船——"朱迪丝号"的指挥官。那时霍金斯已经是个名人，接受着克里斯托弗·哈顿爵士的资助，女王伊丽莎白一世也很喜欢他。据说德雷克在那次探险中的行为造成了表兄弟二人之间的嫌隙，不过那时德雷克已经有了自己的赞助人和人脉，而且以大胆和冒险精神而闻名。

1572~1573 年，德雷克参与了掠夺巴拿马并取得成功，此后名声更响了。除开挫折和两个兄弟的死，他回来时已非常有钱，是西班牙人眼中

臭名昭著的海盗，但伊丽莎白女王完全忽视了西班牙人的抗议。1575 年，德雷克冒着极大的风险去了爱尔兰，赢得埃塞克斯伯爵的宠爱，所以，1576 年他们酝酿一个新的探险计划时，毫不犹豫地请德雷克做领队。

右图：*弗朗西斯·德雷克爵士成功环航世界后所绘的一幅画像（画家未知）。*

神秘任务

当时有许多关于这场探险的记录，由于作者怀着各种目的，可信度都不高。我们不知是谁提出了这个探险计划，可能是埃塞克斯伯爵，可能是哈顿，也可能是伊丽莎白女王本人。女王肯定从一开始就参与其中，但不想让别人知道这一事实。我们也不知道具体的指令是什么，最终的结果是探险队完成了一次环球航行。很明显，传统意义上的贸易不是此次航海试图达成的目的之一，他们想做的是"惹恼西班牙国王"，这就能解释为什么选择德雷克来带领探险。此次探险的目的似乎没有被记录下来。

表面上的探险是为了探索，但更具体的目的地不得而知，可能是想去南美西部的海岸，即"未知的南方大陆"，人们认为这个地方位于麦哲伦海峡西北部，或者位于"西北航道"的最西端，西北航道理应是西北方向一条通往东方的海上路线。所有的信息都在参与此次探险的人的往来信件中被提及，资助人也与 1568 年霍金斯探险基本相同，包括阿德米拉大人、莱斯特伯爵、弗朗西斯·沃尔辛厄姆爵士、克里斯托弗·哈顿爵士、两位海军军官威廉和乔治温特、（与他们十分不同的）约翰·霍金斯。

女王捐赠了一艘她自己的船，名为"燕子号"。她坚持把船队的旗舰——是德雷克自己的船——更名为"鹈鹕号"，这表示女王对此次探险高度支持，因为鹈鹕是她最喜欢的图案。

伦敦人汉弗莱·科尔制作的科学仪器一览，据说这些归德雷克所有。

与托马斯·道蒂之争

德雷克本人在后勤准备工作中没起什么作用， 1577 年 11 月 15 日，探险队从普利茅斯出发 15 天后就遇到了大麻烦，这让德雷克十分恼火。5 艘被风暴洗劫的船被冲到法尔茅斯，德雷克认为这是后勤人员的责任，

弗朗西斯·弗莱彻绘，站在"金后号"上的牧师，佛得角福戈群岛。

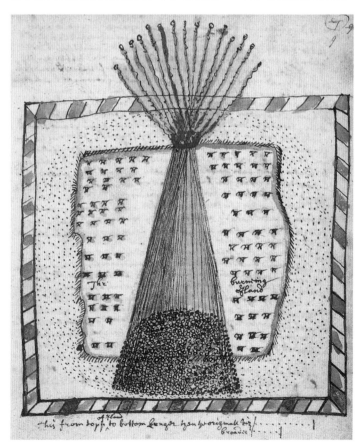

修整船只后，他们于12月中旬起航。一开始，航行依旧不顺利。他们在非洲海岸靠岸，本来可能是想抓捕奴隶，但一无所获；他们到佛得角搜刮了一通，仍然什么也没有。他们抢了一艘葡萄牙船，把货物抢空，不久把船也占为己有。接着他们前往南美，在横渡大西洋的漫长航行中，德雷克和他的副手托马斯·道蒂之间发生了一场灾难性的争执。

现存的记录中有许多关于此次纠纷的内容，其中充满了许多不一致性，都不那么可信。德雷克费尽心思想让小舰队重整旗鼓，同时他确信道蒂不仅想发动哗变，而且是个巫师，证据就是他有一本用拉丁文写的日记。他们丢弃了道蒂指挥的那艘船，表面上是因为船的性能太过低劣，实际上是因为德

雷克认为这艘船受到了道蒂的诅咒。

此后，人际关系的灾难持续了好几个星期，德雷克指控道蒂犯有哗变罪和阴谋罪，在圣朱利安港处决了他。尽管德雷克坚称他有权这么做，不过事实可能并非如此，但为了让探险继续下去，他别无选择。1578年8月17日，余下的船只再度起航，打算穿越麦哲伦海峡，德雷克把他的船更名为"金后号"。在航程中，风暴把船队打散了，"万寿菊号"失踪，"伊丽莎白号"被冲回大西洋，中途放弃，打道回府。只有"金后号"和上面的90位船员继续航向南方的大洋。在那里，德雷克发现火地岛并非如众人想象的那样与南部大陆连接在一起。

德雷克并不灰心，继续朝北航行，在智利海岸上抢劫了西班牙人聚居

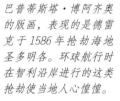

巴普蒂斯塔·博阿齐奥的版画，表现的是德雷克于1586年抢劫海地圣多明各。环球航行时在智利沿岸进行的这类抢劫使当地人心惶惶。

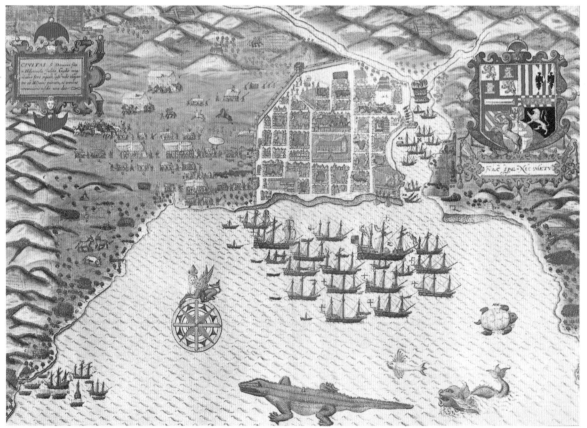

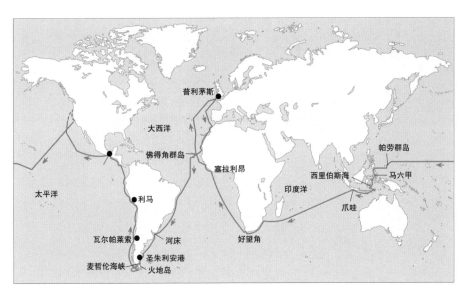

德雷克是第二个尝试环航世界的人，我们不知道他到了北美海岸线多么北面的地方。

区，让那里的人非常恐慌。英国海盗以前从未来过大陆的这一端，德雷克的野蛮行径在当地记录中有详细的记载。往北去的路上，他截获了一艘西班牙运宝船，这是他抢到的最值钱的东西。最终，他到达了如今的下加利福尼亚州，接下去的故事说他登陆了，还宣称此地归英国女王所有。遗憾的是没有什么记录能证明这一点。

直到 1579 年早期，德雷克的意图仍不清楚，并且被当时许多西班牙人的猜想搅得愈加糊涂。他可能是要寻找"西北航道"返航，不过他肯定没有找到。

回乡之路

我们不清楚德雷克到底去了多么北面的地方，他似乎没有在加利福尼亚北部登陆。1579 年 7 月，他最终离开了美洲海岸往西南方去了，在帕劳群岛上登陆，于 9 月底在菲律宾群岛东部登陆，从那里去了马六甲和苏拉威西。（大多数）当地人都欢迎他们的到来，不过在未知的水面上航行，他们不止一次触礁。

德雷克并不惧怕困难，他和牧师弗朗西斯·弗莱彻发生了争吵并当众羞辱他，显然德雷克并不感激他的布道。1580 年 2 月，他们还在东印度群岛上。后来他们的运气渐渐好了，横渡印度洋和好望角时一路顺风，他们对自己的航程充满信心，船只的状态也很好，此后没有再受到阻碍。1580 年 7 月 22 日，他们到达塞拉利昂；9 月 26 日，在温和海风的帮助下，他们到达了普利茅斯。

伊丽莎白女王很高兴，她密切地留意着她"最喜欢的海盗"的命运，甚至考虑派遣一支搜救队。她听说德雷克回来后，在伦敦召见了他，在船的甲板上封他为骑士。他掠夺来的东西多数都进了皇家保险箱，不过他此行没有开辟新的航路，也没有提供新的地理知识。

德雷克的环球航行展示了高超的航海技术和嗜血的狂热，让西班牙的菲利普国王惶惶不安。但更重要的是，它告诉世人，英国人掌握了航海的技术和技巧，随后触须将会伸向世界，没有什么能阻止英国人的脚步了。

28 萨米埃尔·德·尚普兰

1603 ～ 1616 年

> 想要借助船只达成愿望，做到我们想做的，看到我们想看的，将会劳民伤财，还可能一无所获……但是如果用野蛮人的独木舟，我们就能行动自如……所以跟随野蛮人和独木舟来调整方位，我们可能会看到一切。

——萨米埃尔·德·尚普兰，1603 年 7 月 2 日

1570 年，萨米埃尔·德·尚普兰出生于法国罗什福尔附近布鲁阿格一个小港口的远洋之家，于 1635 年圣诞节死于魁北克。从 1593 年至 1598 年，他是亨利四世军队军需部中的低级军官，同时为国王执行"重要而机密"的任务。1598 年，亨利四世与天主教联盟之间的战争宣告结束，尚普兰被派遣到一艘受西班牙雇佣的法国船只上，到加勒比服役两年半，他可能是在这一期间掌握了勘察和航行的知识。

1603 年，垄断加拿大兽皮贸易的商人艾马·德·沙斯特邀请尚普兰勘测圣劳伦斯河沿岸的土地是否适宜居住，以及那里是否存在一条横穿拉欣急流通往中国的水路。根据之前雅克·卡蒂埃的探险结果，两者都不太可能。

独木舟和地图

5 月 26 日，尚普兰抵达泰道沙克，当时当地蒙塔纳人刚和亨利四世签订了一项条约，这是同类条约中的第一项。根据条约规定，蒙塔纳人允许法国人在圣劳伦斯毗邻地区建立聚居区，法国人为蒙塔纳人提供军事援助以对付他们的老对手易洛魁人。在去圣劳伦斯途中，尚普兰试图探索黎希流河下游区域，但受到急流阻碍。尚普兰对蒙塔纳人携带货物绕过急流的本领感到惊叹，请求让他在他们的

一艘现代奥吉布瓦桦木皮独木舟。17 世纪早期，阿尔贡昆人说尚普兰有 9 步（大约 7 米）那么高，宽 1~1.2 米，体重约 455 千克。

船上划桨，一同过河。

到达蒙特利尔岛时，尚普兰的手下测试了一艘特别为渡过拉欣急流设计的小帆船，结果以失败而告终。尚普兰因此意识到欧洲人的航海技术在加拿大荒野之中并无用武之地，他们只能在独木舟和当地向导的带领下去探索内陆，他是第一个明白这一点的欧洲人。他还发现当地人能绘制地图，提供精确的地理描述。尚普兰从蒙塔纳人口中得知了后来被命名为哈德森湾的海湾，7 年之后，哈德森才到那里，开辟了从黎希流河至哈德森湾再至大西洋海岸的航路。他还从阿尔贡昆人手中获得了地图和对西面五大湖的描述。

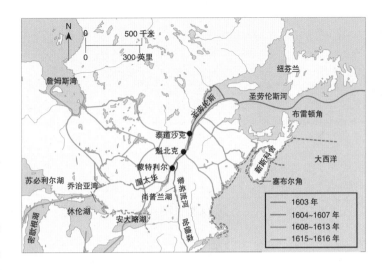

尚普兰到圣劳伦斯海路和更远的地方进行了多次科学考察，从当地人那里搜集了大量地理信息和地图，以后的探险家也常用这种方法。

探索内陆

1604~1607 年间，尚普兰在大西洋沿岸探险并绘制了从布雷顿角到鳕鱼角之间的航海图，他的探测技能逐渐提升，搜集到的当地地理信息也越来越多。1608 年，尚普兰回到圣劳伦斯，在魁北克建立居住区，并准备去圣劳伦斯谷进行探险。1609 年，第一次机会到来，他和两个法国志愿者协助蒙塔纳人与易洛魁人作战，履行亨利四世对蒙塔纳人的承诺。到达黎希流河后这队人把船划到后来以尚普兰的名字命名的尚普兰湖最南端，

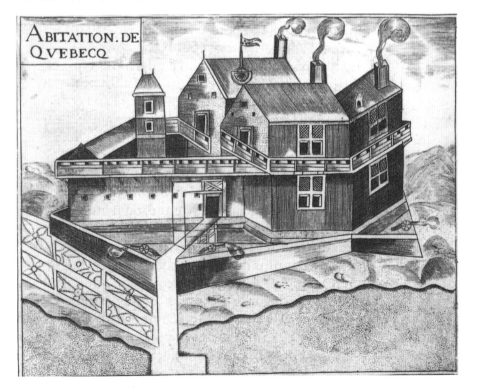

尚普兰为他的书《航海纪》（1613 年）所配的版画，图中是他于1608 年在魁北克建造的一栋房屋，它标志着欧洲人在加拿大永久定居的开始。

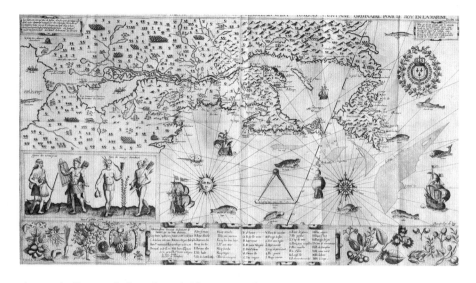

尚普兰的《新法国地图》（1612 年）中包括他于 1611 年年底完成的从现今鳕鱼角到蒙特利尔沿岸的地图。蒙特利尔以西的河流和湖泊（包括尼亚加拉大瀑布）是第一次出现在地图上，尚普兰根据 1603 年从阿尔冈昆人那里获得的地图和口述绘制而成。

在那里扫荡了一个莫霍克人渔村。尚普兰是第一个去内陆探险的欧洲人。

扫荡完以后尚普兰让当地人加入联盟，并派遣法国人去交换休伦人、蒙塔纳人和阿尔贡昆人，彼此学习对方的语言和文化。1613 年，他向北航行至渥太河，期望能到达詹姆斯湾。阿尔贡昆人担心没有经验的法国人会变成负担，于是到现今的渥太华北部时把他们送了回去。

1615 年，尚普兰答应协助他的休伦人朋友对抗易洛魁人，获得了去西部探险的机会。抵达休伦湖的乔治亚湾时，他从一位奥达瓦头人口中得知了密歇根湖；4 年后，他从翻译艾蒂安·布吕莱那里听说了苏必利尔湖。尚普兰继续往南行进，在休伦人中探索了一番。他是第一个穿越安大略南部抵达安大略湖东岸易洛魁人聚居地的欧洲人。

晚年，尚普兰写道，在他所有的成就中，最让他感到骄傲的是他绘制的地图，以及是他告诉世人加拿大探险是如何可能的。他的 4 本书，29 张航海图、地图和图片说明是第一批对北美洲东北部的详细描述。他获得当地人的信任，从他们那里学习在加拿大旅行和生活的技巧，这使得后世法国人去北美成为可能，并帮助英国人于 1760 年彻底控制了北美内陆。

雅克·卡蒂埃

雅克·卡蒂埃去加拿大探险了 3 次。1534 年，他率领两艘船和 61 人环行圣劳伦斯湾，希望发现通往西面的航路。他在安蒂科斯蒂岛北岸发现了一处开口，第二年他带着 3 艘船和 110 人返航。抵达蒙特利尔岛南部的拉欣急流时，他明白圣劳伦斯河并非可行的航路，不过是条死胡同罢了。卡蒂埃迫切地询问当地人哪里有黄金和其他宝石，当地人编造了一个故事说在圣劳伦斯河北面有一个金碧辉煌的国度叫作"萨格纳王国"。到了冬天，饱受坏血病和严寒折磨的法国人不再受当地人欢迎了，他们从当地捉了 10 个人起航回法国，这些当地人再次向法国国王弗朗索瓦一世讲述了黄金国的故事。法国人也希望能找到黄金，就像西班牙人在墨西哥和秘鲁找到的那样，所以他们组织了两个探险队去征服"萨格纳王国"。卡蒂埃带领的队伍由 5 艘船和大约 500 人组成（1541 年）；由让-弗朗索瓦·德·拉·罗克·德·罗贝瓦尔带领的队伍由 3 艘船和 200 名男男女女组成（1542 年）。法国人遭遇了严酷的冬天，还有圣劳伦斯谷毗邻地区崎岖的道路和充满敌意的当地人，却没有发现能让他们一夜暴富的东西，于是就回家去了。圣劳伦斯的地貌在这些探险中被粗略地勾画出来，不过加拿大给中人留下了这样的印象：不适宜居住，除了鱼类外没有其他有用资源。

早期西北航道探索者 29

1576 ~ 1632 年

许多船员抱怨身体虚弱，一些人牙齿松动、疼痛，牙龈浮肿，生出黑色腐烂的肉，每天都要切掉。

——托马斯·詹姆斯船长，1633 年

对于一条能穿越美洲或环美洲的航路的探索，自从哥伦布的后继者明白横跨大西洋的新大陆有多么广袤之后就开始了。海员沿着海岸线航行数千千米，以寻找可以到达东方的缺口，可他们只找到通往南方的险恶麦哲伦海峡。法国人横渡北大西洋到圣劳伦斯探索出一条抵达太平洋的航道，同时，英国海员去往更北面的地方寻找他们所称的西北航道。

这个地方很快就附带上了情感意味，尤其是对那些山海在绝望中搜寻的海员们来说。都铎王朝晚期和斯图亚特王朝早期，探险家们驾着小小的木帆船驶进北极群岛的东部边缘寻找一条开放的海峡，这片冰冻土地上的许多地点仍以他们的名字命名：弗罗比舍湾、戴维斯海峡、巴芬岛和巴芬湾、哈德森海峡和哈德森湾、福克斯盆地、詹姆斯湾。

马丁·弗罗比舍和约翰·戴维斯

第一次真正意义上的搜寻始于 1576 年，由冒险家马丁·弗罗比舍和他的士兵领头，他们为国泰公司工作，这个名字本身就告诉人们探险的目的为何。弗罗比舍带着 18 个人，开着一艘很小的名为"加布里埃尔号"的船，抵达巴芬岛东南岸，在那里发现了一处水流湍急的开口（后被命名为弗罗比舍湾）。英国国内传闻说弗罗比舍在科德鲁纳岛上登陆，他们搜集的矿石中含有黄金，人们为此欣喜若狂，也就不那么关心这里是否是一条新航道的入口了。弗罗比舍于 1577 年和 1578 年又进行了两次探

马丁·弗罗比舍爵士画像，科内利斯·科特尔绘（1577 年）。

约翰·怀特（可能是探险队的一员）绘制了这幅画，表现的是弗罗比舍第二次探险时和因纽特人在弗罗比舍湾"血之角"发生冲突。

险，不过目的是寻找矿藏。

第一次和第二次探险时他们遇上了怀有敌意的因纽特人，弗罗比舍手下有 5 人失踪，好几个因纽特人被绑架或杀害。1578 年的船队由 15 艘船组成，这在当时算规模很大的。船队受到海上的雾、大雪和浮冰的阻碍。后来他率领船队驶进弗罗比舍湾南部的一处开口，他有些幽怨地将之称为"错误之湾"。这里实际上是哈德森海峡，通往北加拿大的命脉航道。回到科德鲁纳岛上时，船上装满了矿石，

岛上建了一座装满送给因纽特人的物资的小石房，这是英国人在"新世界"建立起来的第一座永久建筑。探险队回到英国后，人们发现这些矿石不过是不值钱的黄铁矿，又称为"愚人金"。国泰公司因蒙受巨大的经济损失而倒闭，船队和公司双方互相责骂和控告对方。

接下来的 10 年中，在杰出领航员约翰·戴维斯的带领下，人们又进行了 3 次北部探险，这些探险使得欧洲人对北部水域的了解大大加深。第

了一次坎伯兰湾，且追踪至其源头。戴维斯在极度失望的情况下往南方去了，他一直清醒地知道要寻找一条"伟大的海湾"，那里汹涌的波涛在怒吼着。和弗罗比舍一样，戴维斯也到达了哈德森湾，但并未意识到其重要性。能在北纬地区发现开放的海域意味着"航道是极其可能存在的，也能顺利地通行"，戴维斯十分乐观地相信这一点，但这是他最后一次去北极探险，后来为了对付西班牙人，船队和他们手上的资源都被征用了。

亨利·哈德森和威廉·巴芬

1604年，英国人与西班牙人讲和，英国海员重新开始寻找航道。第一个重大发现是在1610年。在发现哈德森河之前许多年，亨利·哈德森就已经开始了他的发现之旅。他通过后来以他名字命名的哈德森海峡驶进一个巨大的海湾，船只抵达"海湾底部"（日后的詹姆斯湾），船员在那里度过了一个痛苦的冬天。春天冰消雪融的时候，大多数人都反对哈德森继续寻找航道。这是一个经典的北极

一次是在1585年，戴维斯穿过一条海峡的南部（此处很快就以他的名字命名），进入巴芬岛东岸的坎伯兰湾。回到英国后他坚称"西北航道无疑是存在的，任何时候都能穿越"，不过第二年他回去的时候，发现航道被冰堵塞住了，这是北极海域变化不定的气候向人们发出的警告。

1587年，戴维斯进行第三次探险，他计划沿着戴维斯海峡往北，6月底他抵达北纬73度的地方，渡过巴芬湾，沿西海岸返回南部。他又去

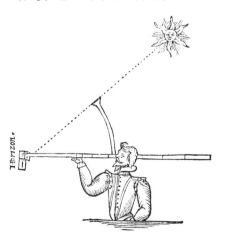

右图：威廉·巴芬于1615年绘制的哈德森海峡地形图，巴芬沿着海峡北岸向北进入福克斯海峡，在标记国旗的地方登陆，测量潮汐，哈德森湾的大开口在西面。

探险悲剧：哈德森、他的小儿子以及7位船员乘坐的小船被水流冲走，从此失踪。

幸存者的记录中说他们对于在"大洋"上寻找一条西北航道仍满怀信心。在皇室的牵头下，将近400位实业家为一系列探险活动提供经济援助，领航员威廉·巴芬是一个关键人物。1615年，巴芬和罗伯特·拜洛特（哈德森探险队中的一员）在哈德森湾西岸做了一番探险，但是未能找到航路，他们转向了更北部的地方。1616年，巴芬和拜洛特破开戴维斯海峡的厚冰抵达了开放的水域，这些航行于"北部水域"的勇敢者们后来驶进了巴芬湾，这个地方是根据第一

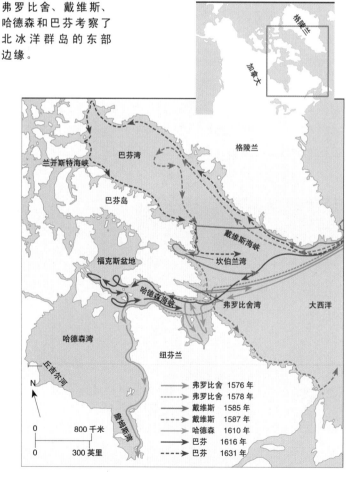

个发现它的人的名字命名的。

探险队中的一艘船到达了北纬78度处，这是他们抵达的最北面的地方，此纪录保持了200年。这艘船沿着巴芬湾西岸向南航行时经过兰开斯特海峡的入口。到了19世纪，人们证实这就是西北航道的入口，但巴芬注意到它被冰堵塞住后就离开了，他总结道："不可能在戴维斯海峡北部找到航道，一点儿希望都没有。"

到北部过冬

1619年，延斯·蒙克带领一支丹麦探险队到达哈德森湾，不过他们的经历比发现更有意义，他们的经历告诫人们警惕北部的冬季。探险队受到坏血病的侵袭，在丘吉尔河崩溃了，原来的64位成员中只有蒙克和另两人幸存，他们凭借着坚韧的毅力成功返航。

在探寻西北航道的各个阶段中，这一阶段的最后一次由卢克·福克斯和托马斯·詹姆斯带领，他们于

弗罗比舍、戴维斯、哈德森和巴芬考察了北冰洋群岛的东部边缘。

延斯·蒙克于1619 ~1620年在丘吉尔过冬的地方，大多数船员在船上就死了，蒙克写道："我再也受不了尸体的腐烂气味了。"这幅木刻选自蒙克于1624年出版的航海记录，原始作品显然不是在当地画的，因为这么北面的地方没有树木。

1631年出发。福克斯探索了哈德森湾沿岸的大多数地方，为它们命名，但没有找到通往西面的开口，他和他的船员平安回家了。而詹姆斯决定在哈德森湾南部过冬，这个地方日后以他的名字命名。船员们忍受着饥饿、寒冷和冻疮，于1632年返回英国，其中4人死亡。詹姆斯没有发现什么，但他的记录《船长的奇险之旅》是一部关于如何在北部生活和生存的经典著作。大约150年后，柯勒律治为他的冰上之旅作了题为《古舟子咏》的诗歌。

探寻中断

福克斯和詹姆斯所经历的艰难和失望使得人们对于西北航道的探索中断了。探险家们描述着船员所经受的一切以及所冒的风险。冰山立在小小的船只面前，冰块朝他们砸下来，浮冰可能冲垮、刺穿或掀翻船只的木头船舱，除非，像巴芬所写的那样，"除非上帝怜悯我们，否则我们必死无疑"。

冰并非唯一的危险，因为水流湍急，小船像在旋涡中航行一样。罗盘的不精确性使得航行更加困难，雾和雪让人们无法借助阳光知道自己所在的纬度。此外，天气永远都是那么冷，即便是在夏天，船帆和龙骨都会结冰，到了冬天，船员会因为冻疮失去手指和脚趾，有些人则丧命。

然而，弗罗比舍之后的航行绝非一无所获，因为人们吸取了许多教训。北极航海的一整套传统建立了起来，海员知道了如何在冰面上航行，如何解决罗盘的不精确问题，如何应对涨潮和落潮。这些技能为日后在北部地区捕捞鳕鱼、鲸鱼和毛皮动物的冒险家带来丰厚的经济利益。

17 世纪和 18 世纪

与发现"新世界"相伴而来的是兴奋和贪婪,人们的兴趣再度转向东方。在荷兰人阿贝尔·塔斯曼的带领下,广阔的"南部大陆"被发现,并被命名为塔斯马尼亚(当时叫作梵·迪门岛),且归荷兰人所有。荷兰人第一次遇上了新西兰的毛利人,这次相遇十分不愉快。

现在,人们弄清了世界的形状,尽管认知上还存在一些空白,比如,人们还不知道东方和西方是否在太平洋北部汇合。维他斯·白令最终证明了后来以他的名字命名的白令海峡将西伯利亚与阿拉斯加分开,不过他没见过美洲海岸线。他的第二次航行规模很大,各行各业的人都加入其中。白令成功地为这片冰冻的不毛之地绘制了地图,不过他在返航途中死于坏血病,那是当时探险面对的主要困难。

库克是个英国海军上校,他完成了许多塔斯曼没有完成的工作:他认真地绘制航海图,发现了夏威夷有人居住的岛屿,借助不精确的导航系统航行了很远的距离。他还去了南方,比以前任何人所到之处都远。他在没有看到南极洲的情况下环绕它航行一周,证明那里不存在可以居住的土地。

法国人拉贝鲁斯带领着两艘船进行了一次重大的科学探险,探险历时两年,后来他们在从澳大利亚前往汤加的途中失踪。布干维尔成为第一个环游世界的法国人,他在所罗门群岛上发现了一个岛屿,日后以他的名字命名。

拉贝鲁斯 1785 年出发去太平洋前接受路易十六(坐)的指示,他从未返航,尼古拉·安德烈·孟西欧绘。

与此同时，一个勇敢的荷兰女人到美洲去进行伟大的探险，虽然规模比环球航行小得多，但贡献却丝毫不逊色。玛丽亚·西碧拉·梅里安是一位杰出的博物学家和那个时代最优秀的画家之一，她的旅程从任何意义上来说都是不平凡的。这个中年离婚的女人穿越苏里南，把沿途的所见所闻都记录下来或画下来。与她的同时代人不同，她是以整体的方式记录自然，她意识到了热带雨林中成千上万个物种之间的共生关系。

大约同一时间，意大利耶稣会传教士伊波利托·德西代里翻越喜马拉雅山来到西藏，最终到达拉萨，他在那里生活了 6 年，在一所寺庙里学习。不幸的是，德西代里对于他旅程的记录 250 年前就全部佚失，这趟旅程也渐渐被人遗忘了。

去非洲探险的探险家戏剧性地出现了。詹姆斯·布鲁斯是一个高大的医生，这让他能够深入有时不那么友好的土地，搜寻尼罗河的资源。他的传奇故事受到公众的追捧，却被同时代人取笑，过了 100 年后，他记录的文字才得到证实。

在布鲁斯之后，蒙戈·帕克去了西非，他去探索尼日尔，而不是尼罗河。他在当地受到的待遇好得多，且很快就永垂不朽了：在第二次探险中，在沿河而下快抵达河口时，他遭到埋伏并被杀害。

在大西洋另一端，亚历山大·麦肯齐证明了人们可以通过渡河到达美洲北部的荒芜之地，不过这条路线如此难走，不可能是人们苦苦寻找的通往东方的贸易路线。

相遇，水彩画，毛利人用龙虾和英国军官换手绢，可能在库克第一次环航世界时由约瑟夫·班克斯绘制。

阿贝尔·塔斯曼

1642 ~ 1643 年

没有一个地方会比未知的南方更充满希望了。

——阿贝尔·塔斯曼，1642~1643 年

17世纪早期，荷兰东印度公司船队里的上校们发现了一片被扬·卡斯滕兹称为"世上最干燥和最贫困"的土地。这些人多数都见过西澳大利亚北部和大澳洲湾险恶的海岸线。弗雷德里克·德·霍特曼于1619 年在今天的珀斯附近登陆，说那"看上去是个不错的国家"。不过他没有上岸，他的评价对于一个只关心贸易的公司来说无足轻重。

1636 年，安东尼·梵·迪门被任命为东印度总督，将行政中心设于爪哇岛上的巴达维亚（雅加达旧称）。他曾是 1619 年"毛里求斯号"远洋轮上的水手，这个野心勃勃的人试图把未知的土地纳入海上大国荷兰的版图。

他为伟大的发现之旅所制订的计划是：分别派遣两艘船到南部和东部，越远越好，同时勾勒出名为"新荷兰"的大陆的形状。这趟旅程可能还会发现这片大陆是否和南极洲相接，或者找到"许多美好而肥沃的土地"，甚至还有"贵金属矿藏"。

1642 年，梵·迪门下令 39 岁的阿贝尔·扬松·塔斯曼带领"海姆斯凯克号"，由一艘名为"泽汉号"的

阿贝尔·塔斯曼及其妻女，约 1637 年，相传为雅各布·格里茨·库普绘。这幅在探险前完成的画像表明了塔斯曼在荷兰东印度公司中的地位。

129

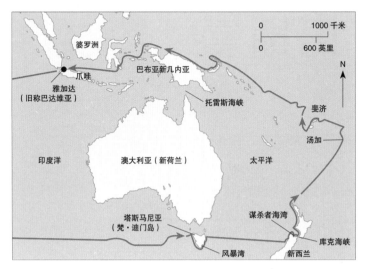

地图中是塔斯曼 1642~1643 年航海的路线：他先从雅加达向西航行到达毛里求斯，以便顺风而行。尽管他考察了新西兰西海岸，但不知道有两座分开的岛屿。

补给船陪同出海。他对塔斯曼下达的指令是，如果发现文明的存在，应该"与统治者和人们谈判，让他们知道登陆的主要目的是贸易"。

塔斯曼是个普通海员，在不断晋升的过程中表现得既富有冒险精神，手段又很高明。1642 年 8 月 14 日，他从雅加达出发，到毛里求斯去添加补给品，顺便借着对他最有利的风往南航行，直到进入东部的极端气流带，后来的英国船长把这里叫作"咆哮西风带"（南纬 40 度）。湍急的海流和呼啸的风使得航行非常艰难，加之船员已经为可能在这毫无方向感的海面上沉船而感到恐惧了。无奈之下，塔斯曼在向东航行的过程中偏向北方。

通往东方的高山

1642 年 11 月 24 日，塔斯曼十分幸运，在前往一处海岸线时遇上了晴好天气，后来由于风暴和大雾，这里发生了沉船事故，很多人遇难。他看见了通往东方的高山，写道："欧洲人过去从没见过这片土地，所以我们把它叫作安东尼·梵·迪门岛（今塔斯马尼亚）。"他们开始在海岸线上观测和测绘，不过卷土重来的大风

迫使船只躲避到海湾中，塔斯曼把这里叫作"风暴湾"（位于南布鲁尼岛东岸，于 1774 年更名为"冒险者湾"）。

船员于 12 月 2 日或 3 日划上了岸，挖到了许多野芹菜，它对坏血病有一定疗效。海员报告说能听到鼓和锣的声音，却看不到人。他们注意到树杆上有一个高达 7 米的脚印，因此越来越怀疑岛上住着巨人，以及地上留着的是"老虎爪印"。

在另外一个小海湾里，船上的木匠游到岸上，插上荷兰国旗，以标示梵·迪门岛归荷兰人所有。塔斯曼后来在一张航海地图上对于这片土地的评价很高（本文开头引言），并作了注释："本地图表明，这不再是未知的土地了，南部大陆被发现了，它拥有世界上最美好的气候。"塔斯曼获得委员会官员的同意继续向东航行，也许他们是担心恶劣的天气，或是出于其他某些原因，他们并未沿着塔斯马尼亚的海岸线航行（1855 年以塔斯曼的名字重新命名）。如果他当时这么做的话，他或许会发现这是一个岛，而后朝北航行，在澳大利亚东海岸建立荷兰人聚居地。

向东航行了一段时间后，他于 12 月 16 日又登陆了一次，他看见"一片高原，高原上的山峰被笼罩在乌云之中"。他把这里称为斯塔滕岛，他想他或许能抵达这座岛的西部边缘，那里于 1616 年由另两位荷兰人威廉·斯豪滕和艾萨克·勒·梅尔发现并重新命名。才过了几个月，事实就证明塔斯曼发现的地方并不与斯塔滕岛（属于南美）相连接，所以就更名为新西兰。他登陆的地方距今天南岛上的霍基蒂卡很近。

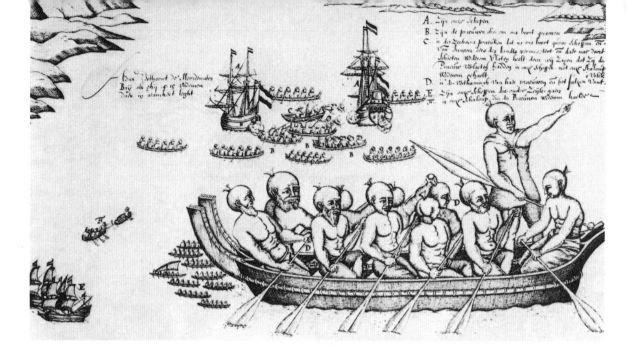

与毛利人相遇

12月18日，船只想找一个避风港去补充淡水和可以食用的野菜。他们看见陆地上有光，随后7条独木舟把船围住了，独木舟上的人"梳着黑色辫子，辫子盘在头顶上，光着上身"。毛利人看上去很友好，但"海姆斯凯克号"派遣了一艘小船到"泽汉号"，让他们警告在岸上的官员要保持警惕。毛利人的一艘独木舟忽然骚动起来，他们杀害了3名水手，第四名受了重伤。荷兰人把幸存者从海水里拖上来逃跑了，22艘独木舟在后面紧追不舍。荷兰人把这里叫作"谋杀者海湾"。

塔斯曼和地理学家弗朗斯·菲斯海尔一边向北航行一边画出了新西兰西海岸的地图（他们没有到达库克海峡，也不知道实际上有两座岛）。塔斯曼继续向东北航行，到达汤加和斐济群岛。向西打算回家时，塔斯曼看见了澳大利亚和新几内亚之间托雷斯海峡的入口（1606年由西班牙海军上校路易斯·瓦兹·德·托雷斯首次航入），但没有进入，而是选择了一条更加确定的路线。他安全地沿着巴布亚新几内亚北部海岸航行，渡过印度尼西亚群岛。回到雅加达之前，他让船员在一个郁郁葱葱的岛上休息，缓解他们在南部海洋所受的苦难，船队于1643年6月返航。

塔斯曼原定于1644年再往更南部的地方去进行探险，不过与葡萄牙之间的战争打乱了他的计划，他只得在澳大利亚北部和新几内亚南部做了一些勘测。塔斯曼的航行没有为荷兰东印度公司的股东们带去利益，所以人们对他的评价不高，荷兰人对当地的兴趣很快就消失了。

谋杀者海湾里的相遇：塔斯曼的船被7条毛利人独木舟包围，其中一条向船发起进攻（见"海姆斯凯克号"和"泽汉号"之间），致使4个荷兰海员丧生。

来迎接塔斯曼的汤加独木舟。塔斯曼在日志中写道汤加武士下半身"涂成黑色"指的是汤加人的文身习俗。

31 玛利亚·西碧拉·梅里安

1699 ～ 1701 年

没有人会轻易为此去做如此艰难、花费如此之高的旅行。这个地方热得离谱，做什么事都很费力气，我差一点儿就死了，所以我不能久留。

——选自致纽伦堡约翰·格奥尔格·福尔卡默的信，1708 年

玛利亚·西碧拉·梅里安是一个被低估的人物，在那个时代，没有一个女人做过她所做的事。她是一位杰出的科学家和动植物画家。她一生中最引人注目的经历无疑是用两年时间在南美洲的苏里南（荷兰殖民地）所做的旅行。

梅里安在德国出生和长大，她的父亲是一位知名的瑞士出版商，在她 3 岁时去世；她的母亲是个荷兰人，丈夫去世一年后再婚。她的继父是个名叫雅各·马雷尔的弗兰德人，是花卉画家，他成了对梅里安影响最大的人。她 40 岁的时候已经成了知名的昆虫插画家，她出版过两本昆虫和花卉的插画集。这时，她与丈夫离婚，和母亲以及两个女儿加入了拉巴迪会的荷兰分会，这个协会以一个叛教的法国神父和神学教授让·德·拉巴迪的名字命名。在会员的协助下，她得以继续从事和昆虫以及其他动物（比如青蛙）有关的工作，她先解剖动物，然后非常仔细地将其画下来。

上右图：梅里安画作细部，这只大蓝闪蝶的绘画技巧精湛，色彩鲜艳。

进入热带雨林

1699 年，梅里安 52 岁，她带着女儿多萝茜·玛利亚前往荷兰殖民地苏里南。她们一开始住在帕拉马里博，然后搬到苏里南河上游的甘蔗种植园，那里有个拉巴迪会社区，叫作普罗维登西亚。这两个女人在探索内陆的同时遇到很多危险，不过都幸免于难。热带雨林茂密得几乎无法行走，她在信中写道奴隶用斧头给她开路。

女人在没有男人陪同的情况下做

近代人根据 18 世纪版画画成的玛利亚·西碧拉·梅里安晚年画像，周围是她的标本。

这样的旅行在当时是闻所未闻的，那时的苏里南也十分危险，法国人威胁要从卡宴进攻，美洲印第安人时不时就要发动起义。她的旅行之所以伟大，不仅是因为她惊人的勇气，还有她研究的性质。她是第一个到苏里南的博物学家，也是第一个把植物研究和文化传统结合起来的科学家，文化传统是美洲印第安人和从西非带到那里的奴隶的。她搜集了许多珍贵的民族志资料，包括哪些动植物、昆虫和水果可以吃，以及该怎么吃。

她有时会亲自试吃没见过的水果和植物，她的主要任务是让种植者了解植物的药用价值，种一些当地植物，而不仅仅是种甘蔗。为此她饱受攻击，她的一些画作被视为是纯粹女性的胡思乱想。她的一幅杰作中描绘了捕鸟蛛，这幅作品一直受人嘲笑，直到100年后，一位英国博物学家也观察到了同样的现象。

梅里安第一个注意到每一种昆虫如何依赖某种特别的植物。她尽心尽力地把昆虫搜集在小瓶子里，让它们繁殖，记录它们的生命周期，

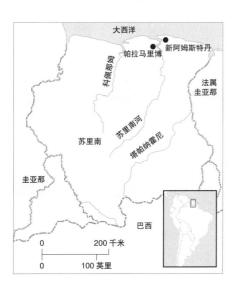

揭示昆虫变形的秘密：卵如何变成幼虫，幼虫如何变成蛹，蛹如何变成成年昆虫。

和同时代的科学家以及艺术家不同，她是以自然习性而非传统分类来排列作品中的各种昆虫和动物的，比如她可能把蜥蜴、青蛙和蛇画在同一行，把蝴蝶画在一株正在成长的植物上，它们都要依靠这种植物生存。这是革命性的方式，在科学家共同体中掀起轩然大波，但这正是她的作品之所以伟大的原因。她用睿智的双眼记下她所看到的一切，她的插画集被誉为所有在美洲完成的艺术作品中最美的一部。

在画作中，梅里安把自然界中共同出现的动植物画在一起。这里有几种蜘蛛，右下角是一只捕鸟蛛和蜂鸟。

左图：梅里安在荷兰殖民地苏里南勇敢地探险。

32 伊波利托·德西代里

1715 ~ 1721 年

整整 3 个月，旅行者们没有看见一座村庄或任何生灵，他要带上所有的物资……床是土地，得挖开积雪才能睡；屋顶就是头顶上的天空。

——伊波利托·德西代里描述从拉达克到拉萨的行程

阿纳塔斯·珂雪绘于 17 世纪的藏传佛教插画。

德西代里和弗雷耶尔的行进路线。

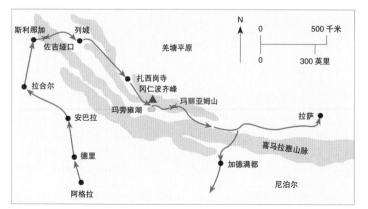

位探险家长途跋涉到了一片未知的土地，用了许多年时间学习那里的文化，并且是完整记录这种文化的第一人，而后他被遗忘，没有比这更加悲剧性的了，但这就是伊波利托·德西代里的命运。1684 年，德西代里出生于意大利的皮斯托亚，27 岁那年成为耶稣会传教士，去了印度。这之前的 100 年，葡萄牙传教士穿越西藏西部去寻找基督徒，德西代里深受鼓舞，决定也要这么做。他找到了一个富有的资助人，不过对方要求他带上另一个耶稣会士同去，这个人是埃曼努埃尔·弗雷耶尔，比他年长 20 岁。

1714 年，这两个人朝错误的方向出发了：他们去了克什米尔境内的斯利那加，而非加瓦尔专区的斯利那加。他们在克什米尔度过了一个冬天，继续前往当时被称作小西藏的地方：

巴尔蒂斯坦和拉达克，在翻越可怕的佐吉垭口时他们患上了雪盲。他们觉得拉达克"太可怕了"，但那里的佛教徒"友善殷勤，十分乐观"。在这种情况下，德西代里决定住下来，但弗雷耶尔迫切地想回印度——不过不是通过佐吉垭口。他们商量了一下，决定通过大西藏，也就是真正的西藏回去。

经过 3 周的步行，他们到达扎西岗的一座寺庙，远处是一片"广阔而贫瘠的可怕沙漠"，这就是羌塘平原。人们警告他们没有人陪同的话可能会有生命危险，他们就在原地祈祷，结果一位蒙古公主出现了，她打算带着一个牦牛商队和一队武士去拉萨，她允许两位耶稣会士以"好心的朝圣者"的身份与自己同行。

商队于 1715 年 10 月出发，他们需要迁就牦牛的速度，而牦牛走走就停下来吃草，所以他们穿越平原时行进得很慢，他们的帐篷无法抵御西藏的严寒，"夜晚我们只是不感到疲惫，而不是真正在休息，"弗雷耶尔写道，"严寒和我们衣服里的虫子让我们不可能真正睡着。"一有机会他们就把衣服脱掉抖落虱子，"我们懒得一个一个捉，就一下子把它们抖掉。"

6 周后他们到了一个圣地——"根据某位莲花生大师所说，他是西藏宗教的创始人"。他们翻越积雪的高山——山"隐藏在云雾中"（冈底斯山）——在一个大湖边宿营，"当地人非常崇拜这片湖（玛旁雍湖）"。

在拉萨

离开克什米尔 10 个月后他们到达了拉萨，那里到处是石头，布达拉宫屹立在石头的顶端，那是一座"奢华的五层楼宫殿"。当时第七世达赖喇嘛正被蒙古人囚禁[1]，但他还是来迎接访客，并询问了他们的信仰。让德西代里感到伤心的是，携他们同行的公主到拉萨后就削发为尼了。

弗雷耶尔迫不及待地想回到温暖的国度，于是独自回印度了。但德西代里决意留下来，他打算"解释我们的信仰，纠正他们错误的宗教"。经允许，他在拉萨郊外的色拉寺学习。

"从那一天起直到离开西藏，"德西代里写道，"我规定自己每天从清晨学习到日落，将近 6 年中，我白天不吃东西，只喝茶。"

1721 年，德西代里应罗马人的邀请离开西藏，在印度传教 5 年后，

德西代里到达拉萨后在色拉寺学习藏传佛教，这张照片由 C.G. 罗灵摄于 1904 年，当时英军侵略者荣赫鹏上校带英国军队入侵西藏。

他回到罗马，写了一部四卷本关于西藏的著作，却在这本书即将出版时去世，终年 48 岁。这部伟大的著作佚失了，直至 1875 年，人们才在一座私人图书馆内找到它。弗雷耶尔一些篇幅较短的著作也佚失了，1924 年才再度出现。因为这些不幸，两位先驱人物仅仅是探险史中的注脚。

19 世纪西藏唐卡局部：拉萨布达拉宫。

---

[1] 此处所指并非正统谱系中的格桑嘉措，而是历史上的阿旺伊西嘉措。

维他斯·白令

1733 ～ 1743 年

1741 年 7 月 17 日，12:30，我们看见几座积雪的山，其中有一座高高的火山（圣埃利亚斯火山）……8:00……看见海岸，命名为圣埃菲诺格纳……那里的山比我们之前看到的矮。

——白令第一次看见北美大陆，"圣彼得号"航海日志，1741 年

维他斯·约翰森·白令于 1681 年出生于丹麦，1704 年加入俄国海军。20 年后，他带领船队第一次进行海上堪察和探险，目的是想看一看西伯利亚是否和北美大陆相连。1728 年 7 月，白令驾船向北航行渡过后来以他名字命名的白令海峡，到达北纬 67 度 18 分的楚科奇海后返航。白令实际上是在两片大陆之间航行，不过他没有看见美洲海岸线，所以不能确定有一条海峡将它们分开。

根据维他斯·白令头骨模型制作的半身像，头骨和 6 具遗体于 1991 年在白令岛上被挖掘出来，白令的尸体是唯一被装在棺材里的。

第二次堪察和探险

白令下一个计划——大北方计划或第二次堪察和探险——的野心更大，包括 7 次特派航行，其中 5 次前往俄罗斯靠北极一面的海岸线，第六次前往千岛群岛，第七次在白令的亲自指挥下，原定向东航行，确定美洲海岸线的位置并绘制地图。探险队中有许多科学家和他们的助理，还有上百人横跨大陆，负责把补给品和其他器材运送到他们出发的海港。

白令于 1733 年离开圣彼得堡，不过有几年时间是在监督内陆的货品运输工作。1741 年 5 月 29 日，他带领着两艘船，一艘"圣彼得号"，由他本人指挥；另一艘"圣巴维尔号"，由阿列克谢·伊里奇·吉里科夫上校指挥，从彼得罗巴甫洛夫斯克出发。

"圣彼得号"上共有 77 人，其中有一位年轻的德国博物学家和外科医生，名叫格奥尔格·威廉·斯特勒。

6 月 20 日，两艘船在一场风暴中失散，再未取得联系。1741 年 7 月 17 日，白令和他的船员看见并命名了阿拉斯加的圣埃利亚斯火山。白令继续向北和西北方向航行，在凯阿克岛上登陆补充淡水。斯特勒上了岸，在 6 个小时的时间里搜集了大量植物（他觉得 6 个小时实在太短了），还发现了当地一个储藏食物的地点。

"圣彼得号"接着沿着西北、西和西南海岸线航行，绕阿拉斯加湾环航了一周。到了 8 月，坏血病爆发，有 21 人，包括白令本人受到疾病侵袭。8 月 30 日他们抵达舒马金岛，再次补充淡水，那一天发生了第一起船员因坏血病丧生的事件。斯特勒用在岸上搜集的富含抗坏血酸的植物来治疗患者，一开始有些成效，但到了后来，几乎每天都有人因此病死亡。

11 月 5 日，人们看到了陆地，他

博物学家兼外科医生的格奥尔格·斯特勒在白令岛上测量海牛，L.施泰纳格绘。这头庞然大物被命名为斯特勒海牛，接下来的 30 年中因为人类猎杀而灭绝。斯特勒是第一个成功治疗坏血病的人。

们以为那里是堪察加，但实际上是后来以白令名字命名的白令岛——科曼多尔群岛中的一座。那时已有 21 人丧生（全部人员中的 28%）。第二天"圣彼得号"触礁，船员把船拖上了岸。病人被运上岸，营地也建了起来。斯特勒又搜集了一些含抗坏血酸的植物，人们用猎捕来的海獭、狐狸、海狮和海牛来充饥，但是死亡人数仍有增无减。一行人在半岩洞式的小屋里过冬，白令死于 12 月 8 日，他的尸体被装进棺材里埋葬了，他是唯一一个享受此待遇的人。

船员在严酷的冬季中为食物和木柴挣扎，冬天过去后，幸存者把损毁的船只拆开，用木料造了另一艘小船。在斯文·瓦克塞尔中尉的指挥下，他们于 8 月 13 日将船放下了水，于 1742 年 8 月 26 日安全抵达堪察加的彼得罗巴甫洛夫斯克。

1991 年 8 月，一个由丹麦和俄罗斯考古学家组成的考察队在白令岛当年船员宿营的地方挖掘出 6 具骸骨，其中包括唯一一具装入棺材中的高高的男子骸骨，这就是维他斯·白令。这些骸骨被运往莫斯科进行细致检查，而后经过一番正式的仪式，重新葬在白令岛上。

除了死亡的悲剧，此次探险一个重要的成果是，人们绘制了阿拉斯加湾海岸线和阿留申群岛的详细地图。

下左图：斯文·瓦克塞尔日志中的一幅画：一个阿留申人坐在独木舟里。是瓦克塞尔把幸存者带回堪察加的彼得罗巴甫洛夫斯克的。

下右图：白令死于白令岛前的航海路线，这其实只是一场大规模探险的一部分，探险始于从圣彼得堡运送物资。

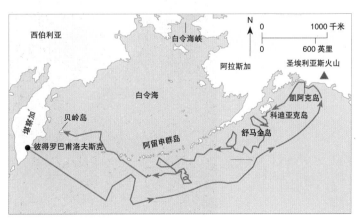

34 詹姆斯·布鲁斯

1768 ~ 1773 年

非洲真的流行起来了。一位布鲁斯先生刚刚从那里回来，他在阿比尼西亚宫廷中生活了3年，每天清晨都和骑在公牛背上的侍女一同用早餐。

——霍勒斯·沃波尔，1774 年

詹姆斯·布鲁斯作为探险家的伟大成就因为他的体格、性格和家庭背景而更显得无与伦比。1730年，布鲁斯出生在苏格兰，他的家庭支持斯图亚特王朝统治英国，而他在英格兰接受教育，支持占统治地位的汉诺威王室。他身高 1.93 米，在当时可算是巨人了。他长着一头红褐色的头发，脾气暴躁，对他的贵族（他自称是皇室）出身感到非常骄傲。

布鲁斯在哈罗上学，16岁时回到苏格兰，在爱丁堡大学待了一小段时间，他不想从事法律行业，所以又回到南方，娶了伦敦一个富有酒商的女儿。可惜她几个月后就死了，剩下

庞贝·巴托尼所绘金奈尔德的詹姆斯·布鲁斯，绘于詹姆斯带探险队拜访罗马之际。

24 岁的布鲁斯，他自由自在，不知将来要干什么。他四处游历——这是预料之中的，并对语言——特别是阿拉伯语——发生了兴趣。由于脾气太坏，他经常与人争吵和决斗，最后，他决定去非洲。

探寻尼罗河源头

布鲁斯第一份，也是唯一一份正式工作是担任阿尔及尔领事，他将此视为探索非洲大陆的跳板。但是，阿尔及利亚贝伊——此人是独裁者和海盗赞助商——让布鲁斯无法忍受，两年后，他如释重负地卸任了，开始去寻找神秘的尼罗河源头，这曾让希罗多德着迷，也吸引着以后无数的探险家。

布鲁斯确信尼罗河源头位于阿比西尼亚（埃塞俄比亚旧称），那时地图上还没标出这么个地方。在北非经历了许多惊险故事后——包括遭遇海盗和沉船——他前往开罗，为他的伟大探险做准备。他雇佣了一些人，其中包括意大利画家路易吉·巴卢加尼，请他把自己沿途的见闻都画下来。最终他渡过红海又折回来，由马萨瓦港进入埃塞俄比亚。之前旅行时布鲁斯就获得了推荐信和通行证，这让他得

以在法国领土上畅行无阻，现在他要去埃塞俄比亚首都了。他还动用了非凡的语言天赋，学会了所经之地人们说的所有语言。

进入未知的地域

从马萨瓦到内陆的路线十分危险，自从 1632 年两位葡萄牙耶稣会士被驱逐后，就没有外来者走过（除了一位法国医生）。所以，布鲁斯接下来看到的一切、写下的一切，都非常吸引人。但从一开始，布鲁斯的记录中就缺少了许多他可能看见的东西（和马可·波罗的记录一样），比如埃塞俄比亚教堂中的"塔波塔特"（象征约柜的物品）和阿克苏姆精美的古董。另一方面，他也记录了许多事实和活动，可信度很高，比如当地人从活的牲口身上割肉。

除了信誉和语言能力，布鲁斯还有其他资本帮他打通这片未知且充满敌意的土地：他带着昂贵的礼物；他

是个自学成才的医生，治愈了所经之地好些人的疾病；他的武器先进，也不怕别人向他开火。最重要的是他的风度、外表和性格使他看起来是一个有权威的人，自然而然地成为国王和

艾萨克·克鲁克香克于 1791 年所绘的讽刺漫画，嘲笑布鲁斯说他和埃塞俄比亚人一起从活的牲口身上割肉。

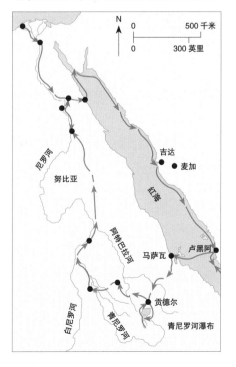

布鲁斯从亚历山大港到青尼罗河的路上经过红海和今天的埃塞俄比亚，返程时从贡德尔出发穿越苏丹和努比亚，沿尼罗河而下可能更加艰难。

139

"布鲁斯在尼罗河源头"，巴卢加尼或布鲁斯绘。布鲁斯可能把巴卢加尼的一些画说成是自己画的，后者在探险途中死去。

右图：鬣狗，布鲁斯或巴卢加尼绘。

王子们的陪同。他还很讨异性喜欢，使得很多埃塞俄比亚女子——包括一位公主——拜倒在他脚下。一旦在皇宫里与人争吵，卷入斗殴，他就要动用这些资本，否则他可能会送命。

布鲁斯于 1770 年到达埃塞俄比亚首都贡德尔，那里正在进行内战，他站在国王及其冷酷无情的将军米沙勒王子一边，丝毫没有表现出畏惧，后来他深深地陷入当地的阴谋、宣传活动，甚至战斗中。

布鲁斯费了不少功夫才从贡德尔脱身，奔向他此行的主要目的地：构成青尼罗河源头的泉和美不可言的青尼罗河瀑布，他第一次在地图上准确地标示出这些地方。他将以往葡萄牙耶稣会士的发现视为一文不值，贬低白尼罗河的地位。返程途中，他看到了白尼罗河与青尼罗河合流的地方，那是他眼中"真正的尼罗河"。

从埃塞俄比亚返程或许比抵达青尼罗河源头更加困难，布鲁斯的艺术家旅伴巴卢加尼死在贡德尔，他的书中很少提到这个人，其中的原因可能是像很多人说的那样，他把许多巴卢加尼的画作说成是他自己画的。布鲁斯取道苏丹和努比亚沙漠离开埃塞俄比亚，途中差点死于饥渴，最终抵达了阿斯旺和开罗。返程的路上他在意大利和法国逗留了一阵儿，受到教皇和路易十五的接待，被他们视为英雄人物。

回家：毁誉参半

远行 12 年后，布鲁斯于 1774 年抵达伦敦，那里的人们就没那么热情了。他的傲慢为他在埃塞俄比亚赢得敬重，但在伦敦却遭人厌恶，人们怀疑并讥讽他的发现。国王乔治三世对他的画作毫无兴趣；（后来）小威廉·皮特不理睬他要求被封为男爵的请求；芳妮·柏妮对他没兴趣；约翰逊博士说尽管自己一开始打算相信他的故事，不过"后来改变主意了"。布鲁斯最后回到苏格兰，接下来花了 17 年的时间才完成游记，那是五卷本卷帙浩繁的著作，却遭到漫画家克鲁克香克无情的嘲笑。

直到布鲁斯于 1794 年去世后（死因是跌下楼梯和过度超重，终年 64 岁），日后的旅行家和研究者才确认他的记录基本上准确，他的旅程是人类历史上最勇敢、最伟大的旅程之一。是另一位了不起的非洲探险家利文斯通医生为布鲁斯正了名，称他为"比我们都更伟大的探险家"。

詹姆斯·库克

1768 ~ 1771 年

雄心让我走得比我之前的所有人都远，我想这是人类可以到达的最远的地方。

——詹姆斯·库克，1774 年

在3次史诗一般的旅程中，詹姆斯·库克航行的总距离不仅等同于从地球到月球的距离，他所发现的地球表面的面积，还比他之前所有人发现的都要大。他不仅研究出治疗坏血病的方法，还运用了先进而科学的航海技术，他绘制的地图非常精确，20 世纪以后也还在被使用。此外，他还揭秘了当时的神话：伟大南方大陆——"黄金之国"——的存在，发现这一地方的国家成了整个地球上最富有的国家。

1768 年，英国海军和皇家学会启动了一次科学探险，旨在观测金星凌日，这是罕见的天文现象，即金星的小黑圈通过太阳表面。借助记录小黑圈通过的时间，天文学家能够计算出地球与太阳之间的距离，进而估算出整个宇宙的规模。这不仅仅是学术活动，因为皇家学会写信给乔治三世请求资助的时候说，这将"对天文学的进步做出极大贡献，而航海依赖天文"。

但要达到目的，先要在南部大洋上建立一个观测点，还需要寻找一位可靠的船长。第一个问题随着塔希提岛的发现解决了，它位于南太平洋，是观测金星凌日的绝佳地点。

在选择船长这一问题上，海军也表现出同等的勇气，他们选择了詹姆斯·库克，一个苏格兰农民的儿子。库克出生在克利夫兰的马顿，1728 年，他到了惠特比，在一艘商船上接受训练，1755 年调入皇家海军，因"天赋和能力"而受到赏识。1768 年，接到率领"女王陛下'奋进号'"的命令时，库克连上尉都不是，更不用说船长了，但上级非常赏识他的航海技能和在加拿大的表现——他仔仔细细为英国的新领地画了地图。库克还是一位能力非凡的天文学家，他能通过星星的位置判断经度，并在皇家学会的《学报》上发表了一篇论述日蚀

左图：*约翰·韦伯所绘库克肖像（1776 年）。库克生得正是时候：一个真正的 18 世纪启蒙运动之子，死于浪漫主义开始之际，这使得他成为 19 世纪的英雄人物。*

3 年多的时间内，100 名水手就住在这个拥挤的地方。这是重建的"奋进号"模型，使用的多数是 18 世纪的建造方法，但用了一些现代材料来确保安全。

的论文。因此，海员和科学家的完美结合，使得库克成为带领这次探险的不二人选。

女王陛下"奋进号"之旅

1768 年 8 月 26 日，库克驾着一艘经过特殊改造的运煤船"奋进号"从普利茅斯出发，开始了人类历史上最伟大的航海之一。船上约有"94 人，包括军官和他们的仆人"，最著名的要数又有钱又有声望的约瑟夫·班克斯。班克斯——日后被封为约瑟夫爵士、男爵、邱园荣誉主任和皇家学会会长——是个极其显赫的贵族，对自然史有着浓厚而真诚的兴趣。他的知识和专业技能将改变整个自然史，回来后，他搜集的植物使得人们对植物数量的认知提高了 25%。

库克接到的命令是于 1769 年 6 月 3 日抵达塔希提观测金星凌日，他往南由英吉利海峡取道马德里，到达里约热内卢，而后沿着南美海岸线到合恩角，这么一来就浪费了些时间。"奋进号"花了两个半月时间在广阔的太平洋上航行，从南纬 60 度天寒地冻的风暴区（已航行过到南极距离的三分之二）到热带的塔希提，中间没有碰到过陆地。

最后，1769 年 4 月 10 日，库克看到了陆地上的火山山峰，两天后在塔希提的马塔韦湾——或称"皇家海湾"——抛锚，当地人划着独木舟前来迎接他们。距离凌日出现的时间只有 7 个星期了，库克立即着手在维纳斯堡宿营，班克斯则开始进行植物学和民俗学研究。6 月 3 日黎明，天气非常好，但对凌日的观测则让人失望：金星外围模糊的半影让人无法看清它和太阳究竟是何时相交的。由于每个人的观测结果都不同，库克船长和其他的观测者妥协了，再也没说起过这件事。库克把剩余的时间花在测量航

行精度上，这既是杰出的艺术活动，又是杰出的科学工作，接下来的100年中，海员都使用这一方法。

往南方去

在塔希提住了3个月后，库克又起航了，他打开了海军下达给他的第二道秘密指令：航行至南纬40度的地方寻找伟大的南部大陆——这是探险家的"圣杯"。

库克离开了社会群岛向南航行，但视域所及的"陆地"结果不过是云块。越往南去，天气就越冷，船员都被冻在索具上了，但大陆仍未出现，连大陆存在的迹象也没有。到达原定的南纬40度时，库克还是没看到陆地，他再次掉转方向往北，然后往西，向100年前荷兰探险家阿贝尔·塔斯曼标示出的一片海岸进发。

1769年10月6日下午两点，陆地终于出现了，这就是人们苦苦寻找的南方大陆吗？班克斯对此确定无疑，库克却表示怀疑。在他的命令下，船员进行了两次细致的勘测，证明这是新西兰的两座大岛屿，他宣称这片土地归乔治三世所有。1770年3月31日库克从岛上出发时，已经同当地的毛利人结下了深厚的友谊，摧毁了最狂热的"大陆主义者"的希望，

塔希提维纳斯堡：库克在这里建了一个观测站，使用了一些当时最先进的材料，比如四分仪、时钟、反射望远镜。

"奋进号"航海路线：这次和以后两次航海让库克成为他那个时代最著名的航海家。

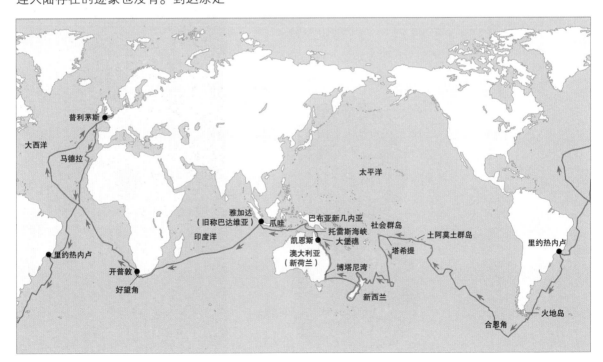

毛利人的战船正在"抵抗异端",西德尼·帕金森绘。虽然一开始和毛利人发生冲突,但后来库克和新西兰岛民彼此尊敬,关系亲密。

获得了制图学上最伟大的成就之一:3 个月内勘测并绘制了长达 3860 千米的海岸线,其中可以登陆的地方有 8 处。

至此,库克完成了海军的使命,接下去只要选择一条最安全的航路回到英国就行了。他不想采用通过合恩角的直接路线,而是选择了"新荷兰"(今澳大利亚)东岸到巴达维亚(今雅加达)之间未知的水域,他可以在那里修整"奋进号",再启程回英国。

右图:毛利人提基,据说是库克的私人物品。提基是赠送给要人的贵重礼物,也表明了毛利人对船长的尊敬。看样子库克将其转赠给了国王乔治三世。

离开新西兰后3周，他们于1770年4月19日再次看到陆地，9天后船只在一个海湾抛锚，当地的格威盖尔原住民狐疑地看着他们。

班克斯进行的植物学研究变成了这个地方的名字：博塔尼湾（Botany Bay）。库克和船员对此处的海岸线和内陆进行了一番仔细的勘测，然后向北航行至现在的凯恩斯和"苦难角"——因为这是他们所有麻烦开始的地方。他们的船撞上了大堡礁致命的珊瑚礁，"奋进号"在水下卡了一天才重新浮起来，漏水十分严重，船只通过紧急修复沿着海岸艰难地行进，最后在现今的库克敦附近找到了可以避难的地方。

库克的船员花了7个星期修复船只，和当地原住民戈戈-耶米德尔人交上了朋友，原住民向他们讲了一种奇怪的会跳的动物，叫作"袋鼠"。库克于1770年8月4日离开"奋进河"，开始了太平洋历史上最令人难忘的航行：驾着漏水的船在致命的珊瑚礁之间穿行，在去往巴达维亚的途中证明了传奇般的托雷斯海峡的存在。

袋鼠，乔治·斯达布为约瑟夫·班克斯绘制。库克第一次探险时，一位军官猎捕了一头袋鼠，斯达布是根据袋鼠皮画的。库克的船员对这种动物非常着迷，它们有格雷伊猎狗那么大，身材瘦长，长着老鼠一样的毛皮，行动敏捷，尾巴很长，跳起来像野兔一样。

一次"完整"航行

3个月的修整过后，库克的船员受到疟疾和痢疾的侵袭，但"奋进号"经由好望角艰难地回到了家，受到人们狂热的欢迎——尽管他们把班克斯那队人视为整个航行中的英雄，但是，库克在新西兰的发现和为"新南威尔士"命名，永远改变了大英帝国，开启了一片崭新的土地以供殖民。

接下来库克还进行了两次突破性的航行，终于打破了南方大陆的神话，同时挑战了不冻的西北航道的真实性。1779年2月14日，库克悲剧性地在夏威夷岛上被杀死。他是那个时代最伟大的海员，并且始终是一个传奇人物。

左图：在火地岛好运湾俯瞰"奋进号"，船员正在休息，亚历山大·布汉绘，1769年。火地岛原住民是库克探险队见到的第一批原住民，库克下令对他们要尊重和表现出人道主义。

36 弗朗索瓦·德·拉贝鲁斯

1785 ～ 1788 年

愿他们返回我们的海岸，尽管他们在拥抱这自由之地时将死于喜悦。

——法国历史学会致国民议会

让－弗朗索瓦·德·加洛·德·拉贝鲁斯是个法国小贵族，1741 年出生于朗格多克的阿尔比，他是一位杰出的海员和航海家。他 15 岁时加入海军，他的家人把"拉贝鲁斯"这个后缀加进他的名字里以突出他的社会地位来获得晋升。这很有效，他很快在英法七年战争中被委以重任，1763 年两国缔结和平协议后，他被提升为中尉，在往返于法国和地中海沿岸的船上工作。

受到詹姆斯·库克和路易·安托万·德·布干维尔环球航行的鼓舞，

托马斯·伍尔诺斯根据在他侄女处获得的拉贝鲁斯头像所蚀刻，拉贝鲁斯寄了大量他的航行见闻回家，书于 1791 年出版。

拉贝鲁斯于 1771 年去了西印度群岛，第二年从法兰西岛（今毛里求斯）去了印度、塞舌尔和马达加斯加。他在马达加斯加和路易斯－艾蕾诺·布鲁多恋爱了，但他的家人不同意，因为觉得两个人不合适。但是，当他于 1776 年离开毛里求斯时，艾蕾诺跟着他回到了法国。

美国独立战争期间拉贝鲁斯又去了西印度群岛和北美几次，1783 年和平降临，已是船长的他回到法国和艾蕾诺结婚，她仍在巴黎耐心地等着。最后这位女子赢得了拉贝鲁斯家人和海军的认可，拉贝鲁斯的成功为他们的婚姻锦上添花。他渴望追随库克的脚步，于是加入了由路易十六资助的政府船队，决定到太平洋上大干一番事业。船只和船员都是特别为这次科学探险秘密选定的，此次探险历时 3~4 年，主要关注植物学、地理学、天文学、民俗。一位制图师与他们同行，拉贝鲁斯是领队。

拉贝鲁斯的太平洋之旅

1785 年 8 月 1 日，他们从布雷斯特出发，拉贝鲁斯率领"罗盘号"，他的朋友保罗－安托万－玛丽·弗勒

146

里奥·德·朗格勒率领"星盘号"。他们经合恩角到达智利的康塞普西翁，看到了复活节岛上的大石像，然后取道夏威夷去阿拉斯加。尽管船是于 1786 年夏天抵达的，但天气寒冷，大雾弥漫，汹涌的潮水让探险变得十分危险，在法兰西港（今利图亚湾）勘测时，有 21 人溺水身亡。他们搜寻西北航道徒劳无果，就继续往南面去了，他们在加利福尼亚的蒙特雷度过了愉快的两周后起航去西南面寻找传说中的国度。不过他们什么也没发现，于是掉转方向往北，发现了无人居住的内克岛，在此地船差点撞上突如其来的珊瑚礁（位于弗伦奇弗里盖特海域）沉没，这里最高的岩石现在叫作拉贝鲁斯峰。

到中国

　　拉贝鲁斯离家已一年半，他急切地想借助从澳门出发的船把报告和包裹送回法国，他在澳门做了一大笔阿拉斯加海獭皮买卖，添置了船上补给品，并新雇了一些人来补充在利图亚湾损失的人。大约一个月后他们前往菲律宾群岛，在中国、朝鲜和日本之间难以预料的海面上航行，随后到达鞑靼海。鞑靼海和库页岛对于当时的大多数欧洲人来说都很神秘，但法国人绘制出了精确的地图，博物学家非常喜欢那里，但航海家却不喜欢，因为雾气太大。

　　1787 年夏末，拉贝鲁斯前往千岛群岛，重新回到大西洋上，最终在堪察加半岛的彼得罗巴甫洛夫斯克附近抛锚。经过整整两年的音信杳无，

1786 年 4 月 9 日，拉贝鲁斯在复活节岛西岸的库克湾抛锚，法国人受到热情款待，与当地人做生意，交换礼物。德·朗格勒带着一批人察看在远处望见的石像群，选自杜谢·德·梵西版画集。

路易·安托万·德·布干维尔

布干维尔（1729—1811年）是法国历史和太平洋历史上最潇洒的人物之一，他是知识分子、士兵和探险家。英法七年战争中，他参与了在北美的战斗，他的对手詹姆斯·库克也是，不过随着法国的失败，他从陆军变成了海军。

试图在马尔维纳斯群岛（福克兰群岛）建立法国殖民地失败后，布干维尔成了一个科考队和探险队的领队。1766年11月15日，布干维尔驾着"二轮马车号"从南特出发，奉命首先将归还西班牙，而后再周游世界。完成归还岛屿的使命后，他往北前往里约热内卢与补给船"星辰号"会合。布干维尔通过麦哲伦海峡进入太平洋，在土阿莫土群岛之间曲折地航行了一段时间，又向西去往塔希提，塞缪尔·华莱士一年前宣布此地归英国人所有。法国人报告的塔希提岛的情况和带回来的岛民阿呼一托都加强了卢梭所说的"高贵的野蛮人"这个概念。从塔希提和社会群岛出发，布干维尔去了萨摩亚和新赫布里底群岛（今瓦努阿图）。由于大堡礁的阻碍，他不得不从"新荷兰"（今澳大利亚）东海岸返航，接下去的任务就交给库克了。布干维尔去了新几内亚东南部和路易西亚德群岛，发现了所罗门群岛中尚无人知晓的部分，其中最大的岛屿群以他的名字命名。布干维尔从荷属东印度群岛先向北后向西航行，最后到达法兰西岛（今毛里求斯），接着从开普敦回法国圣马洛，于次年3月16日到达。

人们把布干维尔视为凯旋而归的英雄，虽然他没受过航海训练，也没有航海经验。他是18世纪唯一一个完成环球航行且平安返航的人，尽管他的发现和搜集的科学资料都非常少（科考队中一位植物学家菲利贝尔·科默森命名了上百种植物）。更重要的是，他的经历重新燃起法国人对太平洋的兴趣，激发了他的后人拉贝鲁斯去进行更多的探索。

1768年，塔希提人向布干维尔敬赠水果，两边是法国官员。布干维尔没有发现社会群岛，第二年库克发现了。

他们终于收到了从法国寄来的信，信中指出拉贝鲁斯已被提升为准将，英国人正在派遣船只到澳大利亚的博塔尼湾。拉贝鲁斯奉命继续探索，在俄国人的热情帮助下，他们把信件、航海日志和图表经陆路送回法国，然后继续向南航行。一年后这些物品抵达法国时，拉贝鲁斯已经失踪。

南太平洋

1787年12月，"星盘号"和"罗盘号"抵达萨摩亚群岛，受到当地人的欢迎。然而，一场纠纷导致大量萨摩亚人死亡（1000人中仅幸存39人），12个法国人——包括朗格勒在内——丧生。拉贝鲁斯不想报复，于是从汤加去了博塔尼湾。他于1788年1月24日到达，看见了英国人的"第一舰队"，船只载着从英国

来的罪犯，在新南威尔士建立了第一个欧洲殖民地，他们是于 1 月 19 日或 20 日到达的。尽管双方都感到吃惊，但他们相处得很好，拉贝鲁斯在此处添加补给品，休整船只，把更多关于航行路线和计划的文件寄回法国。3 月 10 日，英国人目送法国船只从弗兰奇曼湾出发，从此再没有人见过他们。

后续

拉贝鲁斯计划去汤加、新喀里多尼亚和圣克鲁斯岛，然后经托雷斯海峡去毛里求斯，希望能于 1789 年春天回到法国。可是船没有回来，政府、海军和艾蕾诺都非常担心。1791 年，经验丰富的航海家当特尔卡斯托受命带领一队人去寻找拉贝鲁斯。

两艘船于那年 9 月出发，环澳大利亚航行，抵达汤加和新喀里多尼亚，但什么也没找到。当特尔卡斯托没有意识到，他于 1793 年春天看到的所罗门群岛中的一座，正是大约 5 年前拉贝鲁斯的船沉没的地方，那里可能还有幸存者。直到 1826 年，爱尔兰船长彼得·狄龙才知道所罗门群岛上圣克鲁斯诸岛中的瓦尼科罗岛可能是拉贝鲁斯的两艘船及其生还者最后停靠和休息的地方。他于 1827 年拜访瓦尼科罗岛，发现了一些物品，后经指认确定属于法国探险队。第二年，法国船长迪蒙·迪维尔也发现了船上的物件，像狄龙一样，也确定那是拉贝鲁斯探险队的。20 世纪 60 年代，潜水员确定了船只残骸的位置；2005 年，经过又一次搜索，确定他们发现的六分仪就是"罗盘号"上使用的。

艾蕾诺没有孩子，死于 1807 年，直到去世的那一天她都没有再得到有关丈夫的消息。尽管拉贝鲁斯的探险以悲剧告终，但他为欧洲人提供了惊人的关于太平洋的知识，他的航行理应被视为人类历史上最伟大的航行之一。

左图：法国船只在萨摩亚"大屠杀湾"遭到袭击。一开始，德·朗格勒受到当地人热烈欢迎。12 月 11 日，他带着一群人上岸，和当地人发生冲突，他被杀害。拉贝鲁斯对朋友的死非常伤心，但他没有休息，两天后就又启航了。

拉贝鲁斯的船在太平洋航行了很长的距离，精确标示了其中的很多地方，直至最终在所罗门群岛的瓦尼科罗岛失踪。

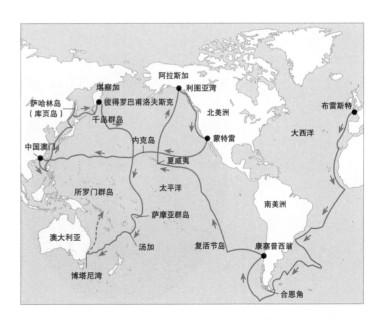

37 亚历山大·麦肯齐

1792 ~ 1793 年

我的发现之旅到此终结，其中的磨难与危险、痛苦与担忧，我都如实写下，毫不夸张。相反，我时常感到言不尽意。但我得到了丰厚的报偿，因为我的努力成功了。

——亚历山大·麦肯齐，1801 年

18 世纪，除了狭窄的墨西哥地峡，没有人把北美两端的海岸线连接起来且穿越这片大陆。人们横穿美洲大陆不仅是为了探索，也是为毛皮生意可能带来的丰厚利润，当时欧洲很流行海狸皮帽子。

1793 年，刘易斯与克拉克探险（这经常被错误地描述为第一次横穿美洲）之前 12 年，一个叫作亚历山大·麦肯齐的英国人，带着 9 个同伴，驾着一艘长 7.6 米的桦树皮独木舟，成了横穿北美的第一人。

外赫布里底群岛来的人

麦肯齐出生于苏格兰外赫布里底群岛上的斯托诺韦，时间不确定，可能是 1762~1764 年。他在农场长大，母语可能是盖尔语。他很小时母亲就去世了，12 岁时和家人移民至纽约，然后去了蒙特利尔，16 岁时开始在

唯一一幅麦肯齐的画像，托马斯·劳伦斯绘（约 1800 年）

150

一个毛皮加工厂工作。22 岁时别人请他做合伙人，他的想法是"我能在明年春天去印第安人的国家了"。

麦肯齐从蒙特利尔出发，开始了穿越美洲大陆的第一阶段，他走遍了大半个加拿大到达阿萨巴斯卡湖（今艾伯塔省北部）。他于 1787 年到达，和彼得·庞德一起在那里过冬。庞德是个毛皮商，在底特律的一场决斗中杀死了对手。这个人是出了名的难缠和凶狠，但他有一个梦想：把毛皮生意拓展至太平洋。麦肯齐从庞德那里学会了如何处理与当地人的关系，且他被庞德的梦想深深鼓舞。

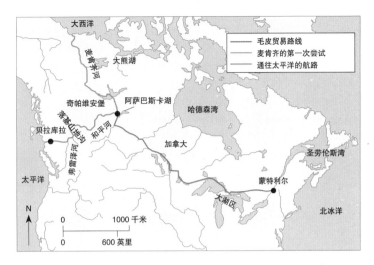

第一次穿越大陆

麦肯齐的第一次尝试失败了，他到达的是北冰洋而非太平洋。两年后，

麦肯齐沿着毛皮贸易航线从蒙特利尔到奇帕维安堡，然后两次试图抵达太平洋，第二次成功。他经常把航行的总距离说得比实际情况短，因为他想吸引更多商人使用这一新航路。

划着独木舟重走麦肯齐航路，沿和平河逆流而上，就像麦肯齐一样。

也就是 1792 年，他再次出发，这次他掌握了更详细的当地知识：他带了两个比弗印第安人做翻译，6 个在加拿大的法国水手——专业划桨手，一个叫作亚历山大·麦凯的苏格兰助手，还有一条小狗。他从奇帕维安堡的毛皮交易点出发，和庞德的船离得不太远，顺着和平河向上游航行了 1000 千米，并在那里过冬，这是欧洲人到达的最西面的地方。

第二年夏天他又出发了，途中不得不时常与宽阔的和平河水流搏斗，这是相当消耗体力的工作：一天又一天在急流中划船和拖索具。他几乎是一寸一寸地往前行进的，直到到达落基山，他想往右转，但一个印第安向导说服他向左转，他们再一次逆流而行。他进入了更窄的落基山脉堑沟，后来才到达把北冰洋排水系统和太平洋分开的陆地。这条裂口只有 817 步那么长，两边是泥泞起伏的小径。穿过裂口以后，麦肯齐顺着被他称为"险恶之河"的河流往下游去了。

这时，麦肯齐脆弱的独木舟撞坏了，他本人也差点儿溺水，他的手下花了 4 天时间搜集桦树皮和松香想把独木

在太平洋沿岸这块岩石处，麦肯齐被迫返航，但他在石头上刻下自己的名字和到达的日期："从加拿大经陆路，1793 年 7 月 22 日。"

贝拉库拉街景，摄于 1897 年。这是航行的终点，也是太平洋沿岸第一个聚居点。

舟补好，他们在沼泽地里砍了藤蔓以渡过弗雷泽河的宽阔支流。一开始一切顺利，不过船在一条可怕的峡谷里再次被撞坏。他们把船修好藏起来打算返航时再用，然后步行向海洋进发。

他们沿着"流油小径"前进，这条路是当地人和努克西霍克印第安人交换鱼油时走的。他们花了 17 天走了 350 千米到达太平洋海岸线，麦肯齐在那里借了几条独木舟划了 50 千米前往通向贝拉库拉（位于英属哥伦比亚）的峡湾。他终于遇见了真正咄咄逼人的印第安人，所以被迫撤退了。

麦肯齐在那里的一块石头上刻下他抵达的日期，这块石头现在还在。他沿原路返回，花了 6 周就回到奇帕维安堡。他的探险未能开辟新的贸易路线，但他确实是第一个横穿北美的人，因此他获得了荣誉和财富，被封为骑士，不过健康也被毁了。他死于故乡苏格兰，终年 58 岁。

蒙戈·帕克

1795 ~ 1797 年、1805 ~ 1806 年

无论黑人和欧洲人的鼻子形状与皮肤颜色有多么不同，我们对彼此真诚的同情和特殊的情感却都是一样的。

——蒙戈·帕克，1795 年

18 世纪晚期，一个 24 岁的苏格兰人怀着他躁动的心出发去寻找尼日尔河了，他是许多惊人的西非探险中的先驱。蒙戈·帕克在非洲了却余生，这没什么可奇怪的。其他苏格兰人已在海外留下了印记，最著名的是詹姆斯·布鲁斯和亚历山大·麦肯齐。

蒙戈·帕克出生在一个佃农之家，童年在苏格兰边境上的山中小屋度过，这是一个探险家理想的成长环境。一开始，父亲相信沉静好学的帕克（13 个孩子中的老七）会在教会里谋到个职位，不过很快这个野心勃勃的孩子选择了另一条道路：到爱丁堡大学学医。

毕业后，帕克的连襟詹姆斯·迪克森把 21 岁的他介绍给一位有权势的政治家，这个人是约瑟夫·班克斯（他是和库克船长一起航行的植物学家）爵士，这次会见决定了帕克的命运。在班克斯的引荐下，年轻的冒险家很快以助理外科医生的身份登上了东印度公司的船，去了苏门答腊。

3 个月的航行并不精彩，但帕克崭露头角，很快被非洲研究协会聘用。这个协会由一群富有的伦敦活跃人士组成，由班克斯领导，目的是"促进和发现世界的那个部分（非洲）"。

寻找尼日尔

帕克的任务是解决尼日尔河之谜，这条大河的流向几个世纪来都备受关注。非洲研究协会上一次派遣的尼日尔地理考察团由丹尼尔·霍顿少校带领，此人不久前在非洲丛林里去世了。霍顿孤独的死没能浇灭帕克的热情，只让他的心更加迫切。"我渴望去探索……一个无人知晓的国度，"后来他在日记中如此写道，"希望能学着像当地人一样生活，性格变得和他们一样。"

在这一点上，帕克无疑是成功的。从朴茨茅斯出发一个月后，他于 1795 年 5 月 22 日在冈比亚河上岸，

左图：蒙戈·帕克 20 多岁时的画像，画家未知（仿亨利·埃德里奇作），约 1797 年。

153

根据蒙戈·帕克旅行记所绘的孟波·嘉波舞蹈，J.费拉里欧绘（约1820年）。帕克将之称为"淫秽而懦弱的狂欢"。

帕克两次到尼日尔河探险，第二次以1806年他死于尼日利亚北部的布萨瀑布告终。

木桥示意图，选自帕克《非洲内陆游记》。

那时他还穿着花哨的欧洲人服装。帕克在皮萨尼亚的一个小营地里遇见道雷德利医生，他是个英国奴隶贩子，是他照料着患上疟疾的帕克。和当时大多数在非洲的欧洲人不同，帕克活下来了（当时还没有用奎宁治疗），然后又生机勃勃地继续向东前往尼日尔。

帕克的第一次航行历时两年多，一些部落认为这个高大而苍白的探险家是个猫眼魔鬼，在牛奶里浸泡过，另一些则热情地欢迎他。有时他被带到一户好心人家里吃饭，有时则在鲁达马沼泽经受折磨。他的旅程中也有有趣的事情发生，一次一些好奇的女人想检查一下帕克这个基督徒是否行过割礼，他高兴地坚持说只有最年轻美貌的女子才能检查。

尽管帕克从未到达廷巴克图，但他明确地指出了（在塞古的河港附近）尼日尔河的流向，这是震惊世界的发现。"我欣喜若狂地望见此次任务的目标，"帕克写道，"人们苦苦寻找的壮观的尼日尔河在阳光下闪闪发亮，像泰晤士河一样宽，缓缓地向东流去。"

后来，饥肠辘辘且疾病缠身的帕克把自己和一队奴隶拴在一起回到冈比亚海岸，他能活着回来已是奇迹。1797年圣诞节，帕克回到伦敦，人们将这位谦虚的探险家视为神，德文郡公爵夫人甚至作诗相赠。不过帕克很快厌倦了这些人，他回到苏格兰完成了日记和《非洲内陆游记》，其作品一出版就成了畅销书，至今仍在印行。

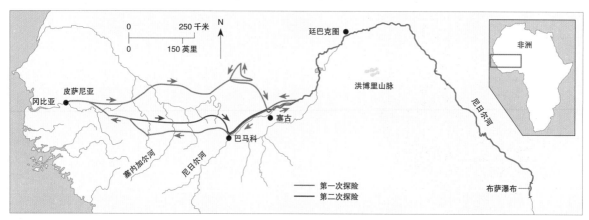

再去非洲

帕克和青梅竹马的恋人艾丽·安德森结婚后，在一个名叫皮伯斯的小镇上行医，但很快尼日尔来的赛壬又在诱惑他了，他对他的小说家朋友沃尔特·斯哥特说他"情愿去非洲经受一切恐怖，也不愿将这一生消磨在冰冷孤独的火炉和惨淡的山丘之中"。

1805年，帕克离开妻子艾丽——当时她正怀着他们的第四个孩子——再次去往尼日尔，这次他不是一个人，而是带了一支由40多人组成的马队同行，其中多数是士兵，外加几个木匠。由于受到雨水和高烧的侵袭，他们中的大部分人没到尼日尔河就死了。帕克后来溺水身亡，可能是因为1806年早期，在尼日尔河北部的布萨瀑布附近遭遇当地人伏击，此地距尼日尔河汇入大西洋的位置有480千米。

帕克的第一次非洲探险取得了了不起的成就，然而第二次却只是悲剧性的炫耀。第二次探险中，这位探险家的勇气和毅力并未消退，但却不再像10年前那么谦虚了。作为一个传奇性的旅行家，他认为自己是不可阻挡的。

现在，蒙戈·帕克去世已有200年了，人们依然把他当作历史上最伟大的探险家之一。这位谦逊而备受爱戴的年轻苏格兰人的日记激发了各种各样人的灵感，其中包括大卫·利文斯通医生、约瑟夫·康拉德和欧内斯特·海明威，且将持续点燃世界各地读者的想象力。

马里塞古港，蒙戈·帕克在这里第一次看见尼日尔河。几个世纪以来，这条长4025千米、从塞拉利昂流至尼日利亚海岸的河流一直被包裹在谜团之中。直至1795年7月20日，帕克到尼日尔河，世人才知道它的流向往东。

19 世纪

—— 场科学探险的浪潮在 19 世纪掀起，勇敢的探险家深入荒原，运用林奈原则对他们所发现的植物和动物进行分类，还有一些人开始记录他们沿途遇到的人们的生活和智慧。这是一个伟大的探索时代，人们对于非洲、南美、中亚认识上的空白被一一填补。这一时期许多人受到荣誉的驱动，另一些人则抱着宗教目的或出于爱国热情。"第一个"所激发的民族自豪感扮演了非常重要的角色，这从一面面竖起的国旗中就能看出来，但这背后几乎总是各国之间对于权力和影响力的争夺。

对于旅行本身来说，19 世纪是最美好的，旅行家是真正的"文艺复兴人物"，他们是科学家、语言学家、考古学家、博物学家。他们无所畏惧，常常在极度艰难的环境下生活许多年，受到疾病（比如疟疾）和充满敌意的当地人的困扰，许多人在旅途中丧生，可他们却抱着必将成功的信心。他们开始揭示这个世界是如何运作的，为他们所见到的一切命名。

洪堡是这些人中的代表。他是一个富有的德国贵族，旅行中他总是带着数量惊人的仪器，并把他的手碰过的所有东西都记下来。他的足迹踏遍南美，至今仍令人赞叹，他的科学发现既有趣味又有价值。达尔文也是其中之一，不过他的旅程没那么艰难。他的结论催生了进化论，《物种起源》一书详细论述了这一观点，此观点永远地改变了人们对世界的看法。

洪堡和邦普兰在奥里诺科河边，艾杜尔德·恩德尔绘（约1850年）。两位探险家周围是标本和器材，他们一路上都要带着这些东西。

157

另一些科学家则前往已知或未知的土地去探寻已经消失了的文明的踪迹。布克哈特乔装旅行，成了第一个拜访佩特拉古城的欧洲人，他还去了传奇的埃及庙宇，比如阿布辛拜勒神庙，其中一些地方很快被贝尔佐尼挖掘出来了。施特芬斯和卡泽伍德在中美洲丛林里也发现了同样的宝藏，玛雅神庙已埋在那里上百年了。

回到非洲，巴特最终穿越了撒哈拉沙漠，证明沙漠南方的传奇王国和奇妙的廷巴克图城没人们想的那么了不起。寻找尼罗河源头的人们也加紧了脚步，伯顿、斯皮克和其他许多人都在为这一荣誉竞争。利文斯通划时代的横穿欧洲大陆之旅揭示了更多的地貌特征，后继者史丹利从非洲大陆的一端穿越至另一端。法国人安邺与利文斯通被并称为那个时代最伟大的两位探险家，他出发去探索东南亚一条未知的大河——湄公河。他的探险为一个帝国奠定了基础——法属印度支那。

伯克和威尔斯第一次成功穿越澳大利亚，不过中途丧生；道蒂和帕尔格雷夫深入阿拉伯沙漠，一些人跟随着他们的脚步，他们同样被那片干燥而纯净的土地，以及艰难地生活在那里的人们所吸引。普热瓦利斯基和荣赫鹏争相试图揭示中亚的秘密，并为他们各自的英、俄君主搜罗"大博弈"中所需要的经济和战略优势。然而有些地方是西方人不能去的，探险靠勇敢的印度学者完成，他们是英国拉吉的仆人，经过伪装，冒着生命危险探索喜马拉雅。

在美国，占领西部所有土地的愿望是刘易斯和克拉克穿越美洲大陆的主要动力，沿途遇到的许多印第安部落帮助他们，但这并不代表印第安人的土地就安全了。大约一万切诺基人被迫沿着"泪水之路"离开他们先祖的土地，许多人中途死去。这仅仅是当时美国人迫害美洲原住民的例子之一。

人们对西北航道的搜索还在进行，但仍没有结果，且伤亡惨重。富兰克林经过一番努力后失踪，这触发了长达10年的对幸存者的搜救工作，但路线要到下个世纪才被确定。相反，位于俄罗斯的东北航道于1879年由瑞典海军军官努登舍尔德开通。但无论哪条航道都未能实现人们几个世纪以来的愿望，即提供一条快速环行于大陆之间的路线。不过随着全球气候变暖，局面或许会改变。

一双破损后又修好的靴子，亨利·莫顿·斯坦利1867~1869年去非洲探险时所穿。

亚历山大·冯·洪堡

39

1799 ~ 1804 年

我将搜集植物和化石并进行天文观测，但这不是我探险的主要目的。我试图发现各种自然力量如何相互作用，地理环境如何影响动植物生长。我必须发现自然的一致性。

——冯·洪堡，1799 年 6 月 3 日

亚历山大·冯·洪堡是一位真正的博物学家，他能把不同的学科整合起来，其中包括地理学、气象学、磁力学、热力学、植物学、动物学、人类学、政治学、农艺。从他携带的仪器中就能看出他怀着多么巨大的科学野心去探险：书籍、气压计、雨量计、天文表、湿度计、电压计、望远镜、六分仪、经纬仪、四分仪、滴管、罗盘、磁力计、钟摆、测量大气含氧量的测气管、测量天空有多么蓝的天蓝仪、用于化学分析的化学试剂。所有的东西都用公牛和骡子驮着，随着

队伍穿越委内瑞拉平原，翻越哥伦比亚和厄瓜多尔境内的安第斯山脉，被运到船上与人们一起在海洋或河流上进行长途航行。显然这些仪器都得到了很好的运用，一切可能被测量的指标真的都被测量了。

史诗般的旅程

这场旅程开始于 1799 年，一行人翻越加那利群岛上最高的山峰，穿越委内瑞拉平原，沿着奥里诺科河航行至它与亚马孙河的交汇处，在古巴短暂停留后，花了 55 天时间到达马格达莱纳河谷，在厄瓜多尔的基多市周围宏伟的山系和火山之间穿行，沿着太平洋边缘航行，游历于墨西哥大平原上，最后于 1804 年取道美国回到欧洲，这无疑是历史上的一段伟大旅程。

洪堡和旅伴法国植物学家埃梅·邦普兰于 1799 年 6 月 15 日驾着"皮萨罗号"从西班牙的拉科鲁尼亚出发，船长接到的指令是在特内里费岛停留一段时间，好让他们登上海拔为 3731 米的泰德峰。洪堡在登山过程中确定了 5 个植物生长区域。等待来自总督的登陆许可时，他们用贝氏天文表（Berthoud's

亚历山大·冯·洪堡男爵在研究植物，弗雷德里希·格奥尔格·魏特施绘，1806 年。

Chronometer）测量了圣克鲁斯港的经度。他们测得的数据和库克船长测得的不同，但经证明他们的数据才是精确的。此后，他们一直在进行测量、观测和标本搜集工作。

7月16日，旅行家们在库马纳北岸（今委内瑞拉境内）登陆，在那里住了几个月。他们去拜访阿拉亚半岛和柴马印第安人部落，到油鸥鸟洞穴考察。洪堡在他的《自述》中详细地描写了1776年和1797年在库马纳发生的两次地震；11月11~12日，他观测到壮丽的狮子座流星雨。不久后一行人去往卡拉卡斯，住到1800年2月7日，然后出发去奥里诺科地区。

这一段旅程同样了不起，他们穿越拉诺斯草原到达阿普雷河，经过许多大瀑布后于4月24日抵达阿塔瓦波河畔的圣费尔南多。奥里诺科探险历时4个月，行程达2760千米，其中好些地方是荒郊野岭，居住着不同的部落，充满未知的威胁和昆虫的侵扰。此次探险最重要的成果是发现奥里诺科水系和亚马孙河经卡西基亚雷河相连。他们顺流而下抵达安戈斯图拉（今玻利瓦尔）河，在那里治好了疟疾，又返回库马纳。关于这一段行程，洪堡写道："很难描述到达安戈斯图拉时的喜悦……挤在小船上的不适感无法和身处烈日下的快感相比。我们在小独木舟的一角挤了好几个月，被蚊子包围着却动都不能动一下，因为一动船就会翻。"

11月24日，他们抵达古巴，洪堡和邦普兰在那里住了3个月，期间到哈瓦那去了好几次，于1801年3月5日返回卡塔赫纳。接下来的4个月中，他们顺着涨潮的马格达莱纳河到达上游的波哥大，在那里遇见了伟大的西班牙植物学家荷赛·切蒂斯蒂诺·穆蒂斯。1802年1月6日，他们翻越安第斯山南麓冰封的山脊和深谷抵达厄瓜多尔的基多市，在那里待了半年，攀登皮钦查和钦博拉索火山。尽管他们未能登上钦博拉索火山（当时被认为是世界上最高的山）的顶峰，他们也攀至了6005米的高度，创造了前无古人的登高纪录。

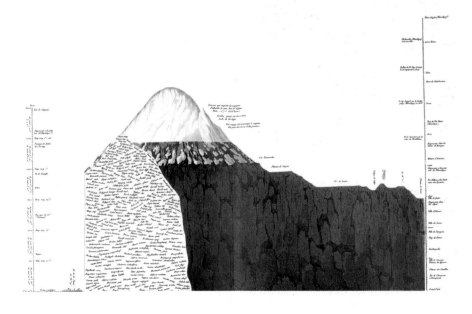

洪堡绘厄瓜多尔境内钦博拉索火山山顶，标示出不同海拔的植物区划。这张剖面图是以后研究植物沿高山梯度分布的基础。

他们从基多出发经由亚马孙支流于9月2日到达利马。洪堡在卡亚俄观测到了水星凌日，在海岸线附近他发现了鸟粪可以用作肥料，并将此引入欧洲。1803年1月3日，他们离开瓜亚基尔去墨西哥，在海上快速航行了一段时间后，于2月中旬到达阿卡普尔科。南美洲西海岸的洋流是以洪堡的名字命名的，没有比这更合适的了。

3月11日，洪堡和邦普兰到达墨西哥城进行探险直至1804年，他们登上了霍鲁约火山。之后就是他们的返程之旅：由美国到古巴，取回放在那里的一些标本。他们在美国待了两个月以研究那里的政治制度和商业体系，洪堡还和托马斯·杰斐逊总统交上了朋友，后者就刘易斯和克拉克的探险事宜询问了他们的意见。洪堡和邦普兰于1804年8月3日到达波尔多，这场伟大的探险宣告结束。

洪堡并没有过多描写他在探险中遭遇的艰险和疾病，尽管他经常碰上这些。他详细地写了地貌、天文、自然历史、测量经纬度的方法、所见的不同民族、在委内瑞拉遇到的好心传教士；至于危险，我们只能看到一点点，比如"从山上下来对牲口来说很危险，山路只有不足65厘米宽，两边都是悬崖"，他还承认在海滩上看见美洲豹时感到很害怕。洪堡对当地人的态度同样值得称赞，他说他不该使用"野人"或"野蛮人"之类的词汇，因为这些词暗示了一些根本不存在的差异。他细致地描写了一些已经消失很久的文化的细节，并对库马纳奴隶市场十分担忧。

科学成果

洪堡和邦普兰探险最伟大的一项成就，是他们返回欧洲后出版了大量

洪堡和伙伴向厄瓜多尔的卡约姆贝火山走去，选自30卷探险记录中的插图，出版于1814年。

瓢唇兰，选自《植物新属新种志》卷七。

洪堡还出版了两卷关于动物以及比较欧洲和南美岩石的著作；他的天文观测结果收录于《天文观测、三角函数测绘和气压测量选集》一书中，其中包括一张含有 700 个观测点的清单。他绘制的奥里诺科地图于 1817 年呈交给法国科学学会，从地图中可以很明显地看出卡西基亚雷河将亚马孙河与奥里诺科河连接起来。1817 年，洪堡划定了等温线，使得人们能比较不同地域的气候条件。在五卷本《大宇宙》中，他试图描绘整个世界的面貌。

难怪查尔斯·达尔文把洪堡称为"迄今最伟大的科学探险家"了。达尔文如饥似渴地阅读洪堡的著作，将其作为探险的前期准备工作。他如此描述阅读后的感受："洪堡《自述》中生动的描写聚集了所有的精华，没有同类的著作可以超越。"

科学著作，数量如此之大，无法在此一一列举。七卷本《植物新属新种志》列举了许多新的植物属，包括 4500 个新种；他们还建造了一个标本馆，内藏超过 6000 枚植物标本；邦普兰的植物志中介绍了 4000 个种。洪堡对于植物学最杰出的贡献或许是《植物地理学论文集》，本书是现代植物地理学和生态学的奠基之作。1811 年出版的《山地见闻与美洲原住民的石碑》一书中提供了不少关于美洲原住民部落之间关系、迁徙过程、起源、语言、行为的信息。

黑色僧面猴（simia satanas），选自洪堡和邦普兰所著《动物学研究集和比较解剖学》。

洪堡和邦普兰在新大陆赤道地区的探险路线。

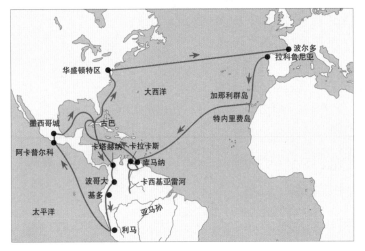

刘易斯和克拉克

1804 ~ 1806 年

我们的船只包括六条小独木舟和两条大独木舟，这支小小的舰队虽无法和哥伦布或库克船长的相比，但我们仍怀着喜悦的心情看待它们，好像所有伟大的探险家看待他们的船只那样。

——梅里韦瑟·刘易斯，1805 年

1805 年 4 月 7 日，梅里韦瑟·刘易斯在日记本中写了上面这番话，他故意把他自己和搭档威廉·克拉克置于伟大的探险家之中。刘易斯和克拉克将把帝国的旗帜插入一片广大的未知土地中，改变毫无防备的原住民的生活，回来时带着上百种标本，记下他们沿途的见闻。

这次探险源于托马斯·杰斐逊总统，他早就想派一支科学性质的探险队横穿北美大陆。1783 年，他第一次把计划告诉威廉的哥哥乔治·罗杰斯·克拉克，后来又和冒险家约翰·莱德亚德讨论进行一项由西向东从欧洲横渡白令海峡抵达北美的探险计划（莱德亚德出发了，不过在西伯利亚被叶卡捷琳娜女皇派来的士兵拘捕）。

然后，1802 年夏天，杰斐逊读了亚历山大·麦肯齐的《从蒙特利尔起航》，感到无比激动。本书是苏格兰探险家描述他 1793 年穿越加拿大至太平洋的经过，书中写到英国人对于西北太平洋的统治，这让杰斐逊相当担心，所以他要求自己弗吉尼亚的邻居兼私人秘书梅里韦瑟·刘易斯组织一场军事探险，以发现"直接把海与海连接起来的航道"。短短一年中，

杰斐逊驻巴黎的外交大使就从拿破仑手中买下了路易斯安那，那是受密西西比河和密苏里河以西部分水岭溯源侵蚀的一片广大区域。原本这项秘密任务抱着鬼鬼祟祟的地缘政治和科学发现目的，现在顺理成章地成为对美国新占土地的军事探索了。

刘易斯生于 1774 年，当时才 29 岁，接到任务后他去向经验丰富得多的军人求助。1795 年，美国人镇压俄亥俄俄谷部落，刘易斯是威廉·兑拉

梅里韦瑟·刘易斯船长穿着肖肖尼人服装，夏尔·B.J.F.德—圣美宁绘，1807 年。探险结束后一年，梅里韦瑟·刘易斯在费城穿着一件肖肖尼头人卡梅阿怀特赠送的貂皮斗篷（由 140 张貂皮做成）请人画像。刘易斯写道："那是我见过的最精美的印第安服饰。"

克精英狙击连中的一员。克拉克比刘易斯大 4 岁，率领着最精锐的士兵进行战斗，并在沿河地区探险。为了吸引克拉克，刘易斯破例声明他们将是地位平等的指挥官，在"任何一方面"都共享指挥权。

在费城做准备

杰斐逊把刘易斯送到费城，让他跟着当时最著名的科学家学习植物学、矿物学、航海技术和医学。克拉克开始招募拓荒者和士兵，最后这支队伍由 33 人组成。两位指挥官在肯塔基州的路易维尔会合，顺俄亥俄河而下，逆密西西比河而上，在圣路易斯对面宿营，度过了 1803~1804 年的冬季。

春天来临时，探索队（他们自己起的名字）向密苏里河进发，一艘长 17 米的龙骨船和两条小独木舟逆流苦苦挣扎。两位指挥官的分工也已明确：刘易斯负责科学发现事宜，到岸上把所有东西测量一遍，包括蚁垤的高度（25 厘米）和一条大鲶鱼两只眼睛之间的距离（46 厘米）；克拉克负责其余的事，比如船员、地图、伙食。他们和 4 位中士每天都记日记，最终，这些日记总计 100 万字，内容的丰富性远远超过探险史上的前辈。

第二年，他们在曼丹堡度过了寒冷的冬季，这是密苏里河岸边一个

进入荒野

　　离开曼丹堡后，这些人又逆着密苏里河的水流航行了 1610 千米，其中 27 千米他们拖着船在大瀑布城附近的高山草原上行走。一路上他们至少看见了 62 头灰熊——他们第一次发现了几十个新物种，灰熊是其中之一。

　　探险家发现荒野中热闹非凡，十几个部落控制着西部的土地、河流和贸易。英国人、法籍加拿大人和墨西哥来的西班牙人在竞争着毛皮市场。西班牙人听说了刘易斯和克拉克后感到十分紧张，派了 3 队人前来骚扰，但都没什么成效。

　　经过一番艰难的努力后他们得知了肖肖尼人住在哪里，于是买了马匹，请了向导，但他们在翻越比特鲁特山时受到冰雪的阻碍，弹尽粮绝，不得不把马吃掉。他们能活下来，全靠克拉克和其他几个人继续前进，找到了另一个热情的部落——内兹佩尔塞人。他们造了新的独木舟，顺着克利尔沃特河、斯内克河和哥伦比亚河下行，在急流之中，在这个地区捕捞大马哈鱼的原住民们聚集在岸上看他们。1805 年 11 月 7 日，克拉克在他的鹿皮日记本上写道："看见海了！啊！多么高兴！"

　　这一行人在哥伦比亚河河口处的克拉特索普堡过冬，名字是他们根据当地部落的名字起的。1806 年 3 月，他们启程返回。翻越比特鲁特山后，刘易斯把探险队分成几个小组，他想去加拿大附近密苏里河北部的分

上图：传说中刘易斯探险时携带的望远镜，由英国人威廉·加里制作，它的 5 节铜质管身全部伸展开可达 1.5 米，但它们收拢起来后仅有 38 厘米。

上左图：刘易斯和克拉克的旅行日记，上面画着花卉和鱼类。这是人们第一次对这种蜡烛鱼作出科学的描述。他们把这种鱼的脂肪烤来吃掉，刘易斯说："比我吃过的任何鱼都美味。"

被围栏围着的堡垒，在今天贝达科他州的俾斯麦附近，距圣路易斯上游 2575 千米。直到现在，旅行家们走过的路对早先的商人和猎人来说也是很熟悉的了。但是，1805 年春天，他们向西去了未曾有人去过的地方。他们的主要目的是去寻找传说中的西北航道，一条能让毛皮商渡过太平洋抵达东方的航道。杰斐逊和探险家都认为大陆的东西两半互为镜像，觉得只需要花小半天穿越大陆分水岭就可以了。

　　刘易斯和克拉克在曼丹堡请了一位名叫图桑·夏博诺的法籍加拿大翻译，不过他的妻子莎卡嘉薇亚和刚生下不久的儿子还更重要一些。刘易斯和克拉克知道必须向肖肖尼印第安人买马才能翻越落基山。莎卡嘉薇亚是肖肖尼人，为他们做翻译。更重要的是，女人和孩子的存在可以让印第安人安心：这一大队陌生人不是来打仗的。

刘易斯和克拉克在探险途中一直接受当地人的帮助，但后来因为美国人的扩张，这些人被赶出家园。这些是重新安置后的内兹佩尔塞部落和雅奇马部落头人，1910 年他们在哥伦比亚河河口集会，距 1805~1806 年探险家过冬的地方很近。

水岭，而克拉克想去黄石河，这导致了灾难性的后果。刘易斯在人员不足的情况下和几个黑脚族武士发生了冲突，这是整个探险过程中唯一一场暴力事件，可能有一个或两个黑脚族人被杀死。刘易斯的人骑马飞跑了 145 千米，重新加入了他们同伴的队伍。

平安返回

探险队于 1806 年回到圣路易斯，人们视他们为凯旋而归的英雄。他们的行程总长 14485 千米，历时 28 个月，既走陆路，也走水路，无一人伤亡（一位中士可能死于阑尾炎）。尽管他们没有在西北太平洋设立永久的定居点，他们至少并未被英国人吓退，并告知世人一个正在西进的共和国的野心：从来自海洋到照亮海洋。

但他们未能完成的事业也同样重要：他们没有发现通往太平洋的捷径，后继的美国居民将沿着俄勒冈小径到来。毛皮商人很快开启了横贯密西西比的贸易路线，这和刘易斯与克拉克无关，他们返程时就看见无数的船只开往密苏里河上游了。他们的笔头记录，包括克拉克精美的地图，直到 1814 年才出版，那时整场探险已成为了历史。

回来后，刘易斯无法适应平民的生活，他于探险结束后 3 年，也就是 1809 年去世，应该说是自杀。克拉克结过两次婚，在政府部门供职 30 年。他死于 1838 年，终年 68 岁，是密西西比西部权力最大的联邦官员。几年后，克拉克的一个朋友——罗德里克·穆尔奇森爵士——给伦敦皇家地理学会的主席写信，告知他克拉克的死讯，信中写道："他（克拉克）拥有坚强而活跃的头脑和出色的指挥才能……他（和刘易斯）开创了密西西比河谷大片区域的地理发现事业，现在，城市正在快速崛起，取代了荒野。"

28 个月的探险大多数时间是在水上，经过密苏里河、克利尔沃特河、斯内克河和哥伦比亚河。

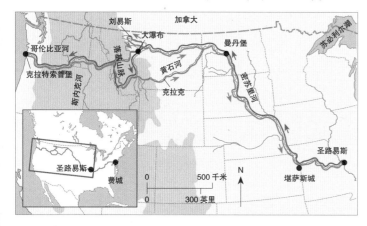

让·路易·布克哈特

41

1812 ～ 1815 年

我将面对的危险或许不像你们说的非洲那么巨大……这些国家有许多故事可讲。

——让·路易·布克哈特致家人

1809 年 3 月，一个年轻商人——沙耶克·易卜拉欣·伊本·阿卜达拉——到达马耳他瓦莱塔港，自称要回去他的家乡印度。实际上这是瑞士人让·路易·布克哈特，他要去叙利亚阿勒颇，而他的终极目的地是位于撒哈拉沙漠对面北非的传奇国度廷巴克图。

布克哈特最近受到非洲研究协会的委派，这是世界上第一个地理协会，由英国最有权势的人组成，他们称自己的目的是纯粹科学性质的：为了填补地图上的空白，促进人道主义事业，因为他们希望探险能终止奴隶贸易。他们还怀着满腔爱国热情，因为在非洲的发现能让英国获益。他们的注意力集中在尼日尔河，特别是廷巴克图，在他们看来此地是通往中非市场的关键。

非洲研究协会成立 21 年来，已派遣了 7 位探险家，布克哈特是第八位，他在剑桥大学学习阿拉伯语。12年前，蒙戈·帕克从尼日尔回到伦敦，但他并没有亲眼见到廷巴克图。他和好几个后继者都想去那里，但都未能如愿就死了。布克哈特进入时的路线很长，不是通过冈比亚河，而是和一个西非穆斯林商队一起，从开罗出发，穿越撒哈拉沙漠。商队中的成员都是狂热的伊斯兰教徒，要达成目的，布克哈特只能化装成穆斯林。

为了伪装得更逼真，他决定先到叙利亚住两年，但一到那里，他就发现没必要急着去开罗：汉志（今沙特阿拉伯境内）这地方出现的麻烦暂时中断了跨撒哈拉贸易。最终他在叙利亚住了 3 年，学习阿拉伯语，广泛游历，其中去巴尔米拉和德鲁兹山的旅程最让人印象深刻。然后，1812 年 6 月 18 日，他离开大马士革前往开罗。

圣地

"我们每次都在最干燥的地方宿营，"布克哈特这么写穿越巴勒斯坦的过程，"把外套当毯子，土地就是

布克哈特肖像，看起来已是晚年。画这幅肖像的是英国驻埃及大使亨利·索尔特，他说布克哈特是个"完美的阿拉伯人"。

右图：布克哈特的旅行队计划的穿越撒哈拉沙漠的路线，旅程把他带到了这个地区最偏远的地方。

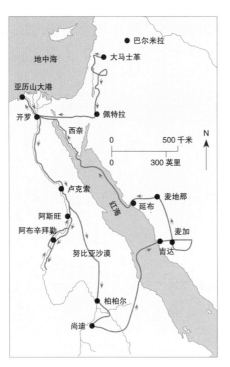

最右图：一群阿拉伯人在佩特拉开会，贝都因牧人眼红地守着佩特拉的废墟，他们相信里面有宝藏，大卫·罗伯茨绘。

床，和牵骆驼的人一起吃饭，自己喂马，但我的所见所闻是那样舒舒服服的旅行者不可能知道的。"这次旅程收获丰富：在卡拉克，他听人说起佩特拉（Wadi Musa）的废墟。布克哈特雇了向导，带着一头羊，羊本来是打算作为给亚伦的献祭，他的坟墓就在附近。他无意中走上了岩石之间的一条狭窄通道，他沿着长长的水沟走下去，最后看到一块巨大的石碑，不远处还立着许多座这样的石碑。"上百座高大壮观的墓碑，"他在致朋友的信中这么写道，"还有庙宇和宫殿，水渠和露天剧场都是从岩石里凿出来的。"

他知道他不能在这里久留，向导已对他的好奇疑窦重重，所以他们献了羊，又启程了。"我发现的是否是佩特拉阿拉伯的都城，"他在家书中写道，"要由希腊学者来判断。"学者表示同意："佩特拉——玫瑰色的

纳巴泰人都城，自从十字军东征后再没有任何欧洲人见过，如今重见天日。"

尼罗河之旅

布克哈特到达开罗时，他的乔装如此天衣无缝，以致他进不了英国领事馆。可是依然没有商队，于是他决定沿尼罗河而上，向伦敦的雇主保证不会轻举妄动。1813 年年初，他向南出发前往阿斯旺以及更远的努比亚，他听说那里有个小庙，并于 1813 年 3 月 22 日去拜访。

"我相信我已见到了艾布桑巴勒（Ebsambal）所有的古迹，我要从多沙的那一侧上山，和下山时的路一样。很幸运，我去了更往南的地方，看见了 4 座从岩石上凿出来的大石像。"据我们所知，布克哈特是古代以后，第一个见到阿布辛拜勒拉美西斯二世大神庙的欧洲人。

参观阿布辛拜勒神庙后一年，布克哈特加入一个商队穿越努比亚去苏丹，他到达尚迪，这是撒哈拉商队穿越沙漠去往尼罗河更北端的要地，以前没有欧洲人到过。在尚迪的露天剧场里，他发现了来自北非、德国、威尼斯和印度的商品，但是没有发现跨撒哈拉的商队。

继续往南已不可能，因为布克哈特觉得一定会死在途中，所以他加入了一队打算渡过红海去麦加的人。离开尚迪前，他给雇主写了一封充满洞察力的信："欧洲人不能为黑人做什么，除非废除大西洋奴隶贸易后……让非洲子民去教育他们自己的同胞。"

朝圣

布克哈特并不是第一个拜访麦加和麦地那两座圣城（非穆斯林禁止入内）的欧洲人，但他是第一个完整描述哈吉（朝圣）的人。1815年1月，

佩特拉一瞥：裂缝尽头是宝藏。自十字军之后，欧洲人第一次看见这处遗迹。

他染上痢疾，卧床 3 个月。身体好些后他立即坐上船，经红海去了西奈，在山上的一个贝都因村庄疗养。6 月，他终于到达了开罗，和埃及总督妻子的队伍同行。这时他已出发两年半，完成了一趟历史上最伟大的旅程之一。

接下来的两年布克哈特都在埃及度过，主要是写书和搜集手稿。那时他在中东人和欧洲人眼中都是名人，驻开罗的英国领事亨利·索尔特说他是"一个完美的阿拉伯人"。这时传来了另外一条好消失：商队又能通行了，布克哈特原定与其中一支一起去

费赞，再去廷巴克图，计划于年底离开开罗。但商队出发时，他并未同往：他痢疾复发，于 1817 年 10 月 15 日去世。

布克哈特因为重新发现了佩特拉和阿布辛拜勒而被后人铭记，但他的成就远不止这些：他把阿拉伯语手稿赠送给剑桥大学，出版了关于圣地（巴勒斯坦）、努比亚、贝都因人和朝圣之旅的书籍，这些书都非常精彩。尽管他未能亲自踏上前往廷巴克图的旅程，但他的事迹激励了许多后来的旅行家，其中之一是理查德·伯顿。

由利那特·德·贝勒冯茨挖掘的阿布辛拜勒拉美西斯二世神庙。几年前贝尔佐尼发现了一条通往神庙内部的道路，贝勒冯茨是那里清理外墙沙尘的人。

乔万尼·贝尔佐尼

乔万尼·贝尔佐尼是最不可思议的冒险家，他是意大利帕多瓦一个马戏团里的大力士，为当时渴望实现现代化的埃及统治者穆罕默德·阿里设计了一台牛拉的水泵。这台水泵没通过测试，不过在开罗时，贝尔佐尼认识了布克哈特，后者想让他做一件事。在卢克索时，布克哈特看见了他认为是最完美的埃及雕像：巨大的曼农半身像——实际上是拉美西斯二世。布克哈特觉得应该把神像捐赠给大英博物馆。英国领事亨利·索尔特帮忙获得了埃及人的许可，并愿意出一部分钱。精力旺盛、头脑聪明且决心坚定的贝尔佐尼负责搬运，他说："一想到能去英国，雕像就朝我微笑。"这个意大利人花了17天时间把雕像拖过平原运送到尼罗河边，一路上是怎么都笑不出来的。

拉美西斯点燃了贝尔佐尼的好奇心，从此以后，他的名字被载入埃及学的史册中。他打开了塞提一世的墓室，这是整个帝王谷中最壮观、装饰最华丽的墓室之一。布克哈特躺在埃及奄奄一息的时候贝尔佐尼去了阿布辛拜勒，发现了瑞士探险家说的通往神庙内部的通道。贝尔佐尼承认他当时非常震惊地发现了"最宏伟的神庙"。第二年（1818年）贝尔佐尼好不容易进入了哈夫拉金字塔——吉萨金字塔中的"第二座"。他回到伦敦时受到万众瞩目：2000人参加了位于皮卡迪利大街上埃及厅的开馆仪式。

不管有多出名，贝尔佐尼都没有止于布克哈特，他从伦敦去了西北，希望完成布克哈特未竟的事业，到达廷巴克图。不过很不幸，他也染上了痢疾，于1823年12月死于贝宁。

上图：贝尔佐尼像，由其妻子莎拉制作的纪念性版画肖像。 **下图：**在底比斯把巨大的拉美西斯二世半身像运往尼罗河。

42 查尔斯·达尔文和"小猎犬号"

1831 ~ 1836 年

"小猎犬号"航行是迄今我生命中最重要的旅程，它决定了我一生的事业。

——查尔斯·达尔文，1887 年

极少数博物学家能拥有查尔斯·达尔文那样的好机会：罗伯特·菲茨罗伊船长邀请他参加在南美东海岸进行的历时两年的科学考察，考察最后成了长达 5 年的环球航行，而且，极少人（甚至是没有人）能如此有效地利用考察结果。通常人们认为这是航海，实际上在 5 年考察过程中，达尔文只在海面上待了 533 天，菲茨罗伊待在船上的时间长得多，他一边考察，一边负责船只的航行。

考虑到达尔文晕船，航行还算顺利，他如此描写在船上的感受："如果晕船，他就得好好考虑考虑……这是经验之谈，好好计算有多少时间得待在水面上，多少时间待在港口。"

前期准备时，达尔文读了洪堡的书，并引用他的话，与自己的"小猎犬号"之行进行对比。菲茨罗伊在小船上装了 22 只航行表和许多其他仪器，去完成他的使命。

航行

由于风暴，船两次出发，两次被迫返回，"小猎犬号"最终于 1831 年 12 月 27 日离开普利茅斯，他们在佛得角群岛和巴西费尔南多·迪诺

31 岁的达尔文，水彩，乔治·里奇芒绘（1840 年）。

"小猎犬号"剖面图，标示出船舱内各个部位的不同用途。

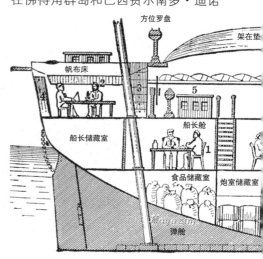

方位罗盘

架在垫

帆布床

船长舱

船长储藏室

食品储藏室

炮室储藏室

弹舱

两个阿根廷格利高里湾的巴塔哥尼亚人素描,"小猎犬号"上的画家康拉德·马滕斯绘。

罗尼亚岛短暂地逗留了一阵儿。在里约热内卢时,达尔文和菲茨罗伊就奴隶的问题大吵一架。达尔文厌恶奴隶制,差点儿因此弃船了。不过他们总体上相处和睦,航行快结束时也还是朋友。在里约热内卢时,达尔文在博塔福戈海湾租了间小木屋,住了3个月,参加当地的嘉年华。

1832年4月~1835年7月,"小猎犬号"在南美东西海岸之间航行,他们去了马尔维纳斯群岛(英称福克兰群岛)。达尔文大半的陆上探险在阿根廷进行,距离达1125千米。他从布兰卡港出发,经过布宜诺斯艾利斯到达圣菲港。他在南美西岸的智鲁岛、瓦尔帕莱索港和利马度过了整整一年。达尔文在智鲁岛目睹了奥尔索诺火山的喷发,在巴尔迪维亚经历了地震,接着他去拜访康塞普西翁,这个镇子已在地震中被毁。达尔文从瓦尔帕索出发去探索安第斯山脉,他翻越波尔蒂洛山口到达阿根廷的门多萨。他在瓦尔帕索发起高烧,幸好他的校友理查德·科菲尔德住在那里,把他治好了。

达尔文目睹了在蒙得维的亚和利马发生的革命,于1833年8月在阿根廷会见了革命派将军罗萨斯。他于1835年9月拜访了加拉帕戈斯群岛,这一事件相当有名。11月他到塔希提,

查尔斯·达尔文在"小猎犬号"上使用的小型六分仪。

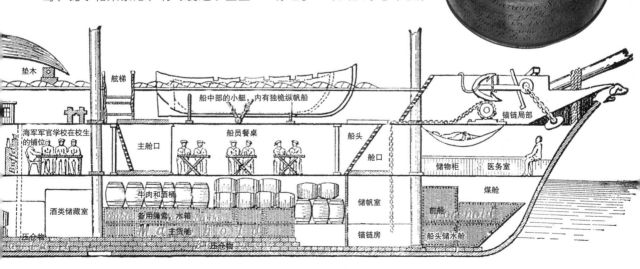

"小猎犬号"驶过火地群岛比格尔海峡的默里峡口,康拉德·马滕斯绘。

12月到新西兰。达尔文详细地写过友好的塔希提岛民,比起新西兰原住民,他更喜欢塔希提人。尽管达尔文把大多数原住民写成野蛮人,但他对高乔人大肆屠杀南美大草原上的原住民还是深表忧虑,也不赞同。

"小猎犬号"从新西兰出发前往澳大利亚,于1836年1月抵达悉尼,2月到塔斯马尼亚,3月到乔治王湾。达尔文从悉尼出发进行陆上探险(195千米),从蓝山到巴瑟斯特。返航途中,"小猎犬号"分别在科科岛、毛里求斯、开普敦、圣赫勒拿岛登陆,于7月到达阿森松岛。航行结束之际,达尔文对陆上探险还抱着无限的热情,他攀上圣赫勒拿岛上的几座山丘和阿森松岛上高865米的绿山。最后,1836年10月2日,"小猎犬号"到达法尔茅斯,行程结束时菲茨罗伊和达尔文都十分健康。

科学成果

航行回来后,达尔文决定成为一名博物学家,不再打算做教士,他说"没有什么比遥远的国度旅行更能磨练一个年轻的博物学家了"。到目前为止,这趟航行中最重要的成果是观察得到的事实和搜集来的标本,这些标本让他明白了物种之间的共生关系和"适者生存"原则,为日后的"进化论"一说奠定了基础。这一理论是在航行以后而非在航行过程中初具雏形的。

达尔文对地理很感兴趣,这首先是由于在剑桥大学时受到亚当·塞奇威克的启发;其次,他在航行过程中读了查尔斯·莱尔的《地理学原理》。这些促使他发现了许多有趣的东西,让他进一步思考地球年龄的问题。无论去哪里,达尔文都细致地观察地貌,他对安第斯山脉中隆起的区域特别好

成，鸟类由约翰·古尔德完成，哺乳动物由乔治·沃特豪斯完成。现在，所有的标本都被珍藏在剑桥大学、伦敦自然历史博物馆和邱园中。

科学发现绝不仅仅是达尔文一个人的功劳，菲茨罗伊利用携带的仪器测量了许多地方的经度，做了仔细的勘测工作。菲茨罗伊在加拉帕戈斯群岛搜集的鸟类标本分类更加清晰，对于达尔文研究岛上的生物多样性起着无法估量的作用。"小猎犬号"航行结束后，达尔文和菲茨罗伊这两个性格迥异的人分道扬镳了，菲茨罗伊后来自杀。

奇。他在阿根廷发现的许多大型野兽的化石证实有一些物种的消亡是自然规律的作用，他对这些物种与现存物种之间的关系感到惊奇。

各个不同领域的杰出专家都参考了达尔文的发现，这些发现成果很快就成书出版了。五卷本《"小猎犬号"航行：动物学》由达尔文编辑，其中哺乳动物化石部分由理查德·欧文完

左图：加拉帕戈斯群岛上的大仙人掌地雀（Geospiza scandens），约翰·古尔德绘。

达尔文在大龟群岛上搜集的一种以捕食毛虫为生的甲壳虫，甲壳虫是达尔文最喜欢的昆虫。

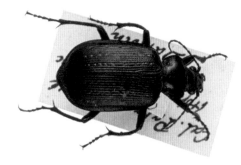

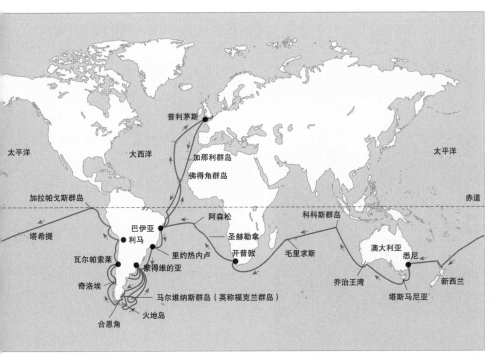

"小猎犬号"环球航行路线图。达尔文航海5年，只在海上度过了533天。

43

泪水之路

1838 ～ 1839 年

我们在去往阿肯色的路上走了75天，行程达529英里（译者注：约846千米）……恐怕在现有的医疗条件下……迁移过程中将会出现大量伤亡……这次迁移是被迫的，这使得幸存者将会更加愤懑。

——伊凡·琼斯牧师，1838 年 12 月 30 日

1838 年，居住在阿巴拉契亚山脉南部的切诺基人在美国政府的强迫下离开他们的家园，艰难地往1610 千米以外的印第安保留地（今俄克拉荷马州境内）迁徙。迁徙过程中人们所受的创伤如此之深，伤亡数量如此巨大，以至于这条路线被称为"泪水之路"。

美国政府无法与公认的切诺基族首领达成协议，便于 1835 年 12 月 29 日，与一小群愿意割让最后一部分切诺基土地的人签订了条约。尽管切诺基人强烈抗议，美国参议院还是于 1836 年 5 月 23 日批准了《新埃可塔条约》，其中规定切诺基人要在两年之内迁往印第安保留地。条约到期时，17000 人中只有住在东部的2000 人自愿迁走了。

军事围捕

1838 年 5 月，温菲尔德·斯哥特准将率领 7000 人组成的联邦和各州军队来到切诺基人聚居地，强迫人们迁走。围捕于 5 月 25 日在乔治亚开始，短短两周内，两个乔治亚民兵团就拘捕了 3600 个切诺基人。很快，整个聚居地内的切诺基人就被从他们的家里赶出来，赶进 31 个特别建造的寨子或军营中，它们分别位于田纳西东南部、北卡罗来纳西部、乔治亚西北部和阿拉巴马东北部。然后这些人被送往 3 个主要的移民收留点：其中两个位于田纳西，即查塔努加的罗斯营地和卡尔霍恩附近的卡斯堡；另一个位于阿拉巴马，佩恩堡以南 13千米。

从斯道特石滩上看到的阿肯色河，1838 年夏天，两队切诺基移民在此涉水过河。

水路

1838 年 6 月 6 日~12 月 5 日，17 批切诺基人（总数超过 15000 人）开始迁徙，这将永远地改变他们的生活。前 3 批由乔治亚国民警卫队拘捕的切诺基人被迫从罗斯登陆点出发，其中一批包括 489 人，在爱德华·迪斯中尉的监视下于 6 月 6 日乘"乔治·戈斯号"蒸汽船启程；另一批包括 776 人，由 R.H.K. 怀特利中尉监管，也从罗斯登陆点坐船离开。两批人都要在阿拉巴马州坐火车从迪凯特到塔斯坎比亚，距离 96 千米，以避开田纳西河上最危险的浅滩。怀特利那一批人中有一个是美国历史上记载的第一个火车事故的死者。

1838 年 6 月 17 日，第三批切诺基人在戈斯·德雷恩上尉的押解下从罗斯登陆点出发。这 3 批人都是乔治亚切诺基人，他们还穿着几个星期前被拘捕时穿的衣服，多数人都还来不及把那一点点私人物品收拾起来就被赶进了寨子，送到收容所去了。

旅途中的艰辛

和前两批人不同，第三批有 1072 人，他们一开始步行了 322 千米到达阿拉巴马州的滑铁卢。到 6 月底时已经有几十个人死了，293 人逃回田纳西东部的收容所，又被编入后来的批次中再次被送往西部。

到阿肯色河时，怀特利和德雷恩的船在阿肯色州的刘易斯堡（今莫里尔顿）搁浅，这些人只能在烈日下步行往西。由于干燥炎热和多灰，两批人中都有许多人生了病。快到目的地时，怀特利不得不下令停下来休息，因为超过半数的人都生病了。1838 年 8 月 2 日，怀特利到弗林特区李氏小溪的源头，报告在 2500 千米的迁徙中死亡了 72 人。

1838 年 9 月 5 日，德雷恩的那批人到达了印第安保留地，在韦伯太太的种植园（今俄克拉荷马史迪威）将人群解散了，那时只剩下 635 人，其中两个人是在路上生的。这批人中有 146 人丧生，是所有批次中死亡数

壁画《文明化五部族的迁移》，伊丽莎白·詹姆斯绘。文明化五部族是一个松散的部落联盟，其中包括切诺基族，他们被从祖先留下的家园上赶出来，搬到印第安聚居地（今俄克拉荷马州）。

量最大的一批。早期来自德雷恩和怀特利的死伤报告使得军方和切诺基领袖都开始重新思考各自的策略。斯哥特将军允许将剩余人员的迁徙推迟到秋天进行，并由切诺基领袖进行监督。

陆路

其余的切诺基人经陆路步行迁往西部。第四批包括 660 个支持《新埃可塔条约》的人，在军事指挥官的带领下，于 1838 年 10 月 11 日从卡尔霍恩附近的切诺基营地出发，这批人走了 1138 千米，通过孟斐斯到达小石城。

其余的 13 批（每批平均 1000 人）由约翰·罗斯总管，每一批都有切诺基人自己带领，其中 12 批走陆路，一批年老体弱的走水路。其中一批走陆路的由约翰·班吉领队，从阿拉巴马附近的佩恩堡出发，在冈特营地和田纳西雷诺兹堡分别两次渡过田纳西河，在肯塔基州接近哥伦比亚的一个叫作"铁岸"的地方渡过密西西比河，然后走上军用道路到达阿肯色，又沿着怀特河上行，在费耶特维尔逗留了一阵儿，最后到达印第安保留地，全程 1236 千米。其余 11 批从东田纳西出发，从纳什维尔到高科德再到斯普林菲尔德，全程 1610 千米，这是比较理想的路线。

生存的故事

被迫在寒冷的冬天迁徙后，这些人于 1839 年年初到达印第安保留地，据估计有 2000~4000 切诺基人在途中丧生。对于切诺基人来说，被迫迁徙的不幸同时也是一个有关生存的故事。尽管路途艰难，但他们适应了新的生活，重建了家园和政府。今天，切诺基联盟分布于俄克拉荷马州的 14 个郡，首府设在塔勒库阿，这里欣欣向荣，比历史上任何一个时期都要繁荣。

切诺基人不同的迁徙路线，他们被赶出家园时，有的走陆路，有的走水路。

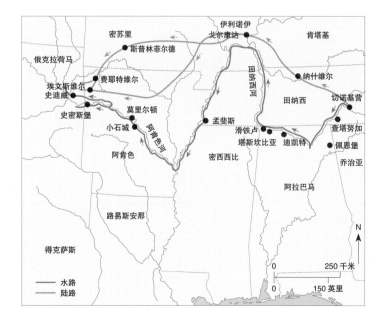

深入墨西哥丛林

1839 ～ 1840 年

这些石碑能在精神上触动我们：它们伫立在雨林深处，沉默而威严，形状奇特，雕刻精美，装饰华丽，与其他任何民族的艺术品都不同。无人知晓它们的用途、目的和历史，象形文字说明了一切，但完全无法理解，我不能假装明白其中的含义。

——约翰·罗伊德·施特芬斯，1841 年

玛雅考古始于 1839 年 10 月 3 日，"玛丽安号"帆船从纽约港起航去往伯利兹——大英帝国位于遥远的中美洲的殖民地。船上坐着一位美国律师和外交家约翰·罗伊德·施特芬斯，他当时 33 岁；另一位是英国建筑师和地形学家弗雷德里克·卡泽伍德，比施特芬斯年长 6 岁。

当时，施特芬斯已是经验丰富的旅行家，他先出版了在佩特拉、埃及和圣地（巴勒斯坦）旅行的游记，接下来去希腊、俄罗斯和波兰的游记也相继问世。这些书非常畅销，评论家的评价也很高。卡泽伍德接受过古典训练，到地中海、累凡特和埃及去过许多次，并把历史遗迹都画了下来。这两人于 1835 年在伦敦相遇，成了朋友，都为第一次去玛雅的旅程做了精心准备。

表面上这次旅行是执行外交任务：施特芬斯受当时美国总统马丁·范布伦的委派，到被战火摧毁、一片混乱的中美洲去寻找一个合法的政府首脑，并把总统的信交给他。但施特芬斯另有打算，他在伦敦时读到一份由西班牙裔爱尔兰船长胡安·加林多写的报告，内容是关于一座位于恰帕斯州（墨西哥）的古城的，这座古城叫作"帕伦克"。报告出版于 1822 年，里面有富有传奇色彩的法国人让·弗雷德里克·沃德克画的插画——尽管不太准确，施特芬斯还得知加林多后来去洪都拉斯的科潘古城遗址考察过。《阿拉伯佩特拉》一书让施特芬斯从皇室那里赚得 15000 美元，这在当时是非常大的一个数目。他带着这笔钱，和卡泽伍德一起去了加林多描写的陌生地方。

左图：*约翰·罗伊德·施特芬斯画像（画家未知），他是一位律师兼外交官，也是一位兢兢业业的探险家和旅行家。*

在墨西哥丛林探险时，卡泽伍德和施特芬斯经常要花很大力气才能让骡子在险要的山路上向前迈步。

进入玛雅丛林

在伯利兹短暂停留了一阵儿后，两人坐上一艘小蒸汽船，驶向危地马拉的杜尔塞河上游，两边河岸上"植物浓密得像墙一样……神话般的泰坦之国，既有细腻的美景，又有震撼人心的壮观"。他们从这里走上崎岖的山路，到达莫塔瓜河河谷。他们骑着骡子（赶骡子的人十分不配合），经过多次阻碍——包括被一群武装的叛乱分子拘留，终于到了科潘。

这处古代玛雅王国的遗迹被浓密的热带雨林覆盖，只有猴子在头顶上叽叽喳喳地叫着。在一个手持大弯刀的当地向导带领下，他们发现了一座又一座石碑，这"让我们相信，我们所寻找的东西是有趣的，它们不仅是一个未知的民族的遗迹，更是艺术品，这证明中美洲曾经的居民并非野蛮人"。当时正值雨季，他们无法成片砍断或焚烧层层叠叠的植物，所以就用弯刀先清理一小块地方再过去。

卡泽伍德带着显像描绘器，把许多巨大的石碑、祭坛和各种倒塌的纪念碑都画了下来。由于蚊子太多，他只能戴着手套工作。一开始他觉得纪念碑的风格和上面的文字既陌生又难以理解，渐渐地，走了几段弯路后，他终于开始理解了玛雅艺术的巴洛克本质。卡泽伍德的绘画忠实而逼真，是第一份精确的对于玛雅古迹的视觉记录。他还和施特芬斯使用经纬仪与胶带画了一张玛雅遗迹地图。两位探险家还得对付当地残暴且无知的独裁者，此人统治着一个只有 6 间小屋的

村子，他们只花了 50 美元，就把整片遗迹都买下来了。

在科潘待了 13 天后，施特芬斯去危地马拉城寻找那位几乎不可能找到的政府首脑；卡泽伍德留下来继续作画，完成后他马上从原路回到莫塔瓜河下游河谷，在那里发现了小小的古代城市基里瓜，这个地方最为突出的是石碑的高度和体积。施特芬斯获得允许与危地马拉独裁者拉斐尔·卡莱拉会晤，不过此人并没有掌握大权。他不得不去找真正的总统——卡莱拉的对头弗朗西斯科·莫拉桑，这个人逃亡到哥斯达黎加去了。他让施特芬斯安全地坐船抵达哥斯达黎加，又返回了危地马拉。

帕伦克

施特芬斯和卡泽伍德现在能自由

暴风雨中的科潘，石碑 C 倒塌裂开。卡泽伍德的版画，出版于 1844 年。

科潘的石碑 N，卡泽伍德的绘画是玛雅古迹的第一批精确视觉记录。

181

帕伦克宫殿现在的模样，卡泽伍德和施特芬斯为了到里面考察，不得不在外面建了一个很不舒服的营地。

自在地去探索他们此行的终极目的地了：墨西哥恰帕斯州的帕伦克。他们穿越危地马拉高原，简要地查看了一下被西班牙人毁掉的几座城市的废墟，又经过恰帕斯的古代城市托尼那，到了帕伦克，一个叫作亨利·珀林的美国侨民与他们同行。1840 年 5 月，他们在玛雅遗址中最美的地方度过，这里位于恰帕斯山的山脚下，能俯瞰广阔的墨西哥湾平原。

在帕伦克时，他们把营地搭在宫殿的突拱长廊下，不过这一点儿也不舒服。他们睡在嶙峋的石头上，被大群蚊子包围着，"怎么也无法忍受；任何一个暴露在外的部位，比如指尖，都会被叮。蒙着头热得让人窒息，早

上起来脸上全是疙瘩。"住在附近村庄里的乔尔印第安人每天都带着玉米饼和其他东西到这里来。

他们在废墟中发现了精美的木雕、灰泥浮雕和空中建筑，以前的旅行家（比如加林多）也见过这些，但卡泽伍德杰出的绘画技巧超过以前任何一个艺术家。前人画的艺术品和象形文字不是过分粗糙，就是失真得会误导别人（比如沃德克）。这两位探险家在帕伦克深受震撼，尽管那里炎热且蚊虫很多，他们依然在脑中重建了当时人们的生活。

玛雅丛林之旅的最后一段，两人坐渔船从一个叫卡门的渔村出发，前往锡萨尔，再到尤卡坦的主要港口，

以乌斯马尔——梅里达南部的古代城市——作为此次行程的终点。卡泽伍德一路上经历了各种艰险，比如暴动、高烧和其他疾病，而且病得很重。最后他们花完了钱，只能回美国去。1840 年 6 月 24 日，他们离开玛雅返回纽约，发誓将尽快回来，完成探险。第二年他们真的回来了，这次主要在尤卡坦半岛活动，其中包括乌斯马尔、图卢姆和伟大的城市奇琴伊察。

第一次去中美洲时，卡泽伍德和施特芬斯在科潘待了一段时间，花了 50 美元把整座古城买下。他们后来又去了其他的玛雅古迹，最著名的是帕伦克。

玛雅考古奠基人

一回到美国，施特芬斯就立即开始写旅途见闻，两卷本《中美、恰帕斯和尤卡坦旅行见闻》出版于 1841 年 5 月（《尤卡坦旅行见闻》出版于 1843 年）；卡泽伍德根据雕刻复制品所作的完整画集一出版就成了畅销书。公众和学术界第一次目睹了一个曾在中美洲丛林中繁荣发展的文明，他们能从旅行家真诚、平实而略带讽刺的语言中了解这种文明。施特芬斯明确指出，科潘和帕伦克不是由巴勒斯坦移民或其他旧世界的人创造的，而是由现存玛雅人的祖先创造的。

所有的玛雅学者都认为施特芬斯和卡泽伍德是"玛雅研究之父"，这一称号确实实至名归。

位于尤卡坦半岛的乌斯马尔一景，卡泽伍德和施特芬斯第一次探险快结束时来过这里，第二次来进行了更彻底的考察。

45 后世的西北航道探索者

1845 ~ 1848 年

我有一批优秀的军官，他们都怀着最真诚的心从事这项事业。我必须让他们团结一致、心情愉快，在遇到困难时鼓励他们，祈祷上帝保佑他们的安全。

——约翰·富兰克林爵士的信，1845 年 7 月 7 日，寄自"埃里伯斯号"

1845 年，两艘船"埃里伯斯号"和"恐惧号"最后一次出航寻找传说中的西北航道，那时地球上未知的区域已经大大减少了。在此之前，弗罗比舍、戴维斯、哈德森和巴芬都曾找过。1670 年，经皇家许可，一家北部毛皮贸易公司——哈德森湾毛皮公司——成立，公司获得了今天加拿大境内的一大片领土，在哈德森湾沿岸，紧接着在北部大河和落基山脉沿线开设办公地点和"工厂"。

1744 年，英国政府宣布将授予发现西北航道的人一笔丰厚的奖金，而 100 年过去了，奖金仍无人领取。塞缪尔·荷恩和亚历山大·麦肯齐沿北部河流而下到达北冰洋，库克船长和温哥华的航行经历都说明中纬度地区不存在一条连接大西洋和太平洋的航路，必须去更加北面的地方。

19 世纪，在戴维斯海峡及更远的海域航行的捕鲸船数量随着夏天北冰洋浮冰的数量而变化；同一时期，诸如迪斯和辛普森毛皮贸易公司以及约翰·雷博士向人们补充了许多关于加拿大北极群岛的知识，这些为西北航道的发现奠定了基础。

巴立和富兰克林

1815 年，英法战争宣告结束，英国成了海上霸主，海军在不同时间派遣了许多船只继续搜索，其中最著名的一次有威廉·爱德华·巴立参与。他的船航行至西经 110 度，那条海峡（日后以他的名字命名）将加拿大和北冰洋诸岛分开，这足以让巴立获得巨额奖赏。

右图：*富兰克林版画肖像，手中拿着罗盘和经纬仪，F.C. 刘易斯绘，选自于 1823 年出版的富兰克林《北冰洋之行》。*

除了绘制复杂的航海图和进行科学勘测，巴立还成功地安排他的人马在冰上过了一个冬天，虽然那些日子尽是愁云惨雾，但船员一点儿都不感到无聊或沮丧。

这次远洋探险中包括两次陆上探险，一次从1819年到1821年，另一次从1825年到1827年，他们在约翰·富兰克林的带领下穿越加拿大北部到达北冰洋中的加拿大海岸。船上有少数军官和船员，加上印第安人、划桨手和因纽特翻译，他们勘测了北美北部海岸线的大多数地方，不过第一次差点儿以悲剧告终。

富兰克林很年轻的时候就参与了马修·福林达斯为绘制澳大利亚地图而进行的航行，后来又率领"特伦特号"试图到达北极。尽管1845年时已59岁，他依然最有资格带领船队去寻找连接巴立海峡和美洲北部海岸的航路，这次航行在大多数人看来理应会成功。

事实上，这是英国海军最后一次去搜索西北航道。格陵兰附近的捕鲸船最后看到富兰克林的船——"埃里伯斯号"和"恐惧号"，而后船在现在的加拿大北极群岛失踪，这里是一片由冰组成的迷宫。

富兰克林的失踪让人非常吃惊，因为航行之前准备得很充分，物资也很齐全。船只第一次安装了助动引擎，船头还覆盖铁片以防止被冰撞碎，船上的物资和仪器足够让全体船员使用3年。

搜寻富兰克林

一得知这两艘建造精良的船没有顺利地出现在北太平洋的西部出口，从1848年至1855年，许多官员和私人探险队就去搜寻他们，其中一个是罗伯特·麦克卢尔，他的船名为"探索者号"。他既在海面上坐船，也在陆地上坐雪橇，实际上是他把西北航道的东西两端出口连接起来的，英国国会为此给了他和他的团队一大笔奖金。

约翰·雷博士——哈德森湾毛皮公司的创始人之一——和他的人也获得了国会的奖励，因为他们首先带回

1821年8月23日，白桦木独木舟沿美洲北岸航行时受到狂风暴雨的袭击，选自富兰克林《北冰洋之行》中的插图。

185

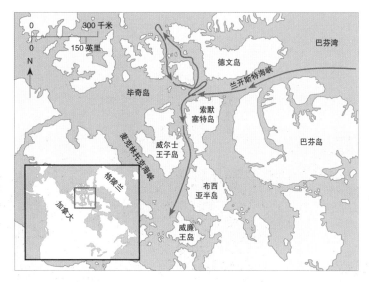

通过后来发现的证据，我们终于拼凑起"埃里伯斯号"和"恐惧号"的完整航行路线。在毕奇岛过冬后，船被冰层包围，最终在威廉王岛被抛弃。

残喘。"这些话由海军发表在《泰晤士报》上后引起了轰动或者说是狂怒。

富兰克林的遗孀简决心要了解更多关于失踪探险队的事。1857 年，她和其他一些好心人资助利奥波德·麦克林托克进行搜索，他驾着名为"狐狸号"的小艇。他们在威廉王岛西岸荒凉的石堆中找到了两份一页纸的手写记录、船只、衣服和其他物品，我们可以通过这短短的几行文字来了解富兰克林的探险经历。

1845 年至 1846 年，"埃里伯斯号"和"恐惧号"在毕奇岛过冬（这一点之前的搜救队就已确定），后来船被困在冰中。富兰克林死于 1847 年 6 月 11 日。1848 年 4 月 22 日，船员弃船，死亡人数为军官 9 人、船员 15 人，剩余总共 105 人打算向南面航行到达贝克河（位于北美大陆）。

另一份记录是前一年（1847 年 5 月 24 日）写的，说"一切都好"，由 2 位军官和 6 位船员组成的队伍在那一天下船，他们无疑是第一批穿越

了约翰·富兰克林爵士的消息。1854 年，经验丰富且不屈不挠的雷博士把从因纽特人那里获得的失踪船只碎片带回伦敦。因纽特人说他们遇到一群饥肠辘辘的白人，踏着雪朝南面走。不久后，他们在陆地上发现了 30 多具尸体，一些在帐篷里，一些在船只底下。

"从残缺不全的尸体和锅里的东西来看，"雷向海军报告说，"我们不幸的同胞无疑是靠同类相食来苟延

"毕奇岛：富兰克林的第一个冬季营地"，由 1850~1851 年的搜救队发现，詹姆斯·哈密尔顿根据凯恩医生的素描所绘，凯恩医生是格林尼尔探险队中的医生，本图片选自 E.K. 凯恩的自述作品。

艺术家想象"埃里伯斯号"和"恐惧号"在加拿大极地威廉王岛被冰层包围时的情形，选自舍拉德·奥斯本刊登于《一周一闻》上的文章，1859年10月。

西北航道的人，这条路把威廉王岛（船只被遗弃的地方）和南部大陆连接起来。出于对英勇的富兰克林太太和约翰·理查森爵士的信任，麦克林托克对他们"谎报了实情"。

其余的故事我们只能通过骸髅、遗物和其他旅行家（比如C.F.霍尔和弗雷德里克·施瓦特卡）发现的残片来获知了。因纽特人对于探险队成员的回忆使得一切变得更加神秘，船只从未找到，直到今天，仍有许多人在猜测为什么悲剧会发生，坏血病、饥饿和浮冰的侵袭似乎是可能性最大的原因。

实际上，可能的西北航道总共有8条，这8条都是可以航行的，且不必考虑所用船只可以承受的浮冰的厚度。20世纪初，罗尔德·亚孟森首次从约阿港通过西北航道。几个世纪以来，人们热切地寻找从地球顶端通往远东的宽阔航路，但这些都不能取代巴拿马运河。如果全球变暖导致浮冰融化，我们是否能看到一条国际性北部航路的诞生——像19世纪早期英国海军里的约翰·巴罗爵士预想的那样？

富兰克林1845~1848年航行的最后一份记录：信息相隔时间为一年，双语写成，能揭开一些笼罩在失踪探险队头上的谜团。

下左图：一把因纽特雪铲，麦克林托克于布西亚半岛上找到，他认为这是用富兰克林丢弃的木头和金属制作的。

46 海因希里·巴特和中非探险

1849 ~ 1855 年

我孤身一人……但身体和精神都很好…我有信心能安全地返回，并向公众细致地呈现此次探险的过程。

——海因希里·巴特，1852 年 9 月 26 日

海因希里·巴特无疑最适合探险。1821 年他生于汉堡，在一个家教很严的路德教派家庭长大。他对遥远的地方充满好奇，且决心坚定。年轻时他学习了多种语言，且十分注意磨练自己的意志。在柏林完成学业后，他去地中海平原国家考察那里的文化和历史。巴特在学识上受到了洗礼，但觉得学院生活十分枯燥。此时，英国人也决定为他们的新任务雇一个人。

海因希里·巴特肖像，其受英国人指派加入中非传教团。

中非计划

中非计划的领导者詹姆斯·理查森提出此次行动的目的是商业和废奴，他之前已对突尼斯和的黎波里（位于利比亚）腹地做了细致的勘察。此外，英国政府要求他们对撒哈拉中部和撒哈拉沙漠以南的萨赫勒地区进行科学（特别是地质学）考察。

巴特的非洲之旅总距离达 16000 千米，他要完成前人未完成的事业：蒙戈·帕克未能深入尼日尔地区；戈登·莱恩关于廷巴克图的发现是在他死后才被人知晓的，而雷内·卡耶只在那里待了两个星期；19 世纪 20 年代在苏丹境内开辟的道路需要进一步巩固；19 世纪 30~40 年代人们从海岸线沿尼日尔河而上，但未能抵达更远的内陆。

在撒哈拉和苏丹的 5 年[1]

理查森、巴特和他们 25 岁的助手阿道夫·奥弗韦格于 1849 年 7 月离开的黎波里，穿越费赞西部，在泰内雷和艾尔沙漠周围勘察，绕了远路去阿加德兹，然后和运盐的商队一起

---

[1] 此处的苏丹主要指撒哈拉沙漠以南的萨赫勒地区。

前往豪萨。沙漠中的强盗把他们用来进行贸易的货物都勒索去了，3 位探险家决定暂时分开，于第二年 4 月在博尔诺州首府库卡瓦会合。巴特和奥弗韦格到那里时才得知理查森在旅途中去世，巴特接替了他的位置。于是，奥弗韦格坐船考察乍得湖，巴特本人考察这个国家的南部和东部。

在贝努埃河上游进行的探险确定了一条通往苏丹腹心地带的航道，这无论是对个人还是对英国政府都是很重要的发现。原本他们打算继续去乍得湖东部，但不得不因为卡涅姆北部的混乱纠纷而放弃，而巴特第二次去乍得湖以南所做的考察是地理发现史上的里程碑。他与一群军事远征军一起去了洛贡河上游，竭力避免参与残酷的奴隶掠夺。他发现了将尼日尔和乍得湖分开的分水岭，提出曼达拉山

并非和中非高地相连，而是以东部肥沃的平原为边界。

巴特第三次去南部探险时，中途因为被怀疑为间谍而在巴吉尔米遭到拘留，不过他还是得到了丰富的信息，这些当时的欧洲人是不知道的。同时他收到了期待已久的从英国来的信，其中对他的报告表示高度赞扬，还提供了他到廷巴克图所需的费用和许可。

奥弗韦格于那年（第三次探险那一年）夏天死于博尔诺，于是巴特一个人往西去了。他在索科托哈里发的中心地带住了半年，然后到萨伊，渡过尼日尔河，穿越桑海到达尼日尔湾。然而，他于 1853 年 9 月到廷巴克图时，却发现那里的富拉尼吉哈德正在和阿拉伯人以及图阿雷格人打仗。作为外国人和基督徒，巴特的生命也受

"桑海村庄"，选自巴特游记中的彩色插图，游记名为《旅行与发现》。

雷内·卡耶和廷巴克图

欧洲人对廷巴克图（今马里境内）的痴迷源于中世纪阿拉伯旅行家的记录，其中把这里描绘成一座富饶的"智慧之城"。1350年马里国王曼萨·穆萨到达开罗，他带着许多黄金，使得地中海的商品市场低迷了10年，这更为廷巴克图蒙上了神秘的面纱。19世纪头一两年，欧洲人的兴趣集中于人员密集的中尼日尔地区，特别是它的地理和商业。但雷内·卡耶（1799～1838年），一个身无分文的布雷顿面包师的儿子，只想亲眼看一看廷巴克图。他16岁时第一次去非洲，花了10年时间希望能将少年时的梦想变为现实，他一有机会就去非洲内陆。由于健康问题，他不得不返回，不过于1824年再次去往西海岸。

为了能单独旅行，卡耶自学阿拉伯语和伊斯兰教义，他假装成是被法国人捉住的亚历山大港人，想穿过沙漠回家去。巴黎地理协会宣布奖励给第一个到达廷巴克图的欧洲人1万法郎，这更刺激了卡耶的野心，他于1827年沿努涅斯河向内陆出发。

卡耶和一些小商贩一起到了尼日尔河上游的坎坎，跟商队往东去杰内之前，他因为坏血病休息了5个月。1828年7月，他登上了一艘可乐果商人的船只，沿尼日尔河而下去往廷巴克图，6周后，他到达了他的梦想之地。

但是卡耶很失望，因为那里既不辉煌也不富饶，而且，戈登·莱恩比他早两年就来过了。尽管卡耶的伪装可能会带来危险，但他还是彻底把整座城市都研究了一遍，甚至想查明英国探险家后来的命运如何，但廷巴克图局势动荡，当地人劝他快些离开。两周后，他跟上一支由1200头骆驼组成的商队去了摩洛哥，这队人带着黄金、白银、象牙和奴隶。穿越西部沙漠的路程长达3220千米，经历重重艰难后，卡耶最终到达了丹吉尔。

卡耶于1829年9月回到法国，尽管地理协会认为他表现出色，但并非每个人都相信他的故事。在英国媒体（当时英法竞争愈演愈烈）对他的话表示质疑后，他才在法国人中赢得他应有的声誉，他被封为法国荣誉军团骑士，得到了一枚金质奖章和一笔抚恤金。

卡耶的叙述表明他的旅行完全是私人性质的，既没有受到皇室委派，也没有科学或宗教的目的，但此次旅行确实大大增强了法国人对撒哈拉西部和苏丹的兴趣。

这位孤独的旅行家在39岁那年默默无闻地死去了，他为人们对自己的质疑感到非常悲伤。

"卡耶先生一边沉思一边做笔记。"卡耶自学阿拉伯语，穿着当地服饰。

卡耶画笔下的廷巴克图。

到威胁，但在一个有权有势的阿拉伯酋长的保护下，他在当地做了细致认真的考察，不过后来他被迫从酋长的营地里搬了出来。又过了两个月，他才偷偷地溜走，沿着尼日尔河返回索科托哈里发国和博尔诺。

同时，伦敦的人们都以为巴特死了，因为他们没收到他去年寄出的报告。1854年12月，在去往博尔诺的路上，他非常吃惊地遇到了爱德华·沃格尔带着一队人来搜救他。相遇后，沃格尔本人继续探险，至于巴特，在苏丹度过了困苦的5年后，他要回家了。他加入了一个去费赞的商队，于1855年8月28日到达的黎波里。

个人成就

旅途中，巴特始终带着罗盘、手表和两把手枪，而且完全自力更生，他最喜欢一个人旅行了。他能解决政治纠纷，对付疾病，以耐心和技巧克服令人尴尬的金钱短缺，他还决心要

"进入廷巴克图"，选自巴特游记。欧洲人一直对这座马里城市着迷，当巴特来的时候，城里一片混乱，他面临着生命危险，但他为了进行研究，在那里住了6个月。

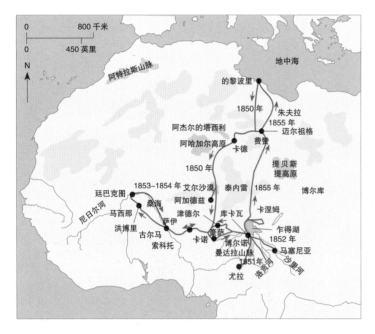

巴特从的黎波里到乍得湖再到廷巴克图然后返回的路线，他搜集的信息对今天的学者也仍很有用。

尽管巴特在英国和德国都享有盛誉，他却渐渐地心灰意冷，他不断回忆过去，渴望"夜晚在沙漠中宿营，在那广阔的空间中，一个人没有野心，也不像在这里一样为成千上万的琐碎之事困扰。渴望在一整天的行路之后铺开毯子，享受那巨大的喜悦，我的物品、骆驼和马匹就在我的周围。"

把他所到之处的地理、历史、政治、民族和语言完整地记录下来。他对什么人都要"审问"一遍：他自己的手下、路人、朝圣者、学者、官员、沙漠游牧民族，且通常都是以他们的语言进行询问的。（他能流利地说5种非洲语言，还为其他5~6种语言列了词汇表。）

英国对后来变成尼日利亚的那一国家发动战争，从撒哈拉撤退是中非计划的发现导致的直接结果。研究前殖民时期撒哈拉和苏丹的学者至今仍对巴特的洞见深表尊敬。

公众知名度

在伦敦，巴特的工作虽然受到政府的嘉奖，但公众知名度却十分有限，伯顿和利文斯通的发现很快超过了他，科学界有人对他把报告先寄给德国地理学家表示不满。探险结束后巴特常往返于柏林和伦敦北部的汉普斯特德，并完成了5卷本游记（英语和德语）。

右图：尼日尔阿加德兹的一座泥砖清真寺，巴特画过这座清真寺的素描。

探寻尼罗河源头

1857 ~ 1863 年

7月18日。终于，我站在了尼罗河的源头，这无与伦比的美景！……一条宽600~700码（译注：1 码 =91.44 厘米）的河流，布满了小岛和岩石……在高高的绿草之间流淌，两岸茂盛的树林和平原映衬着。

——约翰·汉宁·斯皮克，1863 年

理查德·伯顿与约翰·汉宁·斯皮克共同进行的对尼罗河源头的探寻，使伯顿成为 19 世纪最著名的旅行家。伯顿是一位杰出的博物学家、考古学家、语言学家、人类学家，也是充满争议的外交官。他一生写了 50 多本书，同时处理各种各样的事务，他翻译的《一千零一夜》是所有译本中最有名的一个，他的传奇故事在他死后仍充满生命力。他的遗孀烧毁了他未出版的手稿，这或许是文学史上最令人发指的罪行。

两条尼罗河

尼罗河是世界上最长的河流，长 6695 千米。让人着迷的一点是：尼罗河流经沙漠，每年都会泛滥。这条唯一一条流经喀土穆汇入地中海的河流实际包括两条支流：发源于埃塞俄比亚的青尼罗河和发源于中非湖区的白尼罗河。青尼罗河是主要支流，较短，没那么复杂，弗朗西斯科·阿尔瓦雷斯和佩德罗·派斯早在 16 世纪和 17 世纪就去那里探险过，18 世纪 60 年代，詹姆斯·布鲁斯也去了那里，但白尼罗河仍被认为是一个谜。这里的水是从哪里来的？当时欧洲人对非洲所知甚少，到了 19 世纪初期，传教士来了，紧接着是探险家，他们为殖民铺平了道路，100 年后，欧洲统治了这片广阔的大陆。

19 世纪 50 年代，大不列颠试图对非洲东海岸加强控制，对中非的兴趣越来越大，因此政府出资让皇家地理学会去探寻尼罗河的源头。学会选了理查德·伯顿和约翰·汉宁·斯皮克——两位印度军队中的军官——带领探险，这两人于 1857 年 6 月 16 日出发前往桑给巴尔。

左图：理查德·P.伯顿船长从麦加朝圣回来后身上披着毯子，这是在 1855 年左右，和斯皮克出发探寻尼罗河源头之前。

根据从阿拉伯商队获得的信息，两人雇了200多个搬运工，一个由30人组成的武装护送队和一位阿拉伯向导，但是皇家地理学会的经费远远不够支付这些费用。路上时常发生纷争，时不时有人半路弃逃。经过134天艰难的跋涉后，他们到达了卡泽（今坦桑尼亚境内的塔波拉），这里是奴隶和象牙贸易路线的枢纽。

两位探险家和他们的人马勇敢地穿越沙漠和沼泽，翻越高山，受到疟疾、其他疾病和劳累的侵袭，不过他们多数时间都是坐在轿子上被抬着走的。探险队一路西行，1858年2月13日，他们终于到达了坦噶尼喀湖东岸。他们是第一批看到这片湖水的欧洲人，不过，斯皮克有眼病，不太可能一眼看到大湖。伯顿比较幸运，

但他几乎晕倒，得被人抬走。两人坐独木舟去坦噶尼喀湖北部尽头探险，发现那里被郁郁葱葱的山脉包围着，且鲁济济河是湖的入水口而非出水口，他们十分失望，因为这里不可能是白尼罗河的源头。他们在湖上遇到风暴，不得不在乌吉吉修养了3个月，后来他们继续朝东面和西面探索，再次到达卡泽。

伯顿在卡泽休息，错误地让斯皮克带领着一支小探险队从卡泽北部出发，历史从此改变。1858年8月3日，斯皮克攀登上伊萨米洛山的山顶（今姆万扎附近），写道："我丝毫不怀疑我脚下这片湖泊孕育了那条充满生气的河流（尼罗河），那么多人在猜测它的源头在哪里，那么多探险家在寻找它。"

斯皮克把这片湖命名为"维多利

中非湖区的"坦噶尼喀湖之行"，伯顿绘。伯顿和斯皮克率先到达坦噶尼喀湖，不过它并非白尼罗河的源头，这让他们非常失望。

亚"，以此向女王表示敬意。他回到卡泽，骄傲地宣布他找到了尼罗河的源头。伯顿仍然觉得坦噶尼喀湖是尼罗河真正的源头，因此认为斯皮克的话十分荒谬，他也拒绝了斯皮克邀请他一同去进一步探索维多利亚湖的请求。这是伯顿犯下的最后一个致命错误，他因此失去了成为发现尼罗河源头第一人的称号。

发现源头了吗？

两位探险家在逐渐恶化的健康状况下经过 4 个月的行程返回桑给巴尔，他们的关系也每况愈下，一起到达亚丁后就分道扬镳了。斯皮克先于伯顿回到英国，他不顾事先的约定，宣布是他一个人发现了尼罗河的源头。但是，斯皮克说对了吗？

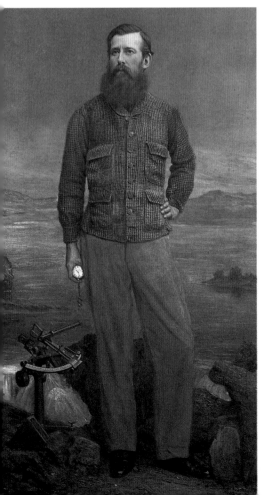

1860 年，斯皮克受到万众追捧，他说服皇家地理学会再拨一笔经费，好让他证实自己的发现，他选了詹姆斯·奥古斯特·格兰特——另一位印度军队军官——同行。他们于同年从桑给巴尔出发，往西穿越卡泽，沿顺时针方向绕维多利亚湖而行到达其东北角。在这里一个叫里彭瀑布的地方，他们确定了维多利亚湖确实是尼罗河的源头。虽然皇家地理学会接受了这一说法，但斯皮克

上图：斯皮克素描本中的一页，上面画着布干达国王穆特斯的宫殿和一头乌干达牧牛。国王要求斯皮克射杀 4 头牧牛，他兴致勃勃地完成了任务。

左图：斯皮克肖像，詹姆斯·瓦特尼·威尔逊绘。斯皮克发现了尼罗河两大储水湖之一的维多利亚湖。

伯顿和斯皮克，1856~1859年

斯皮克，1858年

斯皮克和格兰特，1860~1863年

巴克斯，1863~1865年

19世纪中叶时，尼罗河源头还是一个谜。伯顿和斯皮克从桑给巴尔出发，先是去了坦噶尼喀湖探险。斯皮克发现维多利亚湖并为之命名，他觉得这就是尼罗河的唯一源头，但事实比他想的要复杂得多。

的话后来被证明不过是夸大其辞。他的发现不过解决了谜团的一部分，维多利亚湖的源头——卡格拉河——还有待探索。

1863年，由于迫切想从冈多科罗回到英国，斯皮克告诉另一位皇家地理学会的赞助人塞缪尔·贝克及其陪同弗罗伦斯·冯·萨斯（这人是他不久前在土耳其奴隶市场上买的），据说更西面的地方还有一个大湖。经历了一系列艰险，甚至被班约罗的统治者囚禁一段时间后，贝克一行人最终抵达第二大湖——艾伯特湖——的湖岸，这是他们以维多利亚女王的丈夫的名字命名的。贝克顺理成章地宣布他发现了尼罗河的第二个源头，但

他没有发现艾伯特湖和维多利亚湖一样，不过是第二大储水库，两个湖中的水源自另一条重要的河：塞姆利基河，这条河为鲁文佐里山脉，即著名的"月亮山"，提供了排水处。

斯皮克回到英国后既受到热情的欢迎，也受到质疑，最终他的前任上司理查德·伯顿提出于1864年9月在巴斯进行一场辩论，主题是尼罗河的源头问题。悲剧的是，辩论前一天下午，斯皮克死于一场射击意外，许多人怀疑他是自杀。

尼罗河之谜

在100多万年的时间里，非洲大地上，平行的地质断层之间形成裂谷，把边缘向上挤压形成峭壁，湖泊形成于裂谷底部，聚集着以往西部排出的水分。裂谷在维多利亚湖周围形成一个浅浅的碗。原本向西流淌的河流，以卡唐加河和卡格拉河为主，现在向东流，注满了地质凹陷。然后，大约12500年前，维多利亚湖的湖水在平原北部边缘出现了一个位置很低的点，最后在里彭瀑布形成一个永久的排水口，沿着与尼罗河相连的艾伯特湖北面尽头注入西部的裂谷。

斯皮克说维多利亚湖是尼罗河的唯一源头，这有些过于乐观，事实并非如此，尼罗河有两大储水库，另一个是艾伯特湖。两条河，维多利亚湖的卡格拉河以及注入艾伯特湖的塞姆利基河，是两个主要水源，它们为布隆迪高原和鲁文佐里山脉（"月亮山"）提供排水口。尽管斯皮克没有把谜团完全解开，但他至少解开了一部分。

穿越澳大利亚

1860 ~ 1861 年

我希望能得到我们应得的，我们完成了使命，但没有像预料中那样得到补给，补给站的人全都弃逃了。

——*R. 奥哈拉·伯克，1861 年 6 月 29 日*

到19 世纪中叶，大部分澳大利亚内陆的地理谜团已经通过大量的探险活动解开了，不过在中部和北部还有一大片未知区域。很多人在探索过程中丧生，比如 1848 年，路德维希·莱希哈特死于北部大陆，埃德蒙·肯尼迪死于东北部的热带雨林中。

1859 年一次新的探险启动。在维多利亚女王的殖民地上，对于黄金的渴望促使人们做出高姿态，有什么能比首次自南向北穿越澳大利亚解开未解之谜更好呢？计划是由皇家地理学会中维多利亚一派的成员提出的，不过也得到了其他成员的支持，他们提供了 9000 英镑的经费。学会选了一

位潇洒的警官罗伯特·奥哈拉·伯克作为探险队领队，他的副手威廉·兰德尔斯奉命从卡拉奇（当时属于印度）带来 25 头骆驼和牵骆驼的人。

探险队的正式成员有 15 人，还有其他各种各样的旅行者、骆驼、马匹、20 吨行李，另外还包括 450 升酸橙汁和朗姆酒以预防坏血病。1860 年 8 月 20 日，一行人从墨尔本皇家公园出发，15000 人来为他们送行。皇家地理学会让伯克在库伯小溪（Cooper Creek）宿营，这里大约是南北海岸线的中点。他应该从这里继续往北，让莱希哈特能沿着卡奔塔利亚湾北部行进。如果这条路走不通，

下左图：*R. 奥哈拉·伯克肖像，威廉·斯特拉特在其死后所绘（1862 年）。伯克被探险队选中时 38 岁，之前是警官。*

下右图：*1860 年 8 月 19 日，探险队出发的前一天晚上在墨尔本皇家公园内集合，将近 15000 人来欢送他们。*

上图：威廉·约翰·威尔斯，26 岁，探险队中的勘测员和天文学家，兰德尔斯和伯克争吵辞职后，他被提升为二把手。

对页地图：伯克和威尔斯到达北部海岸的红树林后返回，他们回到库伯小溪，试图攀上霍普利斯山。

他理应转向西面和其他探险家会合，确保安全返程。

队伍很快就碰上麻烦了。兰德尔斯辞职了，原因是他让马匹和骆驼也喝朗姆酒。伯克让 26 岁的威廉·约翰·威尔斯接任，这是一位勘测员和天文学家。到了 10 月，伯克抵达距墨尔本 650 千米的梅宁迪，在达令河建了营地，带着 9 个人继续前进。10 月 20 日，一行人在库伯小溪宿营，这里草木茂盛，到处是小水潭。

伯克和威尔斯都向北行进，各自忍受着酷热在荒原中行走。如果他们夏天待在库伯小溪的话就不会有事，但库伯求荣心切，他和委员会知道约翰·麦克道尔·斯图尔特试图由南向北穿越澳大利亚，于是委员会发了一封信说："维多利亚女王的荣誉掌握在您手中。"

赶往北面

伯克和其他 3 个人（威尔斯、退役士兵约翰·金、退役水手查理·格雷）决定往北赶，他们带了 6 头骆驼、伯克的马比利和 3 个月的补给品。威廉·布拉厄留在库伯小溪，伯克让他在那里等 3 个月，然后回梅宁迪。

12 月 16 日，这队人沿着查尔斯·斯图尔特于 1845 年探险时标示的水潭往北行进，绕过斯图尔特沙漠，靠途中发现的小片草场、小溪和河流补充水源。他们经过今天的伯兹维尔、贝杜里和布利亚，到达南回归线。据伯克所说，他们所到之地"草木丰美"，但"人也从来没有这么累过"。

他们穿过了满地的砾石，置身于北部极度潮湿的热带气候中，伯克和威尔斯决定尽快赶到海边。他们在"柔软但泥泞"的土地上挣扎着，直至 2 月 11 日到达一条感潮河（河口至潮区界的河段），那里有一片含盐沼泽和红树林，但他们没有看到海，由于没有船，也无法继续前进。

一筹莫展的情况下，他们返程去寻找伙伴，他们的任务是在所剩无几的补给品全部用完之前回到库伯小溪，在 3 个月期限（3 月 16 日）截止之前。

右图："迪克的画像，这位勇敢且风度翩翩的当地向导 21 岁。"路德维希·贝克绘。迪克救了两位迷路的探险家，当时他们想把信件从梅宁迪送到正在向北行进的伯克同伴手中，这些人要到库伯小溪建立补给站。

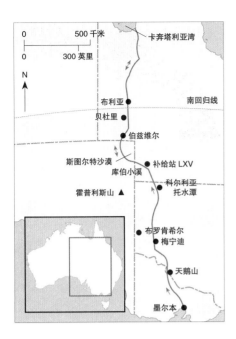

可暴雨让地面变得非常泥泞，无法行走，接着是让人难以忍受的潮湿。威尔斯写道他感到"疲倦，疲倦到绝望"。

3个月期限早已到了，这4个人离目的地还远着呢，可体力却耗尽了。伯克发现格雷偷窃补给品，据威尔斯说"他狠狠地抽打了他"。那时他们离库伯小溪还有500千米。

他们射杀了名为布恰的骆驼大吃了一顿，10天后比利"鲜嫩的肉"让他们有勇气面对荒漠。可格雷无法承受，4月16日，他死在铺盖里。剩下的人带着两头骆驼，最后一次尝试回到库伯小溪，威尔斯写道，4月21日，"腿几乎麻木"。到达时补给站的人全都走了，不过他们在一棵澳洲胶树上刻着下面几个字：

DIG

3FT. N. W

APR. 21 1861

他们发现了补给品和"令人欣慰的消息"，布拉厄和他的人是那天早上刚刚出发回梅宁迪的。应该特别提

斯图尔特的终极突破

1859年约翰·麦克道尔·斯图尔特加入了由南澳大利亚政府资助的探险队。打算由南自北穿越澳大利亚时，他已是个经验丰富的探险家了，他是1844年查尔斯·斯图尔特探险队的一员，那次探险的目的是发现一处内海。

探险队队长查尔斯·斯图尔特于1827年到达内陆，发现拉克兰河和麦格里河的尽头是沼泽。他继续前往西南方向，发现了达令河和马兰比吉河，以及"宽阔高贵"的墨累河（该河汇入南部大洋）。

1844年，斯图尔特仍旧试图解开内陆河流之谜，他和探险队员从梅宁迪往北出发，但到格伦水库一处永久水潭（今布罗肯希尔山北部）时遇到干旱，不得不停留了5个月。雨终于落了下来，一行人继续向北。他们看到一片荒漠，好像"海面上的船只那么孤独"。斯图尔特退却了，因为患上坏血病，他无法再往前行，只能坐在木板车上，他寻找内海的梦想破灭了。

麦克道尔·斯图尔特去了更西面的地方。1860年3月2日，他从阿德莱德北部的钱伯斯小溪出发，目标是沿着澳大利亚北部海岸穿越卡奔塔利亚湾。4月22日，根据他本人的测算，他抵达了澳大利亚的地理中心，现在被命名为中斯图尔特山。探险队在今天的滕南特克里克受到原住民的攻击，探险就此结束。

1860年11月，接受了南澳大利亚政府2500英镑的资助后，斯图尔特再度往北出发，在他喜欢的那条通往海湾的近路上，他发现了一片干燥的土地。他笔直地向北走，看见了罗珀河，这条河是莱希哈特于1845年命名的。"我必须沿河而行。"斯图尔特写道。1862年7月24日，这条河带领着他来到了海洋面前。

约翰·麦克道尔·斯图尔特在探险途中的照片，摄影师不详。

1911 年左右拍摄的记号树照片，树上的刻痕让人能辨别出那上面的关键信息。

一下，布拉厄等了 4 个月，而非 3 个月，他的人全都得了坏血病。

悲剧性的命运转折

但伯克的人已经不可能赶上布拉厄，他们休息了一下，带上补给品，决定沿着西面和南面去 140 千米外的一个警察岗亭——霍普利斯山（Mount Hopeless，意为"无望之山"）。他们在布拉厄刻字的那棵树下埋了纸条说明他们的去向，但十分悲剧的是，他们忘记了在树干上刻上新的记号！

布拉厄和其余探险队员在距离库伯小溪 139 千米处的科尔利亚托水潭会合，但他觉得不应该就这样离开。富有戏剧性的是，他和威廉·莱特匆匆地赶回库伯小溪，发现那里的东西都没动过，就又走了。

伯克、威尔斯和金没能冲破阻碍，他们再次到了一个没有水的地方，只得靠面粉、苹果树的树皮和凭运气逮到的猎物维持生命。开始还有原住民帮他们，但是伯克朝一个偷东西的人开了枪，整个部落的人就都消失了。

威尔斯再也无法行走，伯克和金

威尔斯无法再行走了，伯克和金留给他一些食物，把这支柯尔特左轮手枪放在他手中。

给了他一些食物就走了，但伯克很快也死了。他在 6 月 29 日的日记中写下了最后几句痛苦的句子（本文开头引言），于第二天早上 8 点左右死去。金继续流浪，很幸运地猎到 4 只鸟充饥。他和原住民住在一起，接受他们的照顾和食物，两个月后，一个搜救队发现了他。

伯克和威尔斯的死震惊了整个墨尔本，1863 年人们为他们举行国葬，40000 人前来参加，那是当时澳大利亚规模最大的集体活动。现在，墨尔本城市的广场上还竖着他们的雕像。理论上说，他们是第一个由南向北穿越澳大利亚的人，他们涉水而过的红树沼泽还是有潮汐的，但他们的"成就"因为悲剧性的结局而显得黯淡了，约翰·麦克道尔·斯图尔特享有了所有的荣誉。

"荒弃营"附近土地和沙漠之间的界线，路德维希·贝克绘于 1861 年 3 月 9 日，他在梅宁迪死于营养不良和坏血病。

深入非洲腹地

1853～1856年、1871～1872年、1874～1877年

我们来到一座山下，我回头，看见他灰色的身影渐渐消失在远处，我有一种预感，我将是最后一次见到他了。我忍受着强烈的痛苦，跟上越走越远的马队。

——H.M. 史丹利，1872年3月14日

1871年11月10日的下午，两位最伟大的非洲探险家在乌吉吉坦噶尼喀湖畔初次相遇，历史书中是这么写的，一个默默无闻的威尔士人亨利·莫顿·史丹利迎上去向一位受人尊敬的苏格兰传教士问候："您是利文斯通医生吧？"

1871年，大卫·利文斯通的探险家生涯快要结束了，他从1841年开始就在非洲探险，而史丹利此时还是一个初出茅庐的记者和探险家。遇到利文斯通后，史丹利回到英国，成了家喻户晓的人物。我们可以把这场在非洲腹地芒果树下的邂逅，看成是

非洲探险的接力棒从一代人手中交到了下一代人手中。

利文斯通和史丹利相遇时，英国还在努力尝试解开非洲地理之谜。两人一同在坦噶尼喀湖北部进行了3个月的考察，想查明由此湖延伸出去的河流中是否存在尼罗河的支流。两人的日记都表明他们给对方留下了持久而深刻的印象。他们都是出身卑微的凯尔特人，童年都很清苦，但他们都从非洲大陆的一头穿越至另一头，

大卫·利文斯通在非洲探险时使用的六分仪，后由他的女儿交给史丹利。

"您是利文斯通医生吧？"1871年11月10日，史丹利和利文斯通在坦噶尼喀湖畔的乌吉吉见面。在史丹利找到利文斯通之前，大家都以为他失踪了。

桑给巴尔北岸的特特镇，托马斯·贝恩斯绘。贝恩斯是一位艺术家兼探险家，利文斯通1858~1859年去桑给巴尔探险时与他同行。

探索未知的土地，完成了不起的旅程。

利文斯通的海岸之旅

利文斯通出生于格拉斯哥郊外的布兰太尔，在一个长老派之家长大。他从小就脾气倔强，目标明确。他有7个兄弟姐妹，所以他知道想要成功，唯有勤奋学习和努力工作。10岁时他就去一家棉纺厂工作，每周6天，从早上6点工作到晚上8点，下班后回到简陋的家中，看书到12点。他的毅力让他获取了行医资格，并被伦敦传教士协会接纳。他于1840年第一次到达非洲，加入了罗伯特·莫法特的库鲁曼传教团，去了南非。

1853年，利文斯通开始进行海岸之旅，那时他已被狮子咬伤过一次（1844年）。他穿越卡拉哈里沙漠发现了恩甘巴湖（1849年）和下赞比西（1851年）。利文斯通失望地发现赞比西河两岸到处疾病蔓延，他无法为妻子和家人找到合适的住处。他的主要目标是"开启通往内陆的

道路"。

利文斯通从开普敦出发向北走发现了一个合适的地方，在那里建立了传教站。他急于想知道非洲西海岸是否有一条通往海洋的水路。带着朋友瑟克勒图酋长借给他的27个马可鲁鲁人，他穿越沼泽和浓密的树林向北去了。6个月中他走了2415千米，经历了丛林、疾病、饥饿和部落居民的敌意，最后到达了大西洋上的罗安达。由于健康状况很差，一位英国海军军官请他坐船回英格兰，但他明白，自己一向公开反对奴隶贸易，因此不能扔下和他同行的人。

于是利文斯通掉头，穿越沼泽去塞谢凯，天气非常潮湿，他们连睡觉的地方都找不到。路上他被树枝打到，险些失明，并患上了风湿热，险些失聪。沿途出现的鳄鱼和河马、部落居民投出的标枪等都构成了更大的危险。

瑟克勒图酋长终于赶来营救了，他给利文斯通送来补给品和120个

人，让他沿赞比西河而下。1855年11月，往东走了80千米后，他看见一处壮观的瀑布，当地人称为"莫西奥图尼亚"，意为"发出巨响的烟雾"，他将之称为"维多利亚瀑布"。他为自己的地理发现感到十分得意，之后继续沿河而下，于1856年5月到达印度洋沿岸的克利马内。把马可鲁鲁人安顿在太特后，利文斯通出发返回英国。英国皇家地理学会授予他金质奖章以表彰他由西向东穿越非洲大陆，这是前无古人的成就。

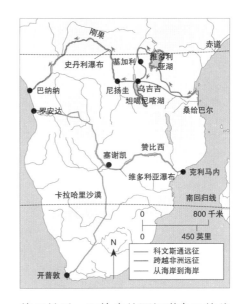

利文斯通是第一个穿越非洲的人，路线由西向东，沿途他探索每一处海岸线。后来人们以为他失踪了，直至史丹利找到他。史丹利自己也完成了横穿非洲大陆之行。

史丹利的跨非洲探险

没有什么人的童年比史丹利更艰辛了。1841年1月28日，他出生于威尔士北部的登比郡，当时名叫约翰·罗兰兹。一出生，母亲就与他断绝了关系，而他也从不知道自己的父亲是谁。他和外祖父一起生活，5岁时外祖父去世，他被送往圣阿萨夫救济院——维多利亚时代典型的机构，以条件恶劣著称。

利文斯通是第一个穿越非洲的人，路线由西向东，沿途他探索每一处海岸线。后来人们以为他失踪了，直至史丹利找到他。史丹利自己也完成了横穿非洲大陆之行。

维多利亚瀑布，利文斯通于1855年为其命名，当地人称其为"发出巨响的烟雾"。

玛丽·金斯利

玛丽·亨莉埃塔·金斯利是一位英国探险家，两次去西非和中非探险，这在当时是先驱性的。1862 年 10 月 13 日，金斯利出生于英国剑桥，她从未受过正式教育，是在家里学习读书写字的。她一直在家照料生病的母亲直至双亲于 1892 年去世，那一年她 30 岁。

1893 年，金斯利去非洲学习宗教，她希望把探险经历写下来，并且继续进行她父亲乔治·亨利·金斯利开创的宗教拜物研究。尽管当时女性独自旅行闻所未闻，她却一点儿都不害怕。

金斯利乘着一条从英国来的货船，沿着非洲海岸航行，从弗里敦到塞拉利昂，最远到安哥拉的罗安达。然后她开始了陆上之旅，从几内亚到尼日利亚，为大英博物馆搜集了许多科学标本，其中包括昆虫和淡水鱼类。她是第一个在刚果河下游研究动植物区系的人。

1894 年 12 月，金斯利从利物浦出发，乘着"巴唐加号"开始第二次探险。她去了加蓬，沿奥果韦河而上，一开始坐蒸汽船，然后改乘独木舟。她是第一个到达加蓬河法属刚果偏远地区的欧洲人。金斯利拜访了当地的芳族部落——他们以凶悍和食人闻名于世；攀登了喀麦隆火山的东南麓，海拔 4500 千米。旅程中她用英国布料换取象牙和橡胶以获取所需的费用。

1895 年，金斯利回到英国，写下充满争议的《西非之旅》，她在书中对许多欧洲人在非洲所干的勾当提出异议，对非洲原住民表示同情。

金斯利于 1899 年最后一次去南非，当时正值布尔战争。她在开普敦担任记者和护士，照料战俘，不久后写了名为《西非研究》的书。1900 年 6 月 3 日，她死于伤寒，终年 38 岁。

玛丽·金斯利照片。

金斯利拍摄的芳族武士，传说芳族人很可怕。

金斯利在刚果搜集的具有神力的塑像，名叫恩奇斯。

和利文斯通一样，史丹利知道如果他努力学习，就可以摆脱贫贱。16 岁时他横渡大西洋去了美国，自此改头换面。他为一个布料商工作，后来这个布料商用了史丹利的名字。

之后的几年时间里，史丹利从事了许多不同的工作，《纽约先驱报》的老板詹姆斯·戈登·班奈特给他提供了一个绝佳的机会，让他得以成为记者。班奈特让他去非洲寻找大卫·利文斯通。史丹利照办了，回到英国时称利文斯通还活着，大大出乎众人的意料。

这次经历点燃了史丹利对成功和非洲探险的渴望。1873 年，利文斯通去世后一年，史丹利决定去完成他未竟的事业。利文斯通临死前认为刚果河是尼罗河的一条支流，史丹利想探明维多利亚湖是否构成一片完整的水域，而且他还想揭开"月亮山"的神秘面纱。

1874 年 11 月 17 日，史丹利从桑给巴尔出发，开始了他的跨非洲之旅，这是花费最大的从非洲海岸前往内陆的探险。探险队包括 3 位军官，8 吨补给，300 名随从，一条长 12 米的木船。该船名为"爱丽丝女士号"，由 6 个部分组成。史丹利朝西前往维多利亚湖，在稀树草原行进了 100 天后到达湖岸，他在那里把"爱丽丝女士号"上的人员全部召集起来，宣称他是环航世界第二大淡水湖（即维多利亚湖）的第一人。他继续步行前往

坦噶尼喀湖，沿着湖西侧航行至其最南端，从西侧返回乌吉吉，他在那里最后一次看见利文斯通。

下一个挑战是刚果河。史丹利到达河岸时买了几条独木舟运送随从和补给品，然后就向着河流出发了。尽管路上和当地部落打了几仗，遇到了几次急流，但是他都坚持了下来。可是，他发现利文斯通错了，刚果河的流向往西，不可能是尼罗河的支流。河流向西南返回南半球，这一事实证实了他的想法。经过 999 天，总计 11265 千米的旅程，史丹利和他筋疲力尽的探险队回到大西洋沿岸的巴纳纳。那时 3 位欧洲军官都已在途中丧生，和他一起从桑给巴尔出发的随从也只有几个幸存。但是，和利文斯通一样，史丹利把他们送回桑给巴尔，然后才坐船回英国。

两位非凡的人

整个 19 世纪，只有利文斯通和史丹利两位探险家成功地穿越了非洲大陆，且在途中完成了重要的地理发现。尽管他们共处的时间很短，他们之间却建立起非同寻常的关系。史丹利是利文斯通渴望了解的"儿子"，而利文斯通是史丹利从未有过的"父亲"。

上图：史丹利穿越非洲时使用的铜质外壳罗盘。

左图：亨利·莫顿·史丹利肖像，E.M.梅里克绘。

50 湄公河探险

1866 ~ 1868 年

我每次在地图上增加一个河湾，都是一个重要的地理发现。这持续地占据我的思维，没有其他东西能分散我的注意力。我着了魔，湄公河让我着了魔。

——弗朗西斯·安邺，1885 年

19 世纪最伟大的探险之一不是在欧洲或澳大利亚，而是在亚洲。1866 年，由 6 位军官组成的湄公河探险队（Mekong Exploration Commission, MEC）消失在东南亚的热带雨林里，两年后才重新出现。经过柬埔寨、老挝、泰国、缅甸和中国的云南，探险队在世界主要河流中最荒凉的一条上航行，探索了另一条大河——长江——的上游，在地图上标示出 17500 千米未知的土地。英国皇家地理学会将这次探险称为"19 世纪最杰出、最成功的探险"，国际地理联合会将安邺和利文斯通医生评选为 19 世纪最伟大的两位探险家。不过和利文斯通不同，现在安邺和湄公河探险队已经被人们淡忘了。

原因之一是他们是法国人，当时法国人的帝国野心被英国在印度和中国的殖民统治挫败，因此法国人蔑视亚洲探险。1859 年，法国海军夺取越南南部的西贡，拿破仑三世对此无动于衷，赞成撤离，不过这很快就被证明是错误的。但在殖民地内部，以小人物弗朗西斯·安邺为首的一群狂热分子对西贡门口的湄公河三角洲充满了兴趣。他们相信一种流言，即湄公河发源于西藏，因此，他们决心证明这条河是通往中国的水路，以此拯救殖民地。西贡和湄公河可能就像新奥尔良和密西西比河一样——是通往大陆腹地的后门。

柬埔寨

一行人带着 20 位随从和大约 5 吨补给品（其中有 1000 升酒），乘着炮艇从西贡出发，于 1866 年 6 月到达吴哥窟（当时由泰国统治）。他们在此考察，并促成了将其归还柬埔寨的举措，法国当时以柬埔寨的宗主国身份自居。

雨季来临，河水上涨，7 月 7 日，他们从金边出发逆流北上。"没过多久，我们就沿着大河航行了。"安邺写道。安邺作为一个指挥官来说过分固执，所以他主要从事勘测工作，让

1866 年 6 月，湄公河探险队成员齐聚在吴哥窟，最右端的是总指挥杜达尔·拉格雷，最左端的是狂热的副总指挥——后来接替成为总指挥——弗朗西斯·安邺。

埃内斯特·马克·路易·德·贡萨格斯·杜达尔·拉格雷来做总指挥。拉格雷生性冷漠，年纪足以做安邺的父亲。他当时患了急性喉炎，不得不低声耳语。因此，人们质疑拉格雷究竟将如何指挥。此外，他很早就死了。他的死充满争议，且进一步埋没了探险队的成就。

离开金边两天后，探险队就受到水流的阻碍，他们改乘独木舟——由一整根树干建造的狭长小船——驶进第一处急流。他们是否意识到将要面对的危险，我们不得而知，不过他们确实知道航路艰难。船经过改造，这么一来他们可以用篙撑，不用桨划，篙顶部有一个弯钩形的扣子，可以挂在树枝上或钩在突起的岩石上以抵御急流。他们沿着河东岸，进入了茂密的森林。水蛭和蚊子时时刻刻都在折磨着他们，6个法国人全得了疟疾，安邺陷入昏迷。

老挝

因为昏迷，安邺没能看见整条河上最壮观的流水景色。柬埔寨和老挝边界上的孔恩瀑布在一面岩石墙和长达16千米的丛林中隆隆作响，水量比维多利亚瀑布和尼加拉瓜瀑布加起来都大，尽管不那么高，但是肯定无法通过。于是，探险队上岸以绕过瀑布，在瀑布顶端买了新的船。只有昏

琅勃拉邦处于旱季的湄公河，探险队在这附近上岸洗澡更衣，准备体面地抵达老挝首都。

迷的安邺对此事没有印象。

　　他还逃过了下一次危难。探险队中的艺术家路易·德拉普特一个人把船划进克马拉急流，为的是把旋涡画下来，后来一艘小蒸汽船被这个旋涡吞没了。其他人在探索湄公河的支流，寻找金矿。这时安邺康复了。这一行人被猎豹追赶过，吃过死老虎肉。他们唯一能打中的猎物就是孔雀，这些海军军官缺乏丛林生存经验。

　　经过 6 个月的航行，探险队到达了老挝的首都万象，这里和吴哥窟一样破破烂烂。琅勃拉邦还算舒适，至少上面有个屋顶，但他们没怎么享受，因为安邺催促他们快点儿去中国。经费越来越少，健康状况越来越差，酒也没有了，白蚁啃食着枪管，而第二个雨季又来了。

缅甸和中国的云南

　　探险队从琅勃拉邦上面的峡谷出来，到了一片混乱的掸邦，每个邦都挟持他们要求赎金，他们吸鳄鱼蛋充饥，用衣服换其他物品。长 160 千米的傥霍急流（Tang-ho Rapids）使得

安邺确信湄公河不适航。在现在中国的景洪，一行人放弃了。

　　对于指挥官拉格雷来说一切都太晚了，他在昆明北部去世了，行政官员也奄奄一息，几乎不可能长途跋涉去长江。安邺决定拼死一搏重新夺回湄公河，不过他们失败了。他们在大理被人捉住，送了回去。他们沿原路返回长江，沿著名的三峡到达汉口，一路上受尽了人们的怀疑。

　　不过在法国，几乎没人知道这次探险。首先，1871 年普法战争爆发。接着，安邺本人声称红河是另一条通往中国的航道，夸下海口说要夺取河内，不幸的是他在这个过程中被杀死了。直至 19 世纪 80 年代，法国人才听取他的建议，通过建立印度支那来挑战英国人在东南亚的地位。印度支那包括愤懑不已的越南、经过重组的柬埔寨、重新成立的老挝，3 个国家由无法通航的湄公河连接起来。湄公河本来被设想成是通往中国的捷径，后来却成了帝国的阻碍，再后来成了观念上的壁垒。

琅勃拉邦的迈佛寺，由探险队中的艺术家路易·德拉普特绘，今天的寺庙仍和当年差不多。德拉普特的绘画被多次重印，是人们了解探险的窗口。

阿拉伯荒漠之旅

51

1876 ～ 1878 年

我在阿拉伯度过了一天好时光，其余的都糟糕透了。

——查尔斯·道蒂，1888 年

查尔斯·道蒂或许是 19 世纪阿拉伯旅行家中最不可思议的一个了，他有许多独特而引人注目的特点，使他不可能融入伊斯兰生活：他是个激进的基督徒，个子很高，长着一头红发，蓄着络腮胡。和有钱的旅行家（比如海丝特·斯坦霍普、简·迪格比和布朗特夫妇）不同，他经常没有钱，不得不向阿拉伯人求助。道蒂神经过敏，缺乏耐性。理查德·伯顿这样的探险家自得其乐地享受着阿拉伯之旅中的怪异和危险，品味着当地人的生活方式，然而道蒂对这些相当抵触。

道蒂学会阿拉伯语后，迫切地想去冒险。1876 年，他跟着一个队伍从大马士革出发去麦加朝圣，然而中途遇见的沙漠民族激发了他的好奇心，他很快就脱离了原定的路线。他和贝都因放牧人生活了好几个月，经历了一系列令人灰心的事：他被抢劫了好几次；被人丢在沙漠里差点儿饿死；被人劫持，对方威胁要杀了他。他没有带军刀或剑，只带了一把小刀（被伯顿大大嘲笑了一番），后来他不得不在衬衫下藏一把手枪。一次他觉得受到严重威胁，就把枪拿出来，却不知怎么使用。难怪他对阿拉伯生活不那么热衷了。

不过虽然危险层出不穷，道蒂仍凭借着他的固执和决心在这片土地上探索着，比他之前任何一个探险家都了解贝都因人的生活。在两年中，道蒂记下了当地人日常生活中最微小的细节：搭拆帐篷、装卸骆驼上的行李、家庭和部落内部以及外部的关系。虽然他不以人类学家自居，但实际上他却是这门学科的先驱。道蒂的书中反复出现的一个主题是"纯正的"游牧民族：他们住在沙漠中，依赖沙漠生存，比住在沙漠边缘的贝都因人高尚，后者受到累凡特邪恶城市的败坏。那些部落居民散发出的"定居者的气息"在他眼中沾染了所多玛和蛾摩拉不可

查尔斯·道蒂，他身材颀长，长着红发，蓄着络腮胡，一眼就能看出是欧洲人。

救药的堕落风气。道蒂颇有些像《旧约全书》中的先知。

离开原来的朝圣队伍结交贝都因牧人的途中，他不断受到东道主的驱逐：拉希德部落和土耳其奥斯曼帝国的人都想赶走他。但是他并不气馁，接着走上了去麦加的朝圣之路，不过抢劫和骚扰仍挥之不去。经历漫长的旅程终于到达吉达的时候，他已是身无分文，筋疲力尽。

后人因为道蒂写的《阿拉伯荒漠之旅》而永远地记住了他，这本书和他的作者一样奇特，书中使用的是中世纪和文艺复兴时期的英语。这本书引起了某种反响，此外书中的内容满足了人们对《一千零一夜》中描写的阿拉伯世界的好奇心，因此这本书在维多利亚时代的英国吸引了很多读者——尽管有些段落语言晦涩，几乎看不懂。不过，在《阿拉伯荒漠之旅》后来的一个版本中，T.E. 劳伦斯在引言中写道："我不认为任何一个在道蒂先生之前或之后去阿拉伯旅行的人有权赞扬他的书——更不用说批评了。"

鲁卜哈利沙漠（The Empty Quarter，无人的四分之一）

虽然道蒂去了阿拉伯的许多地方，记录了许多新的信息，但他从未尝试去穿越阿拉伯半岛南部最危险的沙漠，人称"无人的四分之一"或鲁卜哈利沙漠。这一成就永远地与另外 3 个英国探险家的名字联系在了一起：博特伦·托马斯（1892—1950年）、圣·约翰·菲尔比（1885—1960年）和威尔弗里德·塞西杰（1910—2003年）。

博特伦·托马斯是第一个穿越阿拉伯半岛南部"无人的四分之一"的欧洲人，这是一片可怕的沙漠。这张骆驼队的照片拍摄于 1930 年或 1931 年。

托马斯和菲尔比是下定决心要成为完成这趟传奇之旅的第一人，托马斯于 1930 年由南至北穿越了沙漠；第二年，菲尔比走了一条更长的路线由北至南穿越，宣称这才是第一次真正的穿越。托马斯由拉希德部落向导陪同，他们能准确地把他带到有井的地方，不过他的劣势在于拉希德部落有许多敌人，所以一路上他们不断受到当地贝都因人的威胁。

菲尔比的行动得到了沙特阿拉伯国王的认可（尽管是迟来的），这样就安全多了。菲尔比不仅能说流利的阿拉伯语，而且皈依了伊斯兰教，这进一步让他避免了托马斯遇到的那些困难。然而菲尔比实在是个不那么忠诚的人，第二次世界大战时他曾因参与反英活动遭到拘捕，且在阿拉伯之行中一个人脱离了他的同伴。

威廉·帕尔格雷夫，朱丽娅·玛格丽特·卡梅隆摄于 1868 年。帕尔格雷夫穿越了阿拉伯北部，不过他的动机是一个谜。

威廉·帕尔格雷夫

　　威廉·吉法德·帕尔格雷夫身负着一项使命，至于使命的内容，在他生前和死后都是谜团。1826 年，他出生于一个犹太人家庭，不过他父亲把原来的姓氏"科恩"改成了"帕尔格雷夫"，并成为英国维多利亚时代大名鼎鼎的人物。他的几个儿子也一样，而威廉则不同。尽管他一开始中规中矩——牛津大学毕业生，东印度公司军团年轻军官，不过后来他却成了一位耶稣会传教士和探险家。

　　1857 年帕尔格雷夫来到黎巴嫩，试图说服那里的伊斯兰教徒皈依基督教。他穿着阿拉伯长袍，尽管如此，还是因为那里的反基督教示威和屠杀活动而被迫离开了。在法国耶稣会学院隐修时，他第一次想到了自西向东穿越阿拉伯半岛北部沙漠：从累凡特到波斯湾。

　　帕尔格雷夫此行的动机当时无人知晓，现在也一样。后来他写道，"是土地上的人民，而非人民的土地，才是我的主要目标和研究对象"，这和他之前的传教活动以及对游牧民族表现出来的兴趣非常一致。不过他可能有另一个动机：在法国时，他受到拿破仑三世的召见，皇帝可能请他充当间谍，为扩张铺平道路。（拿破仑三世希望在海湾地区发展商业，扩大殖民统治，这是人尽皆知的。）这时，帕尔格雷夫把姓氏重新改成"科恩"，这进一步说明他想弱化自己的英国血统。

　　无论动机是什么，帕尔格雷夫都是穿越内夫得沙漠的第一人。这趟旅程惊心动魄，那是"一片无边无际的红色沙海"。他伪装成叙利亚医生，到达利雅得（人称"狮穴"）时，埃米尔的儿子为了毒死自己的哥哥，向他要番木鳖碱，他不得不趁晚祷没人看守时偷偷地飞快溜走。

　　帕尔格雷夫的旅行见闻共有两卷，但他描写的许多方面，包括人口、沙丘高度、阿拉伯马匹等，非常不精确，后世的一些探险家质疑他是否真的到过那里。他无疑到过，我们只是不知道为什么。

最后一位先驱威尔弗里德·塞西杰在20世纪50年代穿越了鲁卜哈利沙漠。他也由拉希德部落的向导带领，他对于贝都因人的兴趣远远大于和其他人比赛谁第一个穿越这片沙漠。是他的书（著名的《阿拉伯沙漠》）让我们对贝都因人有了更加人性化的了解，几乎没有一个前人做到这一点。

和道蒂不同，塞西杰对阿拉伯人抱着真诚的同情，且用理解和幽默的笔触描写了他们充满矛盾的生活：阿拉伯人既慷慨好客，又喜欢向别人讨东西；他们在沙漠中寻找寂静的地方居住，却又喜欢挤在别人的帐篷里大声吵闹；他们热爱诗歌，却对自然景色和清真寺建筑的美视而不见。

但所有这些后来的探险家都看过道蒂的书，研究过他写的阿拉伯人的生活和沙漠中的危险。若是没有他19世纪的探险，英国人或许不会产生对阿拉伯的痴迷，这种痴迷催生了20世纪几次最伟大的旅程。

下左图：一把呈弧形的阿拉伯匕首及其刀鞘，威尔弗里德·塞西杰所有。

下右图：塞西杰在阿曼沙漠探险时的旅伴本·卡比纳和本·哈拜沙，塞西杰摄。

东北航道探索者 52

1878 ~ 1879 年

[1879 年 7 月 20 日] 早上 11 点，我们身处连接北极和太平洋的海峡上。在这里，我们在"维嘉号"上竖起国旗，放了一响瑞典礼炮，以向新旧两个世界表达敬意。我们终于到达了那么多国家试图到达的目的地。

——A.E. 努登舍尔德

1832 年，阿道夫·埃里克·努登舍尔德出生在芬兰（当时是俄属芬兰大公国）一个显赫之家，在赫尔辛基大学获得地理学学位。但是，他得罪了俄国权贵，不得不于 1857 年逃亡到瑞典。他以地理学家的身份参与了去斯瓦尔巴群岛和西格陵兰的探险。1872 年，他计划坐驯鹿雪橇从斯瓦尔巴去北极，而驯鹿中途逃跑，计划泡汤。不过，他是穿越东北地岛（Nordaustlandet）冰盖的第一人。

在哥德堡商人奥斯卡·迪克森的资助下，努登舍尔德尝试开通一条从喀拉海（Kara Sea）至西伯利亚西部的常规贸易路线，可惜一无所获。1878 年，他希望开辟一条通往叶尼塞河的航路，他买了捕鲸船"维嘉号"，试图以东北航路作为第一个中转点。以前也有许多人（包括威廉·巴伦支）想绕过欧洲和俄罗斯的北岸，开辟通往远东的贸易航路，从大西洋到太平洋，但没有一个人成功。

探险

"维嘉号" 建造于 1872 年至 1873 年，是一艘三桅帆船，吨

对页图：A.E. 努登舍尔德站在冰上，身后是"维嘉号"，格奥尔格·冯·罗森绘。

右图：版画，"维嘉号"和"勒拿号"向切柳斯金角鸣炮致意，切柳斯金角是亚欧大陆最北面的一点，也可能是东北航道的关键点（据A.霍夫加德画而作）。

以往有人试图在欧洲西部和俄罗斯之间开辟一条过渡性的东北航道，但努登舍尔德是第一个成功的人，他取道日本、斯里兰卡，途经苏伊士运河和地中海返回瑞典。

位 299，发动机马力数 60.（1 马力 =0.735 千瓦），总指挥是瑞典海军军官路易斯·帕兰德（Louis Palander）。探险队成员包括一位植物学家，一位动物学家，一位苔类植物学家（兼任医生），一位水文学家（船主），一位气象学家，一位地磁学家，另有奥斯卡·诺德奎斯特上尉——动物学家兼俄语翻译，服役于俄国近卫军。船上总共 17 人，外加 3 个挪威海豹猎人。

1878 年 6 月 22 日，"维嘉号"从瑞典卡尔斯克鲁纳海军基地出发，在哥本哈根和哥德堡停靠，于 7 月 17 日到达特罗姆瑟，4 天后再次起航。这次由吨位为 100 的蒸汽船"勒拿号"陪同，此船由爱德华·霍尔姆·约翰森指挥，目的地是勒拿河。7 月 30 日，两艘船到达尤戈尔斯基海峡上哈巴罗夫的一个涅涅茨人村庄，与"弗雷泽号"蒸汽船和"快运号"帆船会合，这两艘船要去叶尼塞河装载谷物，然后返回西欧。

这支小舰队于 8 月 1 日起航往东，在风和日丽中穿越不冻的喀拉海，于 8 月 6 日到达迪克森港。"快运号"给"维嘉号"和"勒拿号"输送了一次补给品，而后和"弗雷泽号"前往叶尼塞河；8 月 10 日，"维嘉号"和"勒拿号"往东航向大海。

航道

航行过程中海面上有一些碎冰，不过更大的问题是持续的浓雾，船不得不在泰梅尔半岛上的阿克提尼亚湾停靠了 3 天。8 月 19 日晚，他们到达了亚欧大陆最北端的切柳斯金角，他们的船是首先到这个地方的两艘

幸存者所绘的茅屋内部，巴伦支的船被冰层包围时，船员在茅屋里过冬。

威廉·巴伦支的探险

1594~1597 年

1594 年，荷兰人派遣了 3 艘船只试图通过东北航道到达远东，其中一艘（叫作"墨丘利号"）从阿姆斯特丹出发，由威廉·巴伦支指挥。巴伦支到达新地岛沿岸后继续向北，最远到其最北面的角落热拉尼亚角，不过由于冰层太厚不得不掉头。

第二年，荷兰人又派遣了一支由 7 艘船组成的舰队，其中一艘仍由巴伦支指挥。这次，整支舰队在尤戈尔斯基海峡——最南面的一条通往喀拉海的海峡——被冰层堵住了去路，又不得不返航。

不过荷兰人没有气馁，1596 年，阿姆斯特丹商人派遣了两艘船：一艘由雅各·梵·海姆斯凯克指挥，巴伦支担任领航员；另一艘由扬·科内利松·里皮指挥。他们希望开辟一条更北面的路线，他们先是发现了熊岛并登陆，然后向北抵达斯瓦尔巴西北角的阿姆斯特丹岛，接着向南返回熊岛，从那里分头行动。里皮回到北面继续探索斯瓦尔巴，巴伦支和海姆斯凯克向东航行。绕过新地岛北角时，他们在"叶沙文"（列佳纳亚港湾）受到冰层阻碍，船只被冰层包围、损毁，不过船员在岸上搭了间房子，过了个舒服的冬天——尽管有两人死于坏血病。春天来临时他们分别乘两艘船返回南面，6 月 20 日，巴伦支去世，葬于新地岛。其余人于 8 月底到达内地海岸线，非常巧合地被由里皮指挥的船营救了。出人意料的是，巴伦支依据此次探险绘制了精确的新地岛西海岸地图，为后世试图开辟东北航道的海员指明了方向，其中包括努登舍尔德。他终于成功了。

船，从很大程度上说，这里是东北航道的十字路口。

第二天中午，两艘船继续往东渡过拉普捷夫海。8 月 22 日，他们遇上了相当厚的冰和浓重的雾，努登舍尔德被迫朝南沿着泰梅尔半岛东岸航行，到达普里奥布拉岑尼亚岛，短暂停留了一会儿。努登舍尔德的勘测表明泰梅尔半岛的整个东海岸被人们设想得太往东了，因为根据当时的航海图，船错过了陆地。

8 月 27 日，两艘船在勒拿半岛分开，"勒拿号"沿着勒拿河的一条支流向雅库茨克上游航行，"维嘉号"向东航行。8 月 31 日，"维嘉号"渡过德米特里·拉普捷夫海峡，尽管当时冰相当厚，他们还是于 9 月 3 日到达熊岛群岛，但从那里往东，海岸沿线的航路很窄，有的地方只有 6~7

千米宽。9 月 7 日早晨，两艘楚科奇人的木架蒙皮船在舍拉格斯基角下海，此后"维嘉号"经常碰见楚科奇人。

冰上过冬

因为冰冻的缘故，"维嘉号"在斯维尔尼角（今天的施密特角）停靠了一周，然后渡过万卡列姆角和翁曼角，不过到29日，他们因为快速形成的冰层中断了航程。船只得在一处不动的浮冰上过冬，此地位于东北海角，在科柳钦湾的入口处，附近是一个叫作彼得雷卡的楚科奇人聚居区，距离白令海峡225千米。

科学家、军官和船员度过了一个颇为舒适且科学成果相当丰富的冬季，他们进行了一系列气象学和潮汐方面的观测，并在海岸上专门设立了一个地磁观测点。许多楚科奇人几乎是每天都到船上拜访他们，诺德奎斯特很快学会了他们的语言；他们拜访了许多邻近的村庄，搜集了大量工具、武器和衣服。

返航

1879年6月中旬，冰层开始融化，7月18日"维嘉号"再度起航。20日早上11点，"维嘉号"驶过杰日尼奥夫角，它是第一艘从大西洋驶进太平洋完成东北航道航行的船只。

"维嘉号"分别在拉夫连季亚湾、克拉伦斯港（今美国的特勒）、阿拉斯加、圣劳伦斯和白令岛停靠，然后开始朝南航行，于9月2日到达日本横滨。

努登舍尔德和他的同伴在日本受到热烈欢迎，他们四处旅行，同时日本人把"维嘉号"彻底翻修了一遍，在船底部包上了铜。10月27日，他们从长崎出发返航。船经过香港、新加坡、加勒（位于斯里兰卡）、亚丁、苏伊士运河、那不勒斯、里斯本、法尔茅斯、弗利辛恩和哥本哈根，于1880年4月24日抵达斯德哥尔摩，船上所有人员在每一个挂靠港都受到热情款待。奥斯卡国王封努登舍尔德为男爵，授予他大北极星勋章（Great Cross of the North Star）；帕兰德被封为骑士，授予北极星勋章。现在在瑞典，每年的4月24日被称为"'维嘉号'日"，要举行庆祝活动。

1880年"维嘉号"船员在那不勒斯拍摄的照片，他们已开通东北航道，正要回斯德哥尔摩。

印度间谍的西藏探险[1]

1865 ~ 1885 年

我在拉达克时发现那里的印度人可以在中国的拉达克和叶尔羌自由进出，所以我想也许可以通过那种方式去探险。

——托马斯·蒙哥马利上尉，1862 年

在"大博弈"最激烈的时期，即维多利亚女王的英国和沙皇俄国暗自较劲的时期，英国军方对这片土地还一无所知。对于印度北部边界以外地区的缺乏了解使得英属印度的军事策略家们十分忧心，因为俄国军队在朝那里步步逼近，这已不是什么秘密了。确实，一些英国军事家确信俄国人不把印度——世界上最富有的国家之一——占为己有是不会罢休的。

为那些蛮荒的山口和其他军事路线绘制地图之所以困难，是因为人们普遍觉得让英国官员或军事测绘员亲自去太危险了。1862 年，一个年轻的孟加拉工兵军官——托马斯·蒙哥马利上尉——加入了设于德拉敦的印度测绘部，忽然之间想出了一个绝妙的主意。他对上司说，为什么不亲自挑选一些有才智的印度本地探险家，让他们接受机密测绘训练呢？他在拉达克的时候注意到，印度人可以自由地在中国的管辖区域进出（本文开头引言）。

蒙哥马利的上级对此深表赞叹，因为他们确定，非欧洲人即使被拘捕，也可以抵赖，如果被杀害也不会引起报复。蒙哥马利的"间谍"——在后人眼中是如此——在德拉敦基地接受了几个月训练后，精心伪装成僧侣或商人，带着特别设计的工具，开始了一系列秘密探险。

左图：*托马斯·蒙哥马利上尉，是他一手建立了间谍探险队。*

德拉敦间谍学校

蒙哥马利首先通过严格的训练，让他的人无论是上坡、下坡或是在平地上，都以固定长度的步伐走一段很长的距离。他发明出一些方法，能够精确且秘密地计算出每天行进的总距离。一些人乔装成佛教朝圣者，随身

---

[1] 译者注：原文"Pundit"译成中文，在此特指 19 世纪下半叶受英国印度殖民当局雇佣和训练的当地人，他们在印度北部和中国西藏进行探险和地理测绘活动。

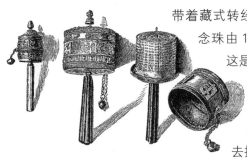

转经筒，掀开顶部可以看见纸卷。转经筒不仅仅用于转动，其里面可以藏一卷用于做笔记的白纸。

右图：曾被认为非常神秘的西藏位于"大博弈"阵地东部尽头，间谍秘密地来这里勘测，他们全部从德拉敦出发。

现存的唯一一张纳因·辛格画像，他曾秘密地去西藏拉萨和更远的地方探险。

带着藏式转经筒和念珠。佛教念珠由 108 颗珠子串成，这是一个神圣的数字，帮助人们计算他们每天祈祷的次数。但是，只要去掉 8 颗珠子，就只剩下 100 颗，这样既不会让人察觉，又便于计数。每走到第 100 步时，间谍就滑动一颗珠子，一串念珠就是 10000 步。每天结束后，他就能计算这一天走的距离，并记录其他观察所得的结果，这是靠精心设计的转经筒完成的。转经筒上部是一个铜质圆柱体，与一般转经筒不同，这些转经筒的内部卷着白纸，给间谍做记录用。其他秘密器具包括藏在转经筒顶部的小罗盘，手杖中用以测量海拔的温度计，还有把水银灌在贝壳中模仿航空地平仪。

西藏——进入禁地

间谍探险家总共有十几个人，他们行走了上百有的是上千千米，而且永远是步行，有时延续几个月，有时几年，总时间跨度是 30 年。其中至少有一人未能返程，有两人进入了西藏，那时西藏是中亚最神秘的角落，藏民小心翼翼地守卫着她崎岖的边界。

其中一个人名为纳因·辛格，代号为"一号"，他于 1865 年抵达拉萨，此时距他离开德拉敦整整一年。他在路上遭人怀疑，不得不两次更换伪装，但没有人会像他一样那么仔细地计算途中跨出的每一步，无数次地用罗盘测量方位，还观察了其他许多东西。

他在拉萨待了 3 个月，没有被人识破。期间他努力地测量地理坐标和海拔高度，并详细地记录了圣城内部和周边的各种细节。

根据他的数据，经计算得到拉萨的纬度是北纬 29 度 39 分 17 秒，与今天的地球仪相比只差了 2 分，这是惊人的成就。通过他用温度计测得的沸点，我们得知拉萨的海拔为 3566 米，与现在的数据——3658 米基本吻合。

经过了重重磨难和足以致命的行进过程，纳因·辛格平安地回到德拉敦，他一共走了 1820 千米，跨出 250 万步。他的探险历时 18 个月，不过他没怎么休息，回来不到 6 个月他又被派去执行另一项秘密任务，这次是去西藏传说中的金矿托甲隆（Thok-Jalung）。最终，英国皇家地理学会授予他金质奖章，以表彰他的杰出贡献。

拉萨布达拉宫，内有1000个房间，纳因·辛格偷偷记下了它的面积。

青海湖之行

第二位间谍是吉森·辛格，代号为"AK"，之前已经执行过两次任务。1878年，他第三次受到委派，这次探险全程4800千米，历时4年，他的目的地是当时还无人知晓的青海湖。他顺利地到达拉萨，不过在那里滞留了好几个月，等待前往那片荒原的马帮。这位间谍充分利用了这段时间，绘制了到那时为止最为详尽的拉萨地图。他还学会了蒙古语，后来他是跟一支蒙古马帮去了北面，这时语言能力就变得非常可贵了。他们在西藏的北部沙漠里遭到过袭击，虽然不如对方人多，但他们却成功地打退了对方。

这不过是吉森·辛格旅程中遇到的第一次挫折，后来中国人对他起了疑心，把他监禁了7个月。他衣衫褴褛，饥肠辘辘，好在地图和测量仪器完好无损。他记录了550万步，最终回到德拉敦时，其他人要做的就是把他的数据写下来。

其他经过英国人训练的印度间谍也有类似惊心动魄的故事，但这两个人是最令人难以忘怀的。德拉敦有一座印度测绘博物馆，这里也是蒙哥马利上校最后一次给这些人下达命令的地方，他清楚地知道，他可能是把他们送上了死路。

左图：晚年的吉森·辛格，他的最后一次秘密之行耗时4年。

54 中亚和东亚探险

1871 ～ 1888 年

你能从这里到任何地方，只不过口袋里揣着的不是《福音书》而是钱，一只手里拿着马枪，另一只手里拿鞭子……只要 1000 个俄罗斯士兵，就能征服从贝加尔湖到喜马拉雅的所有地方。

——普热瓦利斯基上校写给季赫梅诺夫将军的私人信件，1873 年

尼古拉·普热瓦利斯基对一件事情如痴如醉：探索中亚，如果可能的话到达西藏的拉萨。他一生都在为实现这些目标而奋斗，为此他牺牲了事业——虽然他的军阶高至少将，却从来没正经地带领过一支军队；他为此牺牲了私人生活——他没结过婚；他还为此牺牲了个性——他变得越来越狭隘。

他每次通过沙俄边境去中亚探险之间的时间间隔都很短：1871~1873 年、1876~1878 年、1879~1880 年、1883~1885 年。最后一次是在 1888 年，他在那一年死去。这些探险全部加起来构成了历史上最伟大的探险之一，因为它一直在进行中，沿着行进的路线一步步抵达中亚腹地。

在这些探险过程中，普热瓦利斯基从西伯利亚的阿穆尔州到达蒙古、戈壁、中国新疆和西藏，他翻越天山山脉，为洪堡山脉命名并绘制地图，沿着塔克拉玛干沙漠边缘走了一圈，第一次勘测了罗布泊地区，发现了敦煌的千佛洞，后来他又填补了地图上中国西部阿尔金山脉至柴达木地区的空白。

在这些探险之前，人们对阿姆河上游、帕米尔高原东部和昆仑山南部了解甚少，只知道那是一片由沙漠、高山、急流（通常是结冰的）构成的荒野。这是普热瓦利斯基的处女地，那里食物和补给品都非常缺乏，以至于骆驼常常撕开鞍，把稻草芯都吃下去。不过，尽管他取得了如此巨大的成就，人们之所以对他印象深刻，却是因为他没有达成自设的目标，即抵达拉萨。他把这里看作佛教的心脏，能将精神的力量传至锡兰（今斯里兰卡）和日本。因此，俄国特别渴望对此地施加影响。

俄国军官尼古拉·普热瓦利斯基，他将军事生涯全部花费于中亚勘测上，目的是为了促成俄国的扩张。

狂热的猎手

普热瓦利斯基拥有许多在探险中派得上用场的才能：他是严肃的植物学家，到哪里都不忘搜集植物标本（一次探险就搜集了897种）；他是人类学家，带回了关于罗布泊周围居民的重要材料；他是动物学家，发现并命名了普热瓦利斯基野马（又称普氏野马），这种马的鬃毛又短又翘，牙齿很大，四肢很短；他既是地理学家又是地质学家，善长绘制地图，对岩石构成有着极其敏锐的鉴别力。

在同伴眼中他是个博览群书的人，更明显的特点是，他是个狂热的猎人。中亚陡坡上所有在地上走的和在天上飞的动物他都打过。他从蒙古包里爬出来，把猎枪三脚架顶在脑袋上，一头近视的麋鹿把他误认为配偶；他对着朝自己走来的任何动物射击，直到把子弹全用完（他把子弹藏在帽子里）；他一有机会就打狼（有一次令他感到沮丧的是狼把他的弹药带叼走了）。难怪无论普热瓦利斯基走到哪里头顶上都跟着一群秃鹫，它们是想吃他的猎物。

帝国野心

帝国野心最明显地表现在普热瓦利斯基花费时间最长，也是最杰出的一次探险中：1879~1880年，探险队从蒙古阿尔泰沙漠穿越中国，翻过洪堡山脉，原定目的地是拉萨，不过最后取道乌兰巴托返程。他和同伴在探险前期花了3个星期准备武器。他是在这时第一次看到普热瓦利斯基野马，这次探险最艰难，距离也最长，难怪他回到俄国时，大家都以为他早就死了。

作为军人，普热瓦利斯基对中亚探险途中的战略要地特别关注。俄罗斯帝国在那个地区扩张土地和影响力的方式让英属印度十分焦虑，在"大博弈"中，双方都试图占据主导地位。他想和阿古柏建立起外交联系，这个穆斯林统治者分割出一个独立的喀什噶尔汗国。不过阿古柏准确地估计到

俄国皇家地理学会为普热瓦利斯基搜集的鸟类制作的插画。

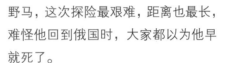

罗布泊芦苇屋中的居民，普热瓦利斯基研究过这些人。

荣赫鹏

荣赫鹏（1863—1942 年）是"大博弈"中的英国主角，他活动的年代及位置和普热瓦利斯基相似。他早期主要在帕米尔高原和昆仑山进行探险和军事勘测，路线是中国和阿富汗之间的一段通道，他正确地估计到俄国想统治这个地方。

19 世纪 80 年代，荣赫鹏是英国皇家龙骑兵团中的年轻军官，被调往英属印度的政务部工作。他独自进行漫长旅行的目的之一（通常谎称去打猎），是勘测那些可能被俄国人用来入侵印度的山口，同时侦查和向英国汇报俄国人在那里的活动。

1891 年，荣赫鹏在这片归属不明且充满纠纷的荒野上遇见了名叫亚诺夫的俄国上校，对方带着 40 个哥萨克人。荣赫鹏很清楚他们是来宣布对这里拥有主权的，亚诺夫带着把他送出去的命令返回时，一切就变得更清楚了。荣赫鹏把这个消息报告给总督和英国政府时，对方挑衅英国人在这片战略位置脆弱的土地上的权威，双方差点爆发了战争。最后，俄国人虽没放弃，但是撤退了。

荣赫鹏在别人眼中是个无畏的探险家、风度翩翩的军人和手段高明的外交家。1904 年，印度总督寇松爵士决定要遏制俄国在中国西藏的军事控制，唯一的方法就是把军队派往拉萨，意料之中的是他让荣赫鹏带领这次远征。荣赫鹏打败了藏族军队，占领了拉萨。这场战役并没有为他带来荣耀，开战的理由也不充分。荣赫鹏的政治生涯就此完结。

生于爱德华七世时代的荣赫鹏，是"大博弈"时中亚的主要玩家之一。

英国军队进入拉萨，1903~1904 年英国派遣使团到拉萨时。

两匹普氏野马，普热瓦利斯基看见的第一匹在来复枪射程之外，真是太幸运了。

普热瓦利斯基历时最长的一次探险路线（1879~1880年），这是他在这个地区进行的许多次探险中的一次。

了他的意图，包括军事探测，所以在他去罗布泊的路上只提供了极少的援助。

帝国野心是普热瓦利斯基在圣彼得堡受到盛情款待的原因之一，俄国皇储（未来的沙皇尼古拉二世）邀请他讲述中亚见闻，这进一步助长了他的野心。不过普热瓦利斯基本人并不喜欢皇城里的窒息气氛，每次探险回来后他总是迫不及待地回到自己在乡下的家，猎取更多野兽，准备下一次探险。他喜欢和探险队员在一起，与他们建立起情感上的联系，以此取代亲情。尽管他没能到达拉萨，尽管他是怀着强烈的沙文主义思想进行探险的，他的发现和地理成就仍得到广泛认可。英国皇家地理学会对他大加赞扬，认为他是自马可·波罗以后对中亚有最重大发现的人。

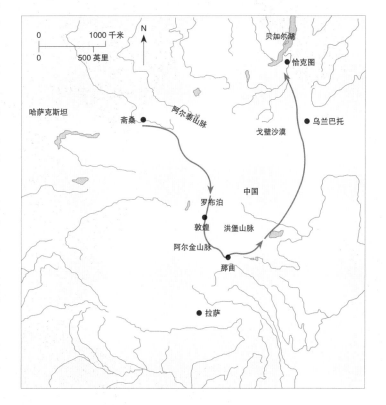

近代

现在是最好的旅行时代，我们的祖先要花上几个月甚至几年才到达的地方，今天只要几小时就能到达，方便且便宜。从某种程度上说，我们对世界的了解比以往任何时候都多，不过还有很多地方我们没有去过。然而，我们也发现人类对地球上物种的实际运作机制所知甚少，所以，我们仍然有机会像以前一样进行"伟大"的发现之旅。

随着时间的流逝，现在很难重述一些相对晚一些的探险的细节，因为有的地方已经发生了不可逆转的变化，有的地方则不对旅行者开放了。比如，赫定和斯坦因曾穿越的塔克拉玛干沙漠中已经不存在宝藏，山洞中也没有佛典手稿了（7世纪从印度带来的被斯坦因运到了大英博物馆）。那些充满勇气的女性，比如格特鲁德·贝尔、伊莎贝拉·伯德、芙瑞亚·斯塔克也不能在人们心中激起与过去的人同等的仰慕之情——即便她们去的沙漠仍对单身的基督教女子开放。

在近代，男性和女性不仅去了从未有人涉足的地域，还使用了从未有人用过的技术。通常在最新器材的帮助下，他们能克服对于前人来说似乎是无法逾越的障碍。希拉里和丹增登顶了珠穆朗玛峰，世界上的所有山峰可以说都被人们征服了。许多探险一次次考验着人类的精神力量和坚韧毅力的极限。

南北两极都有人到达过，每次都伴随着争议和互相指责。好几个人宣称他们是第一个到达北纬90度的人：皮里的声明现在遭到质疑，也缺乏科学的佐证；赫伯特创造了极地历史上最长的穿越纪录，无可质疑

1953年，艾德蒙·希拉里和丹增·诺盖到达海拔8535米的9号营地，将成功登顶珠穆朗玛峰。

地取得了成功。阿蒙森打败斯科特成为到达南极的第一人，一方面这是一个令人悲伤的欺骗故事，另一方面又蕴含了惊人的勇气，或许不能说是胜利，但确实成就了伟大的科学发现，至今仍能激起人们强烈的情感。沙克尔顿虽然事先没有计划，他也没达到预定的目的地，但他的旅程仍是有史以来最伟大的之一。

勇敢的飞行员征服了一片新的疆界，他们飞上天空，获得了另一种声望。林德伯格是单人横跨大西洋的第一人，他的一生高潮迭起。但两位富有传奇色彩的女飞行员——阿梅莉亚·埃尔哈特和艾米·约翰逊却失踪了，这使得空中探险愈发神秘。早期飞行家们驾驶着狭小且性能低劣的飞机冒险，而现在，皮卡尔、琼斯、福塞特借助风和气流乘热气球环游世界。挑战无疑会继续存在，纪录也会一再被人打破。

这一时期的航海有着特殊的意义。海尔达尔和同伴乘着"康提基号"木筏从南美航行至玻利尼西亚，科学界和民间都被深深地震动了。诺克斯－约翰斯顿记录下了这段旅程，将一个单枪匹马迎战自然力的船员的勇气描写得淋漓尽致。

海洋中还存在着尚未被探索的区域，没有一个人去过。巴拉德在深海底部进行的科学考察不只是一场伟大的探险，深海热泉周围发现的生命形态更有可能改变人类对进化的认识。

当人们第一次踏上月球时，人类的冒险精神跨越了又一条边界，朝前迈出了一大步。我们最终能想象在地球以外的宇宙中旅行，那真是无穷无尽的。

"旅行者2号"拍摄的土星及其卫星。人类现已开始使用宇宙探测器探索太阳系外围的行星。

穿越亚洲

1890 ~ 1891 年、1893 ~ 1897 年、1899 ~ 1902 年、
1905 ~ 1908 年、1927 ~ 1935 年

没有回头路。

——塔克拉玛干沙漠谚语，斯文·赫定引

极少数探险家像瑞典人斯文·赫定一样声名远扬，同样，极少数探险家像他一样在声名狼藉中完结了一生。赫定是个意志坚定且富有勇气的旅行家，他不仅深入中国新疆境内险恶的塔克拉玛干沙漠，而且向整整一代渴望求知的学者开启了一片新区域，他们在过去丝绸之路的补给站上抢夺佛典手稿和其他宝藏，这些物品让人们得知前辈探险家的曲折经历。

赫定的探险开始得很早：1890 年，25 岁的他第一次来到中亚的喀什，在一群帝国野心家中声名鹊起，其中包括俄国领事尼古拉·彼得罗夫斯基、英国领事乔治·马戛尔尼，以及荣赫鹏。3 年后他开始进行一系列探险，这些探险延续了 40 年，但第一次严肃的考察工作几乎是致命的。

1895 年，赫定从喀什出发，在叶尔羌河上的梅尔克特备齐了随从、骆驼和补给品。他计划穿越塔克拉

绝望的人们在挖井，选自赫定《中亚之行》，这是赫定第一次主要的探险，他差一点儿被渴死。

227

斯文·赫定骑在一头中亚常见的双峰骆驼上，这种骆驼在运输和商贸活动中很常见。

玛干沙漠到达西藏，边走边绘制地图。但在沙漠里走了两个星期，经过最后一口井时，他才发现他的随从没有按要求装满10天所需的水，水只够用两天。他原本应该折回，但其他人告诉他不远处就是和田河，所以他减少了每个人的用水量继续往前走。

他们没看见河，他丢弃了较弱的骆驼，靠着罗盘在沙尘暴中继续前进。但是，不幸的是本来就很少的水实际上比他想象中的还要少，因为他的一

赫定背着靴子从河里回来，救了他同伴的命，选自他的《中亚之行》。

个向导在偷水。他接下来几天中的日记和斯科特上尉17年后从南极返程时写的一样，绝望而凄凉。

一些人因为干渴和疲劳晕倒了，一些人喝汽油炉的燃料，另一些喝羊血，羊本来是当食物的。最后，只有赫定和另外一个人能够继续前进，他们舌头肿胀，眼睛充血，在沙漠中爬行。当他们终于到达和田河时，河水已枯竭，但是跟着水鸟的叫声又爬了几个小时，他们发现了一个淡水池塘。他尽可能地喝水，在靴子里装满水带给同伴，一行人中只损失了两个，但这也足以让赫定返回喀什，制订更周全的计划。然而，这次惊险不过是序曲。

从喀什到和田

1895年晚些时候，赫定再次从喀什出发，这次他绕过塔克拉玛干沙漠，花了3个星期到达和田，被沙漠中出现的宝藏深深吸引。和当地人不同，他的兴趣不在金银，而是在手稿、钱币和各类古董，他到沙漠里去了好几次以挖掘这些东西。一次正值隆冬，他在零下的气温中发现了丝绸之路上佛教徒的补给站，以前的旅行家，比如法显，就曾描述过。

无论何时，只要当地助手来报告说有什么有趣的东西，比如从沙地里露出一半的原始绘画，赫定就会亲自去查看，并在那里做上记号，以便日后做更细致的考察。赫定的贡献是在一个欧洲人从未到过的区域发现并记录了这些地点的位置，等着其他人——考古学家和历史学家——前来考察和掠夺。

赫定在和田休息了一个月后重整旗鼓，把考察结果编辑成册，然后开始进行他最伟大的一次探险——去西藏。最终，他取道北京，搭上跨西伯

赫定在塔里木河畔建的营地，船是在当地造的。

雅卡风蚀脊（Yaka-yardang-bulak），斯坦因站在平板仪前（和他的狗达什）。

奥莱尔·斯坦因

斯文·赫定主要是探险家，奥莱尔·斯坦因既是探险家也是学者、考古学家和田野考察专家，他把许多技能运用于赫定开拓的区域。斯坦因1862年出生于匈牙利的一个犹太人家庭，是基督教徒和英国公民，他对这两重身份都感到十分骄傲。

1900年，38岁的斯坦因开始了他的第一次主要的，或许也是最伟大的旅程，许多有影响的人物支持他，其中包括总督和寇松爵士。斯坦因翻越昆仑山到达中国的新疆。和赫定一样，斯坦因到塔克拉玛干沙漠后也对当地一个叫作阿洪的回族人提供的大量手稿感到震惊，不过调查证明此人是个骗子，手稿是伪造的。斯坦因并不沮丧，他相信能找到真正的宝藏。他带着这样的信念走进塔克拉玛干沙漠，那时温度常常低于零下，和赫定经历的灼人的炎热恰恰相反。在这次和以后的多次探险中，斯坦因发现了大量梵文佛典，最著名的是敦煌的一个秘密"藏经洞"。

斯坦因的成功把其他探险家也吸引到这个地区：阿尔伯特·冯·勒柯克带了一队德国人，日本人紧随其后。

同时，斯坦因本人既受到了惩罚也得到了奖励。他在一次探险中被严重冻伤，不得不请一位传教士为他截去脚趾，所幸没有殃及两条腿。回到英国后，皇家地理学会封他为骑士，并授予他金质奖章。斯坦因永远都是那么活跃，1943年，他81岁，快去世时还在计划去喀布尔探险。

利亚铁路上的列车回到瑞典。

胜利和陨落

　　在瑞典，人们把赫定看作英雄，接下去的几次探险分别由瑞典国王和实业家诺贝尔赞助，他没有让人失望，在塔克拉玛干沙漠和戈壁之间的军事要地楼兰发现了大量手稿。一次，他乘着当地人造的船沿塔里木河而下，后来发现咸水湖罗布泊的方向和20年前普热瓦利斯基看到的已经不同了。这次探险比1895年那次时间长得多，但人们记得他，却是因为在塔克拉玛干沙漠中经历的危险。

　　赫定十分长寿（死于1952年，终年87岁），可晚景凄凉。他和许多欧洲权贵过往甚密，包括沙皇、基奇纳家族和寇松爵士。他参与政

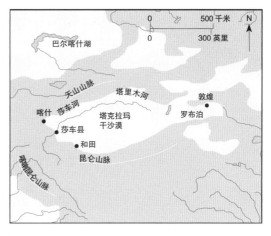

斯坦因最了不起的旅程路线示意图从喀什出发，沿着塔里木河到达罗布泊。

治活动，结果成了法西斯主义最坚定的拥护者（如同彼得·霍普柯克说的，这很奇怪，因为赫定有犹太人血统）。许多旧日的崇拜者都与他绝交了。可是"没有什么能削弱他在探险事业上取得的成就"，他的后继者奥莱尔·斯坦因这么说道。

对页右图：斯坦因在敦煌一个山洞地面上发现的刺绣。

左图：敦煌16号窟，地上的手稿是斯坦因为了拍照从17号窟里拿来的。

右图：挖掘出的楼兰遗迹，斯坦因出版作品中的一幅照片。

到达北极点

1909 年、1968 ~ 1969 年

1909 年 4 月 6 日，皮里极地俱乐部于最后一次探险时发现了北极，这意味着北方那块世世代代、各个国家的人民为之奋斗或死去的冰冻的宝藏终于被征服，它将永远披着星条旗。

——罗伯特·皮里少将，1909 年

到1906 年，只有北极点——北极的三大挑战之一——尚无人到达。努登舍尔德第一次环航东北航道，罗尔德·阿蒙森终于环航西北航道，尽管取道北极点，通过北冰洋开辟一条通往太平洋的贸易路线被认为同样——若不是则更加——不可能，北极点对于探险家的吸引力却是有增无减。任何一个首先到达北极点的人无疑都会为他本人和他的国家赢得至高的荣誉。许多探险队尝试了，失败了，许多探险家中途死去。北极点现在成为探险事业最伟大的标志，两位美国探险家：弗雷德里克·A. 库克和罗伯特·E. 皮里，在竞争成为第一个到达北纬 90 度的人。

位于北冰洋正中间的北极是一个特别险恶、无法企及的地方。北冰洋洋面大部分被冰层覆盖，平均厚度达到 2.75 米，水面随时可能出现毫无规则的冰层。无冰水面是由潮汐、风和季节性的太阳辐射形成的。在这样的水面上行船既困难又危险，大多数船只不是被吓退了，就是被摧毁了。到达北极点的唯一方法是放弃船只，徒步穿过冰面，这对后勤、人的体力和精神都是严酷的挑战，只有最优秀的探险家才能达成目的。

库克——一场欺骗

库克是美国人，曾担任皮里带领的格陵兰探险队的医生，他从美国出发，没有告诉任何人他的目的是到达北极点。在两个格陵兰因纽特人和 26 条拉雪橇的狗的陪同下，库克于

瓦利·赫伯特于 1968~1869 年横渡北冰洋的路线和皮里可能采用的路线。

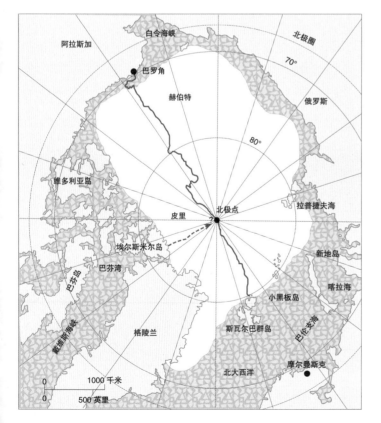

白令海峡　北极圈

阿拉斯加

巴罗角

赫伯特

70°

俄罗斯

80°

维多利亚岛

拉普捷夫海

皮里　北极点　？

埃尔斯米尔岛

新地岛

巴芬湾

喀拉海

巴芬岛

小黑板岛

戴维斯海峡

斯瓦尔巴群岛

巴伦支海

格陵兰

北大西洋　摩尔曼斯克

0　1000 千米

500 英里

1908 年 3 月 20 日从埃尔斯米尔岛的冰层出发。当他再次回到人们的视线中时，宣布于 1908 年 4 月 21 日到达北极点，但到了 1909 年，媒体否认他的声明，一个科学考察团的结论表明⋯⋯"经检测，（库克医生）带回的材料无法证明他到过北极点。"没有人再把他的说法当真，格陵兰的同伴说，他两天后就放弃了。

皮里——一种狂热

1900 年，皮里第一次向冰层进发，在到达北纬 87 度 17 分时放弃。一年前他在试图到达起点的时候就被冻伤，截去了 8 个脚趾。1906 年，他抵达了"更北面"的北纬 87 度 6 分处（总共为 475 法定英里，他走了 275 英里。译注：1 英里 =1.6 千米）。超过北纬 87 度使得他领先于前人所创造的北纬 86 度的纪录，其中包括挪威人弗里乔夫·南森（1893~1896 年）和意大利人翁贝托·卡格尼（1899~1900 年）。皮里迅速成为美国家喻户晓的人物，美国媒体、国家地理学会甚至是美国总统都对他表示高度赞扬。

皮里发明了"金字塔策略"：从整支队伍中事先挑选出一队人，他们走在探险队前面，负责开道并把补给品运到指定的位置，完成这些任务后就返回。1909 年 2 月 28 日，皮里、马修·汉森、罗伯特·鲍伯·巴特莱、乔治·伯鲁普、约翰·古德塞尔、罗斯·马文和唐纳德·麦克米兰带着 17 个因纽特人、19 架雪橇和 133 条狗从位于北纬 83 度 7 分的哥伦比亚角出发，想再尝试一次。

队伍很快就遇到麻烦了：两架雪橇第一天就被损毁且无法修复；伯鲁普和马文与探险队失散了好几天；原来特别指定到达北纬 86 度的麦克米兰，他的一只脚被严重冻伤，皮里要求他立刻返回。他们每天都接受着严寒的考验，温度低达零下 15~ 零下45 摄氏度（5~49 华氏度）。

4 月 1 日，最后一支分队在巴特莱的带领下从北纬 87 度 47 分处出发，只有几个人留在原地。这支队伍在 5 天内走了 153 法定英里，于 4 月 6 日到达北纬 89 度 57 分处，速度实属快得惊人（离北极点还差 3.5

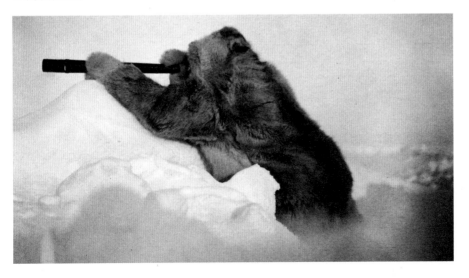

皮里裹着毛皮，趴在一条潮压冰脊上通过望远镜寻找地平线。

皮里和他的队员，自称站在北极点上，对着星条旗欢呼。

法定英里）。4月7日一整天，皮里都在计算他所在位置的精确经纬度。令人尴尬的是，他从未能确定他所在的精确位置，甚至那一天也是如此。皮里后来写到到达"最北面"的感受："终于到达北极点了！……3个世纪以来无人领取的奖励，我23年的梦想和野心！终于归我所有了！"4月23日，探险队安全地按原路返回，回到较为安全的岛上。

但是，后来的专家瓦利·赫伯特仔仔细细地研究了皮里的探险日志和其他证据，行程记录中地理位置的不精确性和回程时每天行走距离的长度使得它的可信度大大降低。最明显的一点是，皮里声称在4天内到达了北极点，在那里走了一圈，然后离开，行程总距离达225法定英里（由于地形原因绕道的距离不算），也就是说每天行走 56 法定英里，这是前无古人后无来者的惊人速度。只有探险家本人提供的证据能支持或颠覆他自己所说的话，现在的专家认为，这些证据"不足以"证实皮里本人的声明。

后来的几年中，少数探险队沿着皮里的路线或是通过徒步，或是通过飞行，或是通过其他方式到达了北极点。但是直至 1968 年，还没有一个人不借助任何带有引擎的交通工具到达。当然，也没有一个人通过北极点从北冰洋的一端横渡至另一端，甚至用破冰船都不行。

史上距离最长的极地之旅

瓦利·赫伯特是个孜孜不倦且经验丰富的英国极地探险家，他决定完成这一伟大的任务。他的队友包括艾伦·吉尔、肯·赫奇斯和罗伊·弗里茨·柯纳，他们于 2 月 21 日从阿拉斯加巴罗角出发，各自带了一队狗。他们花了一个月的时间穿越阿拉斯加海岸线周围漂移的冰层带，多亏冰层表面和春天的气候都适于行走，每日行进的距离达 24 千米。很快夏天来临，冰层开始融化，时不时出现的水面又减慢了他们的速度。在距离北极点 1900 千米的地方，他们建了一个临时营地，名叫"梅特维尔"

瓦利·赫伯特用铅笔和柳叶刀画成的自画像。

赫伯特和队员用狗拉雪橇穿过北极的冰面。

1969 年 4 月 6 日，赫伯特和队员在北极点，他们的旅程包括取道北极点，从北冰洋的一端穿越至另一端。这是独一无二的创举，由于气候变化，今后也不可能有人这么做了。

（Meltville，意为"融化之村"），等待夏天的过去。9 月 4 日，随着气温下降，水面又结冰了，他们再次出发，希望在极夜到来之前走得越远越好。

但 8 天后，队伍才往北走了 10 千米（比原定计划少走了 386 千米），突如其来的健康问题打乱了原来的计划。或许是因为腰椎间盘突出，吉尔不能走了，探险队被迫放弃了秋季行进计划，在原地过冬，希望长时间的休息能让吉尔康复。几架事先预定的飞机给他们的临时营地送来了补给品，4 个人在暗无天日的情况下生活了 5 个月加 7 天，气温永远都是低于零下 30 摄氏度（零下 22 华氏度），小屋只有 4.6 平方米。在休整期间，由于冰层破裂，他们不得不在一片漆黑中另找地方搭建营地。

2 月 24 日，吉尔康复，探险队再次出发。1969 年 4 月 6 日，经过艰难跋涉，他们终于到达北极点，这时距皮里声称他征服北极点过去了整整 60 年。赫伯特如此形容他当时的心情："北极点，一个难以发现并确定的地方，东西经线在那里交会，任何一处都是朝南。踏上北极点就像踩住在头顶上飞翔的鸟儿的影子一样，因为在我们脚下是一片在这颗星球上移动的土地，而这颗星球正在自转。"

1969 年 5 月 29 日，赫伯特的探险队完成了 16 个月史诗性的跨北冰洋探险，赫奇斯在小黑板岛（Little Blackboard Island）上短暂停留了一会儿。几个星期后，美国宇航员尼尔·阿姆斯特朗成为在另一颗星球上登陆的第一人。

南极点竞赛

1910 ~ 1912 年

天啊！这是个可怕的地方，我们历尽千辛万苦却不是第一个到这里的，真是太糟了。

——罗伯特·福尔肯·斯科特，1912 年

1911~1912 年，南极洲短暂的夏季，5 个英国人和 5 个挪威人在比赛谁能最先到达地球最底部的南极点。结果，只有挪威人返回了，那么英国人呢？

最初的探险

1910 年，人们对南极洲所知甚少，甚至没有人知道那到底是一片陆地还是一大块浮冰，因为人们只是远远地看到过那里一次。1902 年，英国皇家海军上校罗伯特·福尔肯·斯科特（和他亲自遴选的商船军官欧内斯特·沙克尔顿以及爱德华·威尔逊医生）在罗斯海陆冰架上走了 645 千米，这主要是皇家地理学会组织的一次科学探险。

斯科特是个籍籍无名的鱼雷专家，没有探险经验，但在 1902 年南极洲传奇后，全世界都将他封为极地探险先驱。1908 年沙克尔顿和他的 4 人队伍出现后，历史被改写了。借助从斯科特探险中获得的教训和地形发现，他到了更接近南极点的位置，在距离目标 156 千米处，因为补给品不足被迫返回。1909 年 3 月的一天，在伦敦的斯科特从一个巨幅广告牌下经过，看到上面写着他的老朋友沙克尔顿差一点儿就抵达南极点的新闻。斯科特说，"我们最好再试一次。"

斯科特在埃文斯角探险营地中的小屋里，身后是他家人的相片，他妻子手中抱着的婴孩日后成为了著名的野生动物画家和生态学家——彼得·斯科特爵士。

斯科特的计划

如同沙克尔顿借助斯科特的经验制订探险计划，斯科特也十分明智地利用了沙克尔顿的成功经验。沙克尔顿靠结实的小马走过平坦的冰面，遇到冰川谷时改用人力雪橇，到达了3050米的极地高原。

斯科特没有多少前人的经验可以借鉴，除了他本人和沙克尔顿的，因为之前没有在南极洲大陆上做过长时间的旅行。为什么用狗？狗或许能够，或许不能够应付南极洲可怕的冰川。经验告诉他还有其他的办法。沙克尔顿依靠人力和4匹小马就差一点儿到了南极点，没有用滑雪板，也没有用狗。斯科特首先需要做的是到达沙克尔顿到的最南的那一点，条件是要配备更强的同伴和足够大量的补给品供返程时消耗，不要像沙克尔顿那样功亏一篑。

此外，斯科特下定决心，第二次探险的科学成果一定要比第一次更加丰富。他选了最杰出的科学家来实现雄心：成为到达南极点的第一人，促进科学发现。

秘密对手

斯科特不知道对手的存在，因此没预料到必须超越季节的限制加速往南方赶路。他准备好了与天气竞赛，却没想到还有人类竞争者。他不知道，也不可能知道，罗尔德·阿蒙森——1909年年末经验最丰富的北极探险家——正在计划打败他，先到南极点。

事实证明阿蒙森精通骗术。一开始，他想成为到达北极点的第一人，但当美国人罗伯特·皮里宣布已经到达时，他偷偷地把目光投向南极点。

阿蒙森只跟弟弟说过自己的计划，因为他不想让斯科特知道，否则对方就有时间重新安排方案。全世界都被他骗了，以为他的目的地仍是北极点。他的祖国挪威——船就是挪威提供的，他的国王，他的赞助人，伟大的挪威极地探险元老弗里乔夫·南森，甚至是他自己的队员，统统都被他骗了。

1910年3月，斯科特出发前往南极洲3个月前，给阿蒙森打了电话，希望自己的南极点探险队和对方的北极点探险队之间能进行科学合作，但是

阿蒙森拒接电话，斯科特继续他的计划，一点儿都没想到一场竞赛正在进行中。他打算使用 4 种方法，其中包括使用引擎雪橇，但是这些容易出现故障，他觉得不该抱太大希望，他的所有计划都是以不使用机械为前提的。

斯科特早已得出结论，运送重物的时候狗比人更有用，因为不必担心它们在运输过程中承受的痛苦。所以他计划在 1911~1912 年用狗——只要它们能够承受，不生病，但不作为主要的运输方式。事实证明，在比赛速度的时候，狗特别关键。斯科特探险队中的挪威士兵兼滑雪专家特里夫·格兰后来写道："斯科特可能打败阿蒙森吗？……如果有机会公平竞争的话……他理应知道阿蒙森早在 1910 年冬季以前就决心征服南极点，比赛在准备阶段就分出了胜负。"

斯科特一从英国出发去南极洲（没有改变成员或购买雪橇犬），阿蒙森就给他写了一封含义隐晦的信，说将在澳大利亚等待他的到来。信的

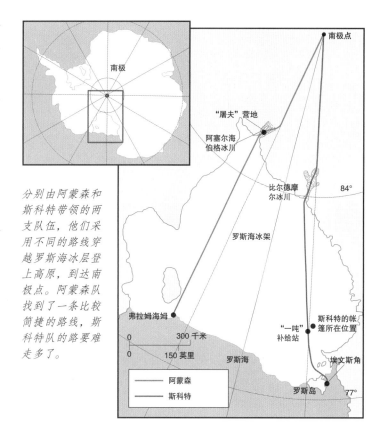

分别由阿蒙森和斯科特带领的两支队伍，他们采用不同的路线穿越罗斯海冰层登上高原，到达南极点。阿蒙森队找到了一条比较简捷的路线，斯科特队的路要难走多了。

原文只有以下一句话："请允许我告诉您，'弗拉姆号'（阿蒙森的船）已经出发去南极洲了。——阿蒙森"

阿蒙森知道斯科特计划进行一次科学探险，要带很多人和笨重的器材，他的探险队由 65 人组成。阿蒙森没有带科学家，只有一小群关系密切的探险家，还有世界上最好的狗拉雪撬和滑雪板，总共 19 人。

到达南极点

1910 年，两队人分别在罗斯海两个不同的营地过了冬，各自选出了 5 个人向南极点进发。11 月 1 日，斯科特出发，阿蒙森比他早了 12 天，营地距离南极点的距离也较短（96.5 千米）。也许纯粹是运气好，阿蒙森到达冰山时，冰山恰好形成通往南极点高原的屏障，在屏障处有一条冰川，

英国探险队到达南极点，他们已明白阿蒙森先到了。从左到右依次是：奥特斯、鲍尔斯、斯科特、威尔逊和伊文斯，照片是通过鲍尔斯手持遥控设备拍摄的。

相当于直达山顶的陡峭通道，中间没有一条裂缝。这是斯科特/沙克尔顿的路线上怎么都不会遇到的。

12月上旬，斯科特的人在冰川线路的基地里打死了最后一匹小马，挪威人在一个叫作"屠夫"营地的地方打死了22条狗。剩下的狗还在拉着雪橇，英国人改用人力雪橇。

12月14日，挪威人抵达南极点，英国人还有580千米的路程。除了走路，斯科特的队员精确考察了周围的环境，对每一处不同寻常的地理构造都做了记录。

12月底，在高原上，有滑雪板或没滑雪板的英国人平均每天行进21千米，挪威人的速度是每天24千米，他们是乘狗拉雪橇的。英国人到离南极点很近的地方时才看见挪威人留下的痕迹，也才意识到自己被打败

了。亨利·鲍尔斯写道："我们到了，如果有哪一趟旅程是全靠诚实和汗水才完成的，那是我们的旅程。"

从南极点返回的途中，斯科特的人平均每天走22千米，只比挪威人的狗慢了1.6千米。回程时他们陷入深深的冰川裂缝之间，一直和斯科特同乘一辆雪橇的塔夫·伊文斯死于体温过低。下一个遇难的是名叫提图斯·奥特斯的陆军上尉，他故意在暴雪时离开帐篷，以免其他人因为他冻伤的腿而延误时间。

斯科特与幸存的队友鲍尔斯和爱德华·威尔逊医生遇到了许多困难，其中之一是油罐漏油且无法补充。但是，后人仔细地研究了在他们的帐篷中发现的记录和日记，肯定阻碍他们回到营地的因素只有一个，那就是极端的天气。2001年，《最冷的三月》

一书出版，从中我们可以肯定，斯科特的探险队非常不幸地遭遇了极端低温，好像在海上遭遇了巨浪一样。

幸存者一个接一个地在帐篷中死去，虽然他们知道补给站就在 18 千米以外的地方，但再也不能往前走一步。斯科特最后一个死去，他的日记见证着他坚韧的意志。最后恐怖的 8 天中，他在受大雪侵袭的漆黑帐篷中度过，没有食物和水，也不能取暖或照明。他的故事里或许没有胜利，但充满面对困境的勇气。

斯科特使用人力，虽然输给了狗，可他们成功地完成了科学考察。到 20 世纪 60 年代，探险队搜集的所有信息都经过分析，很显然，他两次探险的成果远远超过 20 世纪上半叶所有南极洲探险的成果。

至于阿蒙森，后来他变成了一个冷漠而怨念丛生的人，始终想取得新的胜利。他从来没有原谅他的副手，此人一度与他作对，从南极回来后也总是羞辱他，这最终成为他自杀的原因之一。

获胜的挪威探险队是怎么看待对手的成就的？阿蒙森探险队的一员赫尔梅·汉森说道："我说斯科特的成就远远超过我们，这并不是想贬低阿蒙森或我们自己……想一想斯科特和他的人自己拉雪橇，上面装着所有的器材和补给品，并且是来回，这意味着什么？我们去时带了 52 条狗，回来时只剩 11 条，许多狗中途累死了。那么我们又能对斯科特和他的同伴说什么呢？他们自己在从事狗的工作。任何有一点儿经验的人都会向斯科特致敬，我相信任何一个时代都不会出现像他们那么坚韧的人，我也相信没有人能超越他们。"

左图：斯科特最后的日记，1912 年 3 月 29 日，他躺在帐篷中写下，"我们理应坚持到最后，但我们越来越虚弱，当然终点不会远了。太可惜了，我无法再写了……看在上帝的份上，请照看我们的人。"

斯科特的帐篷，仍旧是 1912 年 11 月 12 日营救队发现它时的样子。斯科特的尸体和日记，连同鲍尔斯和威尔逊的尸体被运回英国。

58

沙克尔顿和"坚韧号"

1914 ～ 1916 年

一幅画面在我脑海中挥之不去——3 艘船，上面挤满了冻伤的、湿淋淋的、渴得要死的人，他们已很多天没睡觉……（沙克尔顿）整晚坐着，手握绳索，随着阵阵海水的冲刷，绳索变得越来越沉重。绳索在他手中时而紧绷，时而松弛，他正忙着思考下一步该做什么。

——阿普斯利·切利-加勒德，1919 年 12 月 13 日

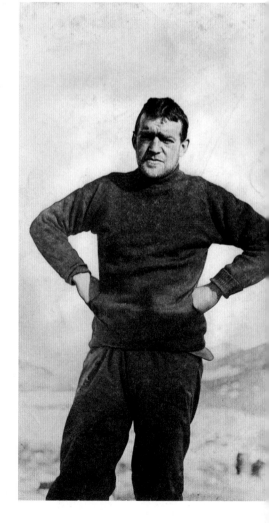

这趟航行独一无二，事先没有经过安排，根本不该进行，根据自然法则和人类耐受力，也不该成功。考虑到当时的情形，一些甚至所有人原本都该死了。

1914 年，皇家跨南极洲探险队从南乔治亚岛出发，希望能成为横跨南极大陆的第一人，这是 3 年前人类到达南极点后摆在人们面前的又一大挑战。这次探险由欧内斯特·沙克尔顿爵士带领，1908 年，他差一点儿就到达南极点了，这件事让他成了名。他拥有绝无仅有的坚强意志，能去任何地方。他和船员在一起，避免任何优待，且永远保持镇定，无论多么艰难的处境他都能应付。最重要的是，他很乐观。

被冰层包围

1915 年 1 月，探险船"坚韧号"在南极洲被浮冰包围，在威德尔海上漂浮了 10 个月，直至船被巨大的冰块挤碎，于 1915 年 11 月 21 日沉没。船员成功地抢救下狗、3 条捕鲸船、一些器材和补给品。

右图：*沙克尔顿在"尼姆罗德号"南极探险时拍摄的照片（1907~1909 年），他坚定的表情激发了其他人对他的超乎寻常的信任。*

探险队没有了船，被困在冰冻的海面上，身处地球上最险的地方，得不到救援。由于没有通信设备，没有一个人知道他们的下落。原来船体可以保护他们免受暴雪和严寒侵袭，现在他们只有薄薄的几顶帐篷。天气非常寒冷，他们能听见附近的海水结成了冰，脚下的冰随着海流漂走、碎裂，或被海浪抛起。他们无法把船拖走，只能原地宿营，随着冰层朝北漂移，生死未卜。

探险队员在冰上漂了4个月，直到冰融化了，他们才能把3艘船放下水，开始航行。他们在冰层中开辟出航路，到达南极洲半岛边缘的象岛，这里同样气候恶劣，与世隔绝，但至少是一块结实的土地。

绝望的航行

没有一个搜救队会来这里搜寻，沙克尔顿必须自己划着一艘船求救，否则所有的人都必死无疑。风向和海流表明唯一可行的方法就是往东北方向航行1400千米到达南乔治亚岛，那里有一个挪威捕鲸站。但要借助一艘没有顶棚，长只有7米的船横渡世界上最寒冷、最危险的海洋，也是不可能的。就算船的木制船身不被浮冰凿穿，也有可能陷在冰层中或被风吹走。船员身体虚弱，保暖也成问题，会被冻死。就算船能航行，船员又怎么能借助那么简陋的导航工具找到那么个小岛？所有的一切都说明，驾着如此原始的船进行这么危险的航行是不可能的。

然而，几天后，“詹姆斯·凯德号”（沙克尔顿取的名字）出发了，他带了5个人：船长兼领航员弗兰克·沃

“容光焕发”的“坚韧号”，用风帆和引擎破开两米厚的浮冰，那时还没有人知道她曾经面对怎样的艰难。

斯利；汤姆·克里恩，他体魄强健，意志坚强，有人曾说他“几乎是不可摧毁的”；哈里·麦克内什，他掌握着高超的造船技术；提莫西·麦卡锡和乔治·文森特，他们善长划船。

至于器材，他们带了风帆、船桨、船锚、罗盘、六分仪、气压计、航海图、水瓢、舱底污水泵、钓鱼线、汽油炉、蜡烛、火柴、双筒望远镜，以及一个月的饮用水及食物。“詹姆斯·凯德号”于4月24日起航（当时南极洲的冬天已经快来了），船上的6个人和岸上与他们道别的22个人都没想过能再见到彼此，但他们都知道必须冒死一试。

航行过程中，一人转舵，一人随风使帆，一人舀水，每个人都在观望

"终点"——沙克尔顿后来为弗兰克·赫利拍摄的照片加了这么一个标题。12个月以来，"坚韧号"一直是船员和狗的家园，现在，冰层碾碎了结实的船体，船于1915年11月21日沉没。

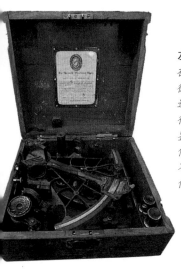

左图：沃斯利在"詹姆斯·凯德号"上使用这个六分仪航行至南乔治亚，鉴于当时的条件，这本来是不可能完成的任务。

1916年4月24日，"詹姆斯·凯德号"从象岛群岛出发。

着远处。他们穿着厚实的羊毛衫、华达呢外套，戴着羊毛帽子，但这些都只在干燥的情况下才能起到保暖作用，一旦下雨，船员就浑身湿透，会导致冻伤、皮肤开裂和开皲，而防水油布和原来的船一起沉没了。

由于无法取暖，船员只能依靠食物来补充能量，沙克尔顿知道这一点，他们经常炖肉，加牛奶一起煮。船永远摇摇晃晃，两个人各抓住船的一侧，用脚架起炉子，第三个人烹饪。他们无法在甲板上坐直了吃，只能缩在一团漆黑里吃。到了睡觉的时候，他们在黑暗中爬过压舱物和横座板钻进船头湿漉漉的睡袋里，船头永远在颠簸，所以根本无法睡着。

那时电子导航装置还未发明出来，弗兰克·沃斯利使用罗盘、六分仪、气压计和"航位推算"的方法，由于天气恶劣，每天只有4个小时能见到阳光，在两个人帮助保持平衡的情况下，沃斯利计算角度。即使是半度的误差也可能让船多走48千米，在16千米外和南乔治亚岛失之交臂。晚上检测方向时，沃斯利在罗盘边划一

根火柴，其他时候他用的是古人的方法：察看波浪，感觉后背上吹着的风。

强风来临时，他们把船驶进大风中，到可以抛锚的地方，逆风而行。南大西洋上汹涌的海浪是"世界上最高、最宽、最长的"，把地平线都挡住了。在这样的海浪中行船，考验的是人的体力、掌舵技巧和航海技术。转移压舱物位置和抽水也是极费体力的工作，雨水冻结成冰让船头过重时，船员得把这些东西挖走，同时还要小心自己不翻下船去。

一天晚上，沙克尔顿在船舵边注意

"坚韧号"沉没之前的路线和船员求救的路线。

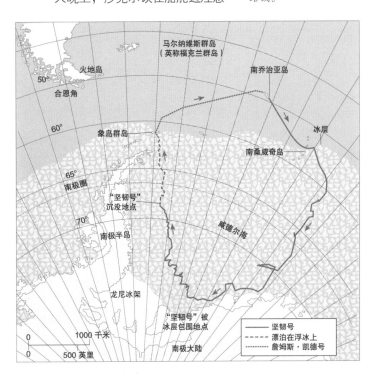

到南方天边有一道蓝色在滑动，他告诉其他人天要晴了。但仔细一看，他发现那是一股巨浪。"天啊，等等，我们完了！"他大叫道，巨浪随后席卷而来，把船抛进前方的波涛之中，船几乎被吞没。船在海浪中挣扎着，人们回过神来时船舱里已全是水，但令人惊奇的是，它没有翻倒。整整 10 分钟，他们奋力把水往外舀，直到船重新端正过来，他们花了两个小时才把船完全摆正。尽管驾着小木船在世界上最危险的水域航行是如此艰难，但船员们却兴高采烈、镇定自若，他们相信一定会成功。

第 15 天时，多亏了非凡的航海技术，南乔治亚岛的山头终于出现在视野中，但那是只有悬崖峭壁、无人居住的西海岸。非常不幸，那一晚，"詹姆斯·凯德号"受到一场堪比飓风的大风侵袭，船员们都筋疲力尽，由于饮用水中混入海水，他们都快要渴死，所以必须逆风尽快离开这片漆黑的礁石和辨不清方向的珊瑚岛。沃斯利十分沮丧，如果船沉没，将没有人知道他们距获救只有一步之遥。他的担心很有道理，因为有一艘500 吨的蒸汽船在这场大风中沉没了。

第二天，海上平静得多了，他们最终到达了海岸。那一天是 5 月 10 日，他们航行了 16 天。

弗兰克·沃斯利凭记忆画的地图，标示他本人、克里恩和沙克尔顿穿越南乔治亚岛去求救的路线。

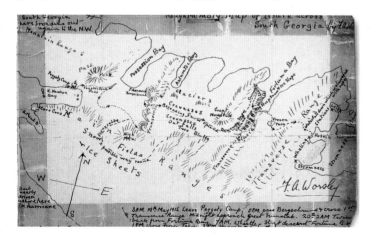

穿越南乔治亚岛

体力不支的船员在翻倒的船下睡着了，可他们的旅程远远没有结束：到达捕鲸站，要在海上航行 224 千米，还要在陆地上走 48 千米。南乔治亚岛好像从水底凸起来的阿尔卑斯山的一角，由 2743 米高的山脉、冰川和陡坡组成。船员没有地图，确实，从来没有人想过徒步穿越它。

经过一天的休息，沙克尔顿、沃斯利和其他人都准备好了。他们都已非常疲惫，且没有合适的装备，对冬季登山也毫无经验。别人都以为他们早就死了，但他们抱着坚定的决心，还有许多同伴的性命要靠他们去拯救。他们把船固定好，然后带着 15 米长的绳子和一把斧子出发了。由于没有睡袋，他们只能短暂地休息，不敢睡觉。沙克尔顿在越来越浓重的黑暗中到达了一处陡坡，可速度还是太慢了。他们抓住绳索，以飞快的速度滑下 274 米的高度，欣喜若狂地欢呼起来，他们竟然还活着。

又经过一番考验后，他们走向斯特罗姆内斯湾。吃早餐时，他们依稀听见轮船的汽笛声，那是捕鲸站要开工了。过了几个小时，他们到达了捕鲸站，挪威人瞠目结舌。那天晚上，一艘捕鲸船载着沃斯利去营救"詹姆斯·凯德号"，这艘船已经声名远扬。由于象岛常常被冰层阻断，沙克尔顿尝试了 4 次才最终救出余下的 22 人，他们全部活了下来。

从时间、距离和艰难程度来说，这是探险史上最了不起的自我营救。他们能成功，凭借的是船员的坚韧意志、良好的运气，还有他们的领导者——欧内斯特·沙克尔顿——的非凡品质。

亚洲的女性旅行家

59

1913 ~ 1914 年

我担心，到了最后，我会说："这是在浪费时间。"现在一切都结束了，无法挽回，但我想我是犯了傻，才会来到这片荒野。

——格特鲁德·贝尔，1914 年

西亚的沙漠地区似乎有什么特殊的东西吸引着 19 世纪末 20 世纪初的英国女性，有 3 位到那里游历，并将此经历视为她们事业的巅峰，她们是格特鲁德·贝尔、伊莎贝拉·伯德、芙瑞亚·斯塔克。这片土地充满艰险，和生活在那里的人们的热情好客截然相反。对那里，她们都怀着一种奇特的情感：交织着绝望和兴奋。

格特鲁德·洛西恩·贝尔是个躁动不安的浪漫主义者，她生于 1868 年，家境殷实，她的家人很早就发现了她比一般孩子早熟。尽管她在牛津大学求学，是近代史上第一个获得一等学士学位的女性，当时的社会仍然希望她把一生奉献给家庭生活。1892 年，她和一位姨妈去德黑兰旅行，一切就此改变了。贝尔一到东方就被深深地吸引，不是因为那里的人或历史，而是整个旅行的过程。她给自己找了份工作。

早期探险

贝尔学过考古和勘测知识，接下去的 10 年中，她在叙利亚、土耳其、美索不达米亚地区（今伊拉克）专事挖掘拜占庭和罗马遗迹，并写了许多书，都获得了成功。让她震惊的是，竟然有传闻说她是一个经验丰富且无所畏惧的阿尔卑斯山登山运动员。

贝尔确实热爱考古，但她还有一个秘而不宣的意图。她的智慧和对政治事务的敏锐让她能洞悉中东地区权力的摇摆，她扮演的角色实际是英国政府的非正式间谍。1913~1914 年，贝尔从内志一路旅行到哈伊勒（今沙特阿拉伯境内），途中写了大量报告，这些信息对第一次世界大战后的重建起着重要作用。她的勇气（或说鲁莽）丝毫不逊色于一个登山运动员，她选

格特鲁德·贝尔，摄于黎巴嫩，1900 年，这是她最初的几次考古探险之一。她骑在马上大步走着，这对当时的女性来说是一种进步，不过却是出于非常实际的考虑。

247

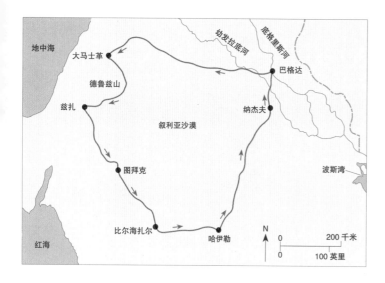

贝尔的旅程起点和终点都在大马士革，她在136天中穿越了今天的叙利亚、约旦、沙特阿拉伯和伊拉克。

择了一条危险的路线，穿过这片原始的土地，到达阿拉伯腹地，一路上接连遇到凶悍的部落民族。后来的20年中，没有一个欧洲人再次来过这地方。

爱的苦役

贝尔的哈伊勒之行比我们想象中的更加复杂，因为她无可救药地坠入了爱河，爱上了查尔斯·道蒂－怀利少校——阿拉伯探险家查尔斯·道蒂的侄子，他是有妇之夫，不可能离婚。1913年秋天，道蒂被从伦敦调往阿尔巴尼亚，只有那时，贝尔才出发去哈伊勒，因为他们被迫分离，她才觉得必须要让自己迷失在无情的沙漠中（或许是字面意义上的迷失），那是唯一可以与他媲美的地方。关于此次旅行，我们得知的信息来源于贝尔写给道蒂－怀利的秘密日记，外加一些信件。这是一部自相矛盾的朝圣编年史，贝尔既是为了发现，也是为了遗忘。

贝尔的哈伊勒之旅始于大马士革，她在那里买了17头骆驼，雇了一个向导和一个仆人，带上给当地头

人的礼物以及在抵达绿洲之前所需的食物和水。1913年12月16日，她出发往南行。旅程并非一帆风顺，贝尔在德鲁兹山上遇见了可怕的部落居民，被神经过敏的土耳其官员拘留。当时土耳其、德国和英国都试图在第一次世界大战前对阿拉伯人施加影响。由于没有官方的保护，贝尔是作为一个法外之徒在旅行，她于1914年2月26日到达哈伊勒。

哈伊勒

哈伊勒是拉希德家族的大本营，这家人反对英国支持的沙特家族（在利雅得），他们的背叛行为人尽皆知。但贝尔明白，作为女人，没有人会把她视为威胁，只会感到好奇。作为"国王的女儿"（即在英国地位很高，结交权贵），阿拉伯人将她礼为上宾。

确实，贝尔一到哈伊勒就被领进了拉希德家族的夏宫，在那里被

右图：贝尔在哈伊勒拍了几张照片，尽管她当时被囚禁，她仍认为那是一座迷人的城市，一个"能打开心扉"的地方。

左图：伊莎贝拉·伯德（或称毕肖普太太）于1894~1895年中日甲午战争时从韩国出发到达前苏联，途中拜访了中国东北。

下左图："嘉陵府西门（1896年）"，伯德60多岁在中国旅行时拍摄。

下右图：伯德在波斯（今伊朗）西部巴赫蒂亚里地区的帐篷里，她站在右边，身边是途经此地的英国传教士。

伊莎贝拉·伯德

　　1892年，伦敦举行了一场充满争议的选举：最终15位"才识兼备"的女士被选为皇家地理学会的首批女性会员，其中最出众的是伊莎贝拉·伯德。伯德刚刚完成了她一生中最艰难的一次旅行：冬季，从巴格达出发抵达德黑兰。尽管一些酸腐的老家伙可能对学会的会员资格不屑一顾，认为那不过是一种摆设，但我们不能否认伯德取得的成就。

　　伯德的旅程始于1890年1月，当时她58岁。她去过中国西藏，在印度疗养时遇到一位正要前往德黑兰的英国官员，好奇心促使伯德与官员同行。那个地方既神秘又充满挑战（格特鲁德·贝尔也这么说），她想品尝一下其中的滋味。

　　这是一场可怕的旅程。尽管她戴着水松帽、护目镜和灰色羊毛面具以抵御冬季刺眼的阳光，但天气寒冷，白天马鞍结冰，晚上毯子结冰。只要可能，她就住进村子里的商队旅馆或招待所中，这些地方听起来很舒适，而实际上狭小而肮脏，冷得像坟墓。她靠少量的饼干、速溶汤、枣和羊奶活了下来，整个旅行过程中瘦了12千克。

　　离开巴格达46天后，骡子摇摇晃晃地走进德黑兰城里，伯德身上沾满泥巴，极其僵硬，怎么都弄不下来。可她从未感到过后悔，一次都没有，一秒钟都没有，那种被她称为"沙漠中友善的野蛮"的东西，是百年一遇的奖励。

　　伯德于1904年去世，去世前去了库尔德斯坦、韩国和中国，但波斯之行是这位维多利亚时代女性先驱最感骄傲的成就。

贝尔拍摄的女子房间，她写道："有些戴面纱的女子非常美丽，她们被从一个人手中传到别人手中，胜利者把她们带回家。想想吧，他的手上沾着她们丈夫和孩子的血。"

贝尔敏锐的政治嗅觉使得英国人和阿拉伯人都很敬重她，她担任着英国政府的非正式间谍的角色。这幅漫画是她的姐夫赫伯特·里奇蒙所绘。

囚禁了 11 天。与此同时，她细致地观察着政治局势，从来访官员那里搜集信息。她成了第一个坐在阿拉伯闺房中从内部观察人们的态度和生活细节的英国旅行家。她拍摄了一系列照片，全部自己冲印出来。最后，经过谈判，贝尔被释放，她离开哈伊勒去纳杰夫和巴格达，再次回到大马士革，于 136 天后又回到她出发的地方。

旅行之后

皇家地理学会授予贝尔金质奖章，以表彰她在旅行中的勇气和才智。她十分谦虚，觉得自己不该接受这项荣誉，但这确实是实至名归。英国政府为了表达对她的感激，第一次世界大战时任命她为伊拉克首席政治事务官的东方事务秘书，她成了费萨尔国王的顾问，划定了伊拉克、科威特和沙特阿拉伯的国界，她甚至建立了巴格达国家博物馆。但在 1926 年，那时道蒂－怀利早已去世，她本人的政治影响力减弱，而且身体每况愈下，最终死于服药过量。

贝尔或许没能发现大量宝藏或为阿拉伯荒野绘制地图，但她是一个女人，单独旅行，在旅途中不断进行深刻的自省，以强烈的激情和细腻的笔触记录旅途见闻，她每走一步，就开拓一片新的疆界。

芙瑞亚·斯塔克

　　和格特鲁德·贝尔一样，芙瑞亚·斯塔克女爵也被地图上的一片空白地区深深吸引。除了贝尔和伯德的发现，斯塔克 1931 年启程时，还有一大片地方是没人去过的。当时她 38 岁，正在洛雷斯坦旅行（今天伊朗西部边界上的一个省），那是她的第一次伟大旅行。

　　在被洛雷斯坦山谷包围着的地方，住着著名的阿萨辛（Assassin）派教徒，这是一群狂热的罪犯，斯塔克这样的西方传统女性根本无法理解他们的文化。他们的名字源于大量吸食印度大麻，在 11 世纪和 13 世纪，他们的残忍让整个地区为之颤栗，他们还进行秘密活动，作为考古学家的斯塔克决定将他们的历史告知众人。同时，作为地图绘制专家的斯塔克决心"纠正地图中的谬误"，她十分沉着地完成了这项任务。回到英国后，皇家地理学会称赞她是一位严肃的、"名副其实的"探险家。

　　对于一个旅行家来说，最珍贵的却是途中那些看不见的收获。斯塔克离开巴格达后不久就在厄尔布尔士山脉染上疟疾，她选择在原地休养，而非向城里的朋友求助，这个决定成就了她日后辉煌的事业。她把自己的生命托付给当地人，当时她身体虚弱，陷入谵妄，这是对他们表现出的终极尊敬，她因此赢得了人们的爱戴和关怀。有好几周时间，完全陌生的人悉心地照料她，他们变得能够互相理解。旅行家和当地人之间萌生出情感上与文化上的依赖，这丰富了斯塔克日后的作品和生活，直至她于 1993 年去世。

上右图：*年轻时的芙瑞亚·斯塔克，赫伯特·奥利弗绘，1923 年。后来，她建议女性旅行家穿着朴素，举止谦逊，避免冒失。*

下图：*伊朗阿里什塔尔堡垒，芙瑞亚·斯塔克摄。*

中右图：*1934 年斯塔克护照中的一页。*

60 第一次单人飞越大西洋

1927 年

飞行是多么自由！它赋予了一个人神一般的力量！我不像海员一样需要依靠海岸线，不像徒步者那样需要依靠道路。我可以飞向北冰洋，向西飞越太平洋，或者向东南飞去亚马孙丛林。

——查尔斯·林德伯格，1953 年

现代飞行始于海边。1903 年 12 月，莱特兄弟在北卡罗来纳州外滩群岛的一处离岸沙洲岛上空飞行，专业人士将这次成功描述为："飞行员首次驾驶和控制重于空气的飞行物。"莱特兄弟首次驾驶"小鹰号"的飞行时间为 12 秒，还不能飞过一条小小的河。

1909 年 7 月，飞行史上的又一块里程碑诞生：路易·布莱里奥首次飞越主要水域，这次是英吉利海峡。布莱里奥敞开的座舱里只有两样设备：油压测量仪和引擎转速表。但是，经过 36 分钟的飞行，XI 型飞机在多佛尔西面的一个地方着陆。

到第一次世界大战时，飞机都是在海岸线附近飞行，战争结束后，美国海军开发出一种能携带燃料飞行 16 个小时的水上飞机。1919 年 5 月，3 架四引擎 NC 型水上飞机分别从长岛和纽约起飞，目的地是普利茅斯和英格兰，每架飞机上有 6 位机组人员。飞机在新斯科舍、纽芬兰岛、亚速尔群岛和里斯本降落，添加燃料。3 架飞机中只有一架 NC4 完成了 23 天的飞行。1919 年 6 月，两位英国飞行员——约翰·阿尔科克和亚瑟·布朗——驾驶维克斯公司生产的复翼飞机从纽芬兰群岛出发，16 个小时后

路易·布莱里奥和妻子及人群在敞座飞机前合影，他驾驶这架飞机从法国飞到英国。这是人类第一次驾驶重于空气的飞行器飞过一片主要水域，在看见多佛尔的白色山丘前，布莱里奥报告说他迷失了方向。

在爱尔兰的一片沼泽地里迫降。

奖励

NC4 成功完成跨大西洋飞行后，纽约酒店老板雷蒙德·奥泰格为第一个不着陆驾驶重于空气飞机从巴黎飞到纽约的人设置了 25000 美元的奖励。这趟 5760 千米的飞行大约需要花费 40 个小时。1926 年 9 月，由伊戈尔·西科斯基设计的一架三引擎复翼飞机试图问鼎此奖项，结果一起飞就坠毁，西科斯基的 4 位机组人员中有两位死于燃料爆炸引起的大火。坠毁事件警示的仍是一个基本问题：携带足够飞行 40 个小时的燃料。携带燃料的重量决定无间断跨大西洋飞行能否成功。

信件运输——制订计划

1926 年秋天，查尔斯·林德伯格驾驶着军用补给机"德哈维兰号"从圣路易斯飞往芝加哥，途中思考着西科斯基坠毁的问题。这个 25 岁的军方飞行员考虑了关于时间、速度、距离和燃料重量的问题。他对于驾驶老式飞机感到十分沮丧，因为一旦一个引擎出故障，他就不得不跳伞逃生。他觉得他能够成为从纽约飞往巴黎的第一人，条件是驾驶单引擎飞机。他所需要的只是一架合适的飞机和购买飞机的钱。

圣路易斯的商人答应资助林德伯格购买单引擎飞机，可是主要的飞机制造商都拒绝了他的要求，因为他们觉得这项计划太危险，因为传统上，飞越水面使用的都是多引擎飞机。林德伯格找到了圣迭戈的瑞安航空公司，与工程师和工匠合作建造了一架单座单引擎飞机。为了让飞机能携带 5 箱

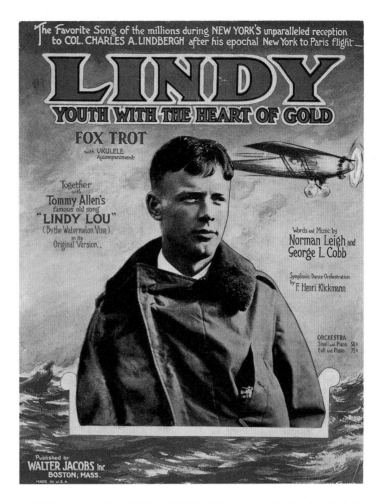

总重达 1026 千克的燃料，机翼设计得特别长。一个主要的大型油箱位于密闭的座舱正前方，飞行员只能通过安装在仪表盘左侧的潜望镜看到前面。

飞行家的聚会

1927 年 5 月初，林德伯格驾驶他的飞机"圣路易斯精神号"进行试飞，当时传来消息说，两位法国飞行老手夏尔·南热塞和弗朗索瓦·科利已经从巴黎起飞飞往纽约了。林德伯格改变了计划，打算从加利福尼亚飞往夏威夷。一天后，南热塞和科利未能如期到达，我们至今仍不知他们的命运如何。林德伯格往东飞行，于 5 月 12 日抵达纽约。

两架原定飞往巴黎的飞机及其机组

一夜之间林德伯格出了名，他被授予奖章，各种歌曲和舞蹈中都出现他的名字，这些歌词写道："谁是那个让你们都为之疯狂的少年？谁是今日的奇迹？"几年后，林德伯格和媒体的关系恶化，歌词也变了。

"圣路易斯精神号"右侧的仪表盘，林德伯格用顶部的铅笔，花了好几个小时计算燃油消耗量。

林德伯格从纽约到巴黎的飞行弧线。

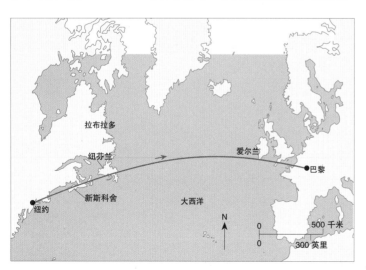

单人不着陆——从纽约到巴黎

"圣路易斯精神号"没有带足燃料。4月，另一架试图进行越洋飞行的飞机试飞时一起飞就着了火。5月20日早晨，地面柔软潮湿，林德伯格对跑道上无线电的杂音表示担忧。随着地面控制人员的推动，飞机跳了几下，林德伯格起飞了，在清晰的信号声中飞往巴黎。在陆地上空时，他凭借地面特征确定方位，但在海上，他只能使用航位推算，由于机舱内部不稳，不可能使用六分仪。为了减轻重量，他没有带无线电装置。

林德伯格的航线呈一个大弧形：他经过新英格兰东部、新斯科舍和纽芬兰岛。11个小时后，他将北美抛诸身后，在夜色中飞入大西洋上空。在海面上方，他必须在云层中寻找方向，机翼遇冷结冰。莱特 J–5 引擎完美无瑕，但飞机罗盘出现故障，他不知哪里可以着陆。

飞机的特殊设计使其稳定性降低，林德伯格全程都必须小心翼翼地加以控制。为了抵抗睡意，他把脑袋探出飞机侧窗，让强烈的冷风吹醒自己。夜晚，林德伯格在座舱中看见了鬼影。沙克尔顿穿越南乔治亚岛的 36 个小时中也看见同样的东西，T.S. 埃略特在《荒原》中也写了这一现象。

在空中飞行 27 个小时后，林德伯格看见了渔船，很快一条深深凹陷的海岸线映入眼帘。他将海岸线的长度和飞行图作比较，得出结论是位于爱尔兰西南方，离既定的飞行线路不远。那天下午，林德伯格飞过康沃尔，他注意到布莱里奥就是于 18 年前飞越略微北面一点的英吉利海峡。32 个小时后，林德伯格看见了自起飞以

人员已经在纽约等候，天一放晴就可以起飞，其中一架最近完成了长达 51 个小时的试飞，这段时间到巴黎足够了。5月19日晚，林德伯格给气象局打电话，询问最新的天气情况。当时纽约在下雨，云层很低，但预报员报告说海岸线附近天气晴好，林德伯格于是决定第二天早晨起飞。他无法入睡，思考着各种各样的细节，特别是燃料的重量。

来的第二次落日，他快到瑟堡了。

很快，林德伯格看见了巴黎的灯光，他绕埃菲尔铁塔飞行了一周。他原定在勒布尔热机场降落，但机场的方位十分模糊："巴黎东北面"。不过，他曾驾驶过航空运输机，夜间在玉米田里也降落过，这些经验很有用。他在黑暗中沿着一条没有照明的铁轨飞行。快到机场时，道路两边密密麻麻的车灯让他十分困惑，他不知道成千上万的巴黎人正在赶来迎接他。1927 年 5 月 21 日晚上 10 点 22 分，林德伯格将"圣路易斯精神号"降落在勒布尔热机场，飞行总时间为 33.5 个小时。

一夜间，林德伯格从"傻瓜飞行员"变成了"孤独的雄鹰"，他继续在全球各地开拓新航线。现在，每天都有上千架飞机在使用这些航线，其中包括从纽约到巴黎的大弧形航线。他的成就为他赢得了声望，也让他能根据自己的兴趣进行更高级的飞行。

林德伯格的声望让他付出了巨大代价，既有私生活上的也有职业上的。对于大众媒体，他心中只有厌恶。他反对美国介入第二次世界大战，发表种族主义的文章。他是 20 世纪第一个真正的名人，却和其他人一样，也身败名裂。后来他恢复了之前的声望，继续旅行，呼吁保护环境和传统文化。

到达巴黎 8 天后，林德伯格抵达克罗伊登机场。同样，成千上万人涌向机场来欢迎他。

61 女性飞行员先驱

1930 年、1937 年

丧失勇气是生活在和平年代所需付出的代价，富有勇气的灵魂不会……不会惧怕铁青的面孔，也不会惧怕山峰。在那里，我可以在苦涩的喜悦之中听见机翼的声音。

——阿梅莉亚·埃尔哈特，1927 年

查尔斯·林德伯格 1927 年单人飞越大西洋成功，使得飞行史的新篇章就此掀开。一年后，阿梅莉亚·埃尔哈特成为第一位飞越大西洋的女性，事实上当时她是一位乘客，照她自己的话说，不过"是一袋土豆"（译者注：意为增加负重而无实际用处），但世界各地的媒体仍争相渲染她的故事。4 年后，她真的成为第一位飞越大西洋的女性，她的飞机——洛克希德产"维嘉号"——在爱尔兰的一块农田里安全着陆。

20 世纪 20 年代晚期至 20 世纪 30 年代早期，初生的飞行工业蓬勃发展，男女飞行员一次次突破飞行限制，证明空中旅行的可能性。他们让这个世界各个地方的距离，以时间来度量，从几年缩短至几个小时，但付出的代价同样巨大。

阿梅莉亚·埃尔哈特

埃尔哈特不是第一个试图飞越大西洋的女性，但她是第一个成功的人。"这袋土豆"是优秀的飞行员，早在 1921 年，她就驾驶金纳产"埃斯特号"飞上 4267 米的高空，创造了女性飞行的新高度。

1932 年，埃尔哈特飞越大西洋，过程并非一帆风顺。起飞后几个小时，飞机遇上强气流，迷失了方向；机翼在上升过程中结冰，使得机身愈加沉重，然后突然失速尾旋，但她成功脱身，上升至云层以上。飞机在一个牧场上着陆，被人们尊称为"琳迪女士"的埃尔哈特向世人证明，女性的能力和勇气都不逊色于男性。

3 年后，埃尔哈特成为第一个单人飞越太平洋、从火奴鲁鲁到达加利福尼亚的人，全程 3875 千米。一年后，这项纪录被打破，这次是单人从墨西哥城飞往新泽西州纽瓦克。飞机一着陆，人群即蜂拥而来，女飞行员成为

阿梅莉亚·埃尔哈特和洛克希德"维嘉号"，她驾驶这架飞机单人飞越大西洋。

新飞行时代的偶像。

39 岁那年，阿梅莉亚·埃尔哈特创造了一项纪录，使得她名垂史册。从来没有一个女人进行过环球飞行，环球飞行这一计划非常吸引人。埃尔哈特将在导航员弗雷德·努南的协助下，驾驶洛克希德产"埃蕾克特莉亚号"。这架飞机被称为"飞行实验室"，因为机上安装了本狄克斯 RA-1 型无线电接收器，用于定位，还装了其他试验性的设备。当时，地空通信刚刚开始应用，但是，努南会通过星星和太阳的位置确定方位。

1937 年 5 月 20 日，"埃蕾克特莉亚号"从加利福尼亚的奥克兰起飞，3 天内穿越美国，抵达委内瑞拉的纳塔尔，从那里飞往非洲。飞到大西洋上空时，努南利用气泡八分仪导航。埃尔哈特在云层中下降，抵达海岸线，但原定目的地达喀尔往北偏离了 190 千米。

埃尔哈特花了 4 天穿越非洲到达苏丹的喀土穆，大多数情况下，机翼下除了辨不清方向的树林和沙漠外什么都没有。她绕过阿拉伯半岛，飞上阿拉伯海上空，13 小时 22 分钟后在卡拉奇着陆。这是人类第一次从非洲飞到印度。

飞越印度十分顺利，不过加尔各答的机场洪水泛滥。由于携带着飞往缅甸所需的燃油，"埃蕾克特莉亚号"重得几乎碰到了树梢。他们在澳大利亚的达尔文市稍作休息，于 6 月 29 日飞往新几内亚的莱城，在此为飞越太平洋到达豪兰岛做准备，飞行距离为 4223 千米。

美国海军的"艾塔斯卡号"已在太平洋上等候，豪兰岛上架起一台高频无线电方位仪，但那是在 1937 年，无线电信号很弱，噪声常常让通信变得

左图：埃尔哈特成了新一代飞行偶像，声名远扬，她的照片被用于广告。

埃尔哈特驾驶的洛克希德产"埃蕾克特莉亚号"飞越奥克兰海湾大桥，1937 年。

粉盒是埃尔哈特不离手的一样东西，这样她就总是能光彩照人地面对着陆后来欢迎她的记者。

不可能。弗雷德·努南的天文台表应当可以精准到秒，可他等了两天，才收到从阿德莱德发出的信号，表慢了3秒钟。从珍珠港发出的天气预报也很难收到，7月2日，珍珠港信号畅通，预报将有逆风，风速为每小时12英里，这将使飞行时间延长至18小时。就在努南从西贡收到时间信号时，他的天文台表仍慢了3秒。"埃蕾克特莉亚号"带着沉重的燃料在风中升空，不久后，莱城收到从珍珠港发出的天气预报更新：逆风风速达每小时42.4千米，但埃尔哈特和努南没有收到此消息。

和海军"艾塔斯卡号"的通信断断续续，直到"埃蕾克特莉亚号"距离船大约322千米时，船上人员才勉强听到埃尔哈特的声音。每次埃尔哈

特发出信号，"艾塔斯卡号"就用莫斯电码回复，可是她和努南都不懂莫斯电码。至于豪兰岛上的方位仪早在飞机起飞前就开启，等到"埃蕾克特莉亚号"飞入其范围内时，电池已经耗尽。我们不知道"埃蕾克特莉亚号"距离豪兰岛到底有多远，但埃尔哈特和努南的飞行结束了，史上最大规模的搜索工作开始了。

艾米·约翰逊

阿梅莉亚·埃尔哈特的飞机失踪7年前，一个年轻的英国女人上了新闻头条。1930年5月24日，艾米·约翰逊成为单人从英格兰飞往澳大利亚的第一人，她一年前才获得飞行员资格证书。

5月5日，约翰逊架着她两岁的德哈维兰虎蛾机"杰生号"飞上天空，这架敞座飞机隆隆地从克罗伊登机场的草坪上起飞。飞机携带的燃料太重，她试了第二次，才将零备件和工具带离地面。工具就是她本人，她是世界上第一个获得机械师资格的女性。

位于土耳其境内的托鲁斯山脉出现在面前，约翰逊发现飞机无法超越山脉的高度：空气太稀薄，她可能真的会从空中摔下来。她沿着狭窄而曲折的山峡飞行，可是山峡忽然消失在云层中。4天后，她在伊拉克上空险

1930年，艾米·约翰逊成为单人从英格兰飞往澳大利亚的第一位女性。7年后，阿梅莉亚·埃尔哈特试图成为第一个驾飞机环游世界的女性，十分不幸的是，她在飞越太平洋时失踪。

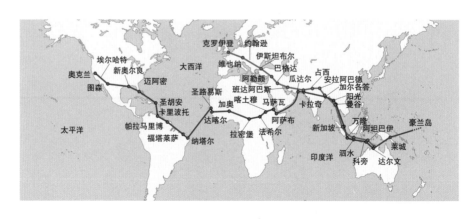

些被沙尘暴包围，只能在沙漠中降落，等待沙尘暴过去。

时间一分一秒地过去，因为约翰逊想打破伯特·辛克勒于1928年创造的单人15天从英格兰飞抵澳大利亚的纪录。雨季的暴雨倾泻进敞开的座舱中。她在仰光的一个足球场着陆，复翼飞机朝一面铁丝网滑行过去，造成下翼损坏。不可思议的是，两天后，经过修理的飞机又起飞了，但要打破纪录已不可能。起飞后19天半，约翰逊在达尔文市着陆，在她看来，她是失败了，但对于世人来说，她成了英国的埃尔哈特，在英国公众眼中，她无疑是"空中女王"——即便她自己并不这么认为。

6年中，约翰逊的破纪录单人飞行中有一次是从西伯利亚到日本，有两次是从英格兰到南非。1933年，她和另一位飞行员——也是她的丈夫——吉姆·默里森一起飞往纽约，中途飞机坠毁了。默里森夫妇在疗养期间和阿梅莉亚·埃尔哈特住在一起，两位女飞行员成了好朋友。

1937年，阿梅莉亚·埃尔哈特失踪，这使约翰逊开始怀疑自己的能力。1940年，她和丈夫分居，意志消沉，不情愿地加入了英国空军辅助运输队。一年后，她的飞机在恶劣的天气里坠入泰晤士河入海口。

约翰逊和埃尔哈特的尸体从未打捞起来，时至今日，人们都在怀疑她们的飞机是否真的坠毁了。令人伤感的是，天空永远是严厉的，它不会同情或原谅人类犯下的哪怕是最微小的错误。不过有一点是对的：偶像将长存于人们心中。

上图：约翰逊准备驾驶她的"吉卜赛蛾"号飞机，从英格兰南部的克罗伊登机场起飞前往澳大利亚。

左图：1933年，埃尔哈特（左）和约翰逊（右）一起在海滩上散步，她们都表现出惊人的勇气，也经历了同样的悲剧。

62

托尔·海尔达尔和"康提基号"

1947 年

对我们这些在木筏上的人来说，文明人的大问题似乎既荒谬又不切实际，不过是人类大脑的病态产物。元素才是关键，元素似乎忽略了小小的木筏。

——托尔·海尔达尔，1950 年

托尔·海尔达尔驾着一艘轻木制成的木筏从南美出发航行至玻利尼西亚，仅仅为了证明这是可能的。1936 年，在马克萨斯的法图伊瓦岛上住了一年后，海尔达尔放弃了动物学研究，专攻玻利尼西亚的种族和文化，他开始思考南太平洋诸岛的人们是怎么到这里来的。他仔细观察了洋流，确定岛民是从东面的秘鲁来的，这在当时是一条革命性的理论。

第二次世界大战中断了海尔达尔的研究，在克服了经济困难和学术界的反对后，他飞去厄瓜多尔，希望找到足够多的轻木，造一艘木筏。他一心想证明驾轻木木筏从秘鲁出发横渡太平洋到达玻利尼西亚是可能的。

海尔达尔根据皮萨罗描述的印加木筏建造他自己的船只，他没有使用铁钉或铁丝之类的现代工具，但他明白他需要刚刚砍下的木材。他在厄瓜

17 世纪早期，秘鲁海岸边的一艘轻木筏素描，海尔达尔以此为蓝本建造了"康提基号"。

多尔丛林中发现了想要的东西，他将12根大轻木沿着帕伦克河运到太平洋。到卡亚俄湾时，他用绳子把9根木头绑在一起，木筏就这么建成了。没有一个人认为海尔达尔可能安全地渡过太平洋，因为木筏太小、太脆弱、太易渗水。竹甲板下储存了够6个人吃4个月的食物，外加56小罐的饮用水。对于这样的航行来说，数量是太少了。

横渡太平洋

"康提基号"是根据一个印加人的名字命名的：富有传奇色彩的塞晶在秘鲁失踪，于1500年后出现在玻利尼西亚。1947年4月28日，海尔达尔和他的5个北欧同伴终于离开秘鲁的卡亚俄，经过一阵猛拉，船驶进了海面。一开始，操纵木筏十分困难，但他们很快就找到了调整方向的好方法，顺着洪堡洋流进入正确的航道，飞快前进。轻木的柔软性实际上是一种优势，因为绳索慢慢地咬紧船身，能起到保护作用，而非像某些宿命论者说的那样，从船体上脱落。

7月30日夜晚，他们听到成百只水鸟的叫声，这意味着陆地很近了，下一个问题是：如何让"康提基号"停下来。看见陆地后3天，船员发现他们正在漂向赫赫有名的塔库梅和拉罗亚两座礁岛。他们在一个不宜逗留的岛上登陆，但"康提基号"被撞得粉身碎骨了，只有9根轻木柱完好无

"康提基号"在海上：海尔达尔第一次看见完成后的船，将之比作"旧的挪威干草棚"。

"康提基号"船员，托尔·海尔达尔为左起第三人。

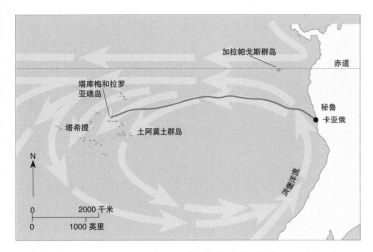

"康提基号"经 101 天横渡太平洋航行的路线。

海尔达尔驾驶着"雷 2号"——比"雷 1 号"更小更结实——从摩洛哥出发前往巴巴多斯,历时 57 天。

损,这被海尔达尔称为"光荣沉船"。他们在 101 天内航行了 6437 千米。木筏经过修复,现在陈列于奥斯陆的康提基博物馆中。

后续

这趟航行点燃了世界各地民众的想象,海尔达尔的旅行日志销售量达 2000 万册,被翻译成 70 种文字。他证明了最早的玻利尼西亚居民可能是来自南美,但他从未试图确定他们一定是沿着这条航路来的。然而学院派持否定态度:"这是一场了不起的冒险",当时玻利尼西亚研究的权威专家彼得·巴克爵士这么说道。芬兰人卡尔斯滕教授认为这次航行本身就是

谎言,丹麦人伯尔克特 – 史密斯教授认为这个议题最好"不了了之"。

海尔达尔起步的时候,正逢"术业有专攻"风潮的兴起,学术界认为他研究的领域太广泛了。他的研究方法确实不正统,他也天生爱炫耀,不过很可能学术界不过是嫉妒他有那么多时间远离书斋去探险。他一生都没有得到学术界的认可,这始终是他的心病。

"雷"探险

另一个让海尔达尔着迷的问题是:中美洲文明和埃及以及印度河流域的文明有关联吗?他第一次在安第斯山中的的的喀喀湖上看见芦苇编成的船,自问能否用莎草建一条木筏横渡大西洋。1969 年,他在乍得湖上看见芦苇船,决定到埃及去造一条。1969 年 5 月 25 日,他驾着"雷 1 号",同 7 位船员一起,从美国出发。经过 56 天 5000 千米的航行,他们放弃了,这时离目的地还有一周的航行时间。海尔达尔并不气馁,造了一条较小也较结实的"雷 2 号",于 1970 年 5 月 17 日从摩洛哥的萨菲出发,经过 57 天难熬的航行,到达了巴巴多斯。

凭借着钢铁一般的意志和决心,海尔达尔一次又一次证明关于文明和人类迁徙的理论未必是正确的。他认为:"我们被欧洲人一切从我们开始的态度蒙蔽太久了。实际上,世界上许多伟大的文明是随着我们的到来而消失的。"但是,许多现在的学者,基于考古学、语言学和基因的研究结果,依然否认海尔达尔的理论,认为玻利尼西亚人确实是自西迁徙过去的,美洲文明没有受到过埃及的影响。

攀登珠穆朗玛峰

1953 年

当我们从他们无可置疑的手势中发现他们已登顶时，一时间都着了魔。我抱住艾德和丹增大哭起来，我想其他人也是一样。

——约翰·亨特日记，1953 年 5 月 30 日

他们整个夜晚都在海拔 8400 米的雪山陡峭的山坡上宿营，这是有史以来人类宿营的最高位置。温度为零下 27 摄氏度（16.6 华氏度），强烈的风掀起帐篷的帘子，里面掉出霜和雪花。氧气面具在咝咝作响，帮助两个人断断续续地睡着。凌晨 4 点，他们点燃石蜡炉煮早茶，他们微微从睡袋里钻出一点儿来，用冰冷的手指笨拙地套上登山专用的靴子和冰爪。

清晨 6 点半，他们在明亮的晨曦中爬出帐篷，在下面 4000 米处蓝色的山谷中，能依稀辨认出定布齐的寺院，那里的僧人两个月前为他们作法祈福。丹增·诺盖想："神对我们太仁慈了。"对于他来说，神就是珠穆朗玛，这座被英国同伴称为"埃佛勒斯特"的神山。

艾德蒙·希拉里转过头问他："还好吗？"每一次呼吸都那么艰难，话语更显得奢侈。丹增微笑道："是的——准备好了。"两个人开始前

搬运工背着 1953 年探险用的将近 13 吨的补给品和器材登上坤布冰河去营地。

乔治·马洛里

1924年，乔治·马洛里前往印度，他迫切地希望这能成为最后一次登顶珠峰之行，过去3年中，这座山峰一直主宰着他的生活。1921年，他勉强加入勘测队，在西藏境内发现了一条通往世界第一高峰的道路；1922年，他登上了离山顶很近的位置；现在，他相信登顶的可能性很大——几乎是可以确定的。

马洛里只是许多杰出先驱中的一个，其他人包括：乔治·芬奇、杰夫瑞·布鲁斯、爱德华·诺顿、霍华德·索莫维尔、山迪·欧文和诺埃尔·奥德尔。他们不断在稀薄的空气中攀上新的高度，途中创造出高纬度登山这一活动。但是，马洛里之所以能成为公众心目中的英雄，是因为他雄辩的口才、文学的造诣、英俊的外表和作为一个登山家的优雅。作为一个登山家，他的动力源于审美，攀登珠穆朗玛峰北坡的艰难对他没什么吸引力，除了那种模糊的"挑战"和随之而来的荣誉。马洛里急切地想登顶。

尽管困难重重，特别是气候十分恶劣，1924年还是有两次登顶计划。第一次，爱德华·诺顿到达海拔8573米的高度，他是一个人，没带氧气罐。第二次，乔治·马洛里，出于伦理和审美的理由，他对人工物品心怀抵触，但还是决定带上供氧设备，他选了探险队中的工程学天才山迪·欧文同行。1924年6月7日，他们在6号营地向外界发出最后一条信息。第二天，诺埃尔·奥德尔在东北山脊顶峰处（或附近）看见了他们，正在向山顶行进。然后，云层降了下来。

没有人再见过他们，直至1999年，人们在北坡高处发现马洛里的尸体，还躺在他跌下来的地方，腰上系着一截绳子。人们认为欧文的尸体应该在更高的地方。可以想象两人从山顶上下来时坠落，许多理论都试图证明这一假设的正确性。不过，让他们的死成为永远解不开的谜团，这或许更好。

下图：*1999年与马洛里尸体一起发现的，他的手帕、护目镜、海拔高度表、手表。*　上图：*马洛里和欧文最后一次离开北坳的营地，背着沉重的氧气筒准备登顶。*

进，在刺眼的白雪中迈开脚步。那是1953年5月29日，两段互不相关的生命历程在世界的至高点会合。

牧牛人和养蜂人

丹增·诺盖出生在西藏，离珠穆朗玛峰不远的地方，孩童时在山峰下的草场上放牦牛。后来，他们一家在山南部尼泊尔的夏尔巴人中定居。和许多夏尔巴人一样，丹增到大吉岭去找工作，1953年，他在由埃里克·希普顿带领的珠穆朗玛峰探险队中当搬运工，这是英国探险队第五次试图从北麓登顶失败，他们总共尝试了7次。

几千英里之外，年轻的希拉里一边兴致勃勃地读着攀登珠穆朗玛峰的故事，一边在养蜂之余去攀登阿尔卑斯山。1951年，他终于得到了去喜马拉雅探险的机会：跟着一个探险队去攀登印度一座无人登顶的山峰。登山快结束时，有人邀请他加入埃里克·希普顿的珠穆朗玛峰南麓勘测队，那时这里刚刚对外国探险队解禁。他们在夏尔巴的高山之间起伏，最终将抵达坤布冰瀑。

希拉里和英国同伴攀上 900 米高的碎冰、冰柱，以及由雪构成的屏障中，他们发现可能可以从尼泊尔登顶珠穆朗玛峰。第二年，一个瑞士探险队几乎成功了，开辟了一条攀至冰瀑的长路线，抵达隐藏其后的悬谷。1921 年，乔治·马洛里将这里称为西库姆冰斗。瑞士人和夏尔巴人从库姆冰斗的尽头，贴着冰雪，苦苦上攀了 1200 米，抵达狂风大作的南坳，最后在东南山脊建立营地，准备登顶。

登山队员一边和狂风搏斗，一边在设备不齐全的情况下宿营，背着失灵的沉重氧气罐前进，瑞士人雷蒙德·兰伯特挣扎着攀至海拔 8600 米的地方，宣告失败，但这或许是有史以来人类到达的最高点了。这一次登顶计划中，兰伯特的同伴是夏尔巴人的领队，他协助搭建了通往南坳的一系列营地，这个人就是丹增·诺盖。

丹增现在是一个备受尊敬的登山家了，他决定不仅是在山里放牧或工作，而且要登上最高的山峰。1952 年，尽管当时生了病且筋疲力尽，他还是在秋天加入了瑞士探险队的第二次登顶计划。不过东风过早地呼啸起来，南坳探险不得不等到 1953 年再继续了。

最后一战

1953 年，一开始，珠穆朗玛峰探险队是由埃里克·希普顿一手筹备的，但到了最后，组委会解雇了他，任命约翰·亨特为新领队。经过重重考验，他的领导才能终于赢

希拉里意识到丹增可能注定会登顶，他与这位夏尔巴领队建立起稳固的友谊。

得备受侮辱的希普顿队员的认可。亨特是个外交家，他认真听取队员的建议，接受他们的推荐，新增了两位队员：新西兰人乔治·路威和艾德蒙·希拉里。亨特还同意让丹增·诺盖担任夏尔巴人的队长，探险的成功需要依靠他们的运输技能。到达加德满都后，亨特邀请丹增·诺盖成为探险队的正式成员。

1952 年由瑞士登山队开辟的南部登顶路线，1953 年由英国登山队完成。

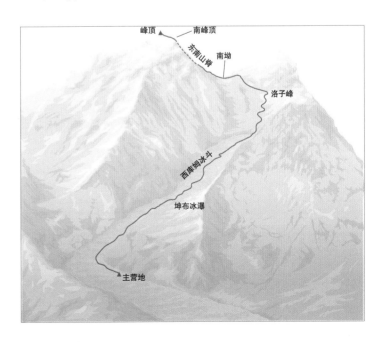

现在，坤布冰瀑上架起了合金阶梯，但1953年约翰·亨特探险时那里只有几级阶梯，他们用从低处扛来的树杆走过没有阶梯的部分。

对页图：1953年5月29日早晨11点30分，丹增·诺盖登上珠穆朗玛峰，他手中的冰镐上系着英国、尼泊尔、印度国旗和联合国旗帜，照片由艾德蒙·希拉里拍摄。

就这样，这场从1921年起就萦绕于英国登山家心间的漫长旅程终于迎来了高潮，是约翰·亨特的魅力、效率和决心点燃了它。探险队使用的是当时最先进的设备，最重要的是，供氧器材非常可靠。英国探险队借鉴瑞士人的经验，在南坳建了8个呈金字塔形的营地，汤姆·鲍迪伦和查尔斯·埃文斯从这里登顶，几乎成功，但到达南峰时由于氧气不足，不得已折回，现在轮到希拉里和丹增了。

"感谢啊，珠穆朗玛——我感激您。"

第一队人看见的刀锋状山脊让希拉里明白，必须在5月29日架桥跨过最后一道山的裂缝。他和丹增从更高也更危险的9号营地出发，于清晨抵达南峰。希拉里一向考虑周全，他一路上都在默默计算氧气的余量，必须在最后阶段保证充足的氧气。悬在半空的刀锋状山脊把他们引向一面高12米的悬崖，希拉里在岩石和积雪之中一寸寸上攀，祈求雪不要砸下来，否则他就会坠入3000米以下的康松东壁，丹增跟在后面。艰难过去后，山脊变成了一片缓和的小山丘，上午11点时，两人眺望着伸向西藏的北部山脉。没有地方可以攀登了。

希拉里，带着英国人的沉稳节制，伸开双臂，但丹增抱住他的肩膀，捶打他的后背。然后他摆出一个具有历史意味的姿势：把系着印度、尼泊尔和大不列颠国旗的冰镐举在手中。那天下午晚些时候，两人回到南坳，乔治·路威是世界上第一个听到这一新闻的人，他说："我们干掉了这混蛋。"这不朽的句子没有多少人听过。根据传记作家所说，丹增只是谦卑地念了一句佛教祷文："感谢啊，珠穆朗玛——我感激您。"

64 单枪匹马环航世界

1968 ~ 1969 年

当时没有一个人觉得单人不登陆环航世界是可能的，实际上每个人都兴致勃勃地告诉我不可能。

——罗宾·诺克斯—约翰斯顿

挑战终于来临了。1967 年，弗朗西斯·奇切斯特环航世界，只在澳大利亚登陆了一次。单人不登陆环航世界现在成了航海史上的最后一项挑战，可能吗？奇切斯特的船"吉普赛飞蛾 4 号"航行到全程一半时需要进行一次重大改装，返航途中有几天微微偏离了航道。船只能够连续在海上航行 300 天安然无恙——包括经过"咆哮西风带"（南纬 40 度）吗？

海员那么长时间在海上不与外界接触不会发疯吗？

《星期日泰晤士报》很快就抓住这一宣传机会，奖励第一个完成此项任务的人一个金质地球仪。我们四人对外宣布了自己的计划，后来又有五人加入，其中六个英国人，两个法国人，一个意大利人。规则很简单：单人航行，不借助外界援助，不登陆环航世界，从好望角、露纹角、合恩角

罗宾·诺克斯—约翰斯顿坐在为环航世界准备的补给品前。

出发向北。《星期日泰晤士报》支持我们，但他们对成功率的估计让我不能得到任何资金援助。他们一点儿也不知道英国海军商船所受的训练多么严格，也不知道我的船——"苏海莉号"——从孟买经过好望角回到了家。

启航

《星期日泰晤士报》随意地把比赛开始的时间设在1968年10月，这对我们驾小船的人来说太晚了，所以我们三个6月就出发了：察伊·布莱斯、约翰·里奇威和我自己。报纸最看好的法国人伯纳德·穆瓦特西耶两个月后出发，不过他的船更长也更快。

第一项任务是渡过拥挤的英吉利海峡到达开阔海面，由于不能一天二十四小时都高度警惕，这变成了纯粹的先活命再说。然后我向南渡过赤道附近平静的水域，绕过南大西洋的高压海水，那时已经出现问题：船漏水严重，我不得不在赤道待了两天，潜在水下1.5米处，在裂缝处钉上铜片。

一到"咆哮西风带"，其他问题就出现了：我遇上风暴，这意味着汹涌的波浪，"苏海莉号"受到重创，连桅杆都折断落入海中。情况非常严重，船舱在巨浪中失去了方向，水箱脱落，所有的饮用水中都混入海水，无线电装置被水浸湿失灵，自动掌舵仪损毁。可以用船帆搜集雨水，掌舵仪也可修复，不过要浸在冰水中。可是当时还没有卫星，失去通信设备意味着我既不能告诉别人我的位置，遇上麻烦也不能向别人求助。

慢慢航向澳大利亚时遇到了更多

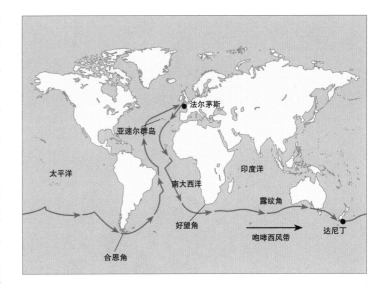

罗宾·诺克斯—约翰斯顿单人环航世界路线图。

风暴，但我已经习惯了永远湿漉漉的衣服和原始的生存条件。由于每天消耗大量体力，我的肌肉更加有力，我一直在研究如何让小船在喜马拉雅山一般的巨浪中"存活"下来。所以，当掌舵仪最终在澳大利亚完全损毁无法修复时，我对一切都充满信心，除了船体本身的情况。我把越来越多的

乔舒亚·斯洛克姆

乔舒亚·斯洛克姆是第一个中途登陆、完成单人环航世界的人。1844年，他出生于新斯科舍的威尔莫特，成为美国公民。斯洛克姆12岁时就在海上当厨师，在商船上过着冒险的生活，25岁时成为一艘大帆船的船长。有一段时间他和其他几人共同拥有"北极光号"，那是当时最先进的飞剪帆船。后来，他成了"阿奎德内克号"的船长，这艘船在巴西沉没了。他用船的碎片造了一条长11米的独木舟，航行了8046千米回到纽约，他的家人就是船员。出版于1894年的《自由之行》（译者注：自由区是巴西圣保罗的一个地区）写的就是这段旅程。

1892年，一位经验丰富的航海老手得到了11米长的单桅帆船"斯普雷号"。经过一番改装，1895年，他驾驶这艘船开始环球航行，在直布罗陀、麦哲伦海峡、澳大利亚和南非登陆，于1898年回到纽波特和罗德岛。航行途中，他一边讲课一边赚钱。他的书名叫《单人环航世界》，出版于1900年，是经典的航海著作。1909年，斯洛克姆再次驾着"斯普雷号"启航，但没人再听说过他的消息，他理应已沉入海底。

1969 年 4 月 22 日，经过 313 天的单人航行，诺克斯—约翰斯顿回到法尔茅斯，无线电装置在一次风暴中损坏，所以他大多数时间都无法和外界交流。

时间花在修理和维护上，风帆原本是用缝纫机缝制的，现在全部用手工缝。

我在达尼丁岛附近搁浅了 5 个小时，从一个记者那里听说了竞赛的现状：我遥遥领先，布莱斯和里奇威放弃了，穆瓦特西耶落后于我超过 4 个星期的航程。我驶进南太平洋，前往合恩角。为了保护船，我往北面较温和的海域航行，10 多天后刮起了东风，1969 年 1 月 17 日，我在合恩角转弯，担心穆瓦特西耶会超过我。很久以后我才知道他是 20 天后才转弯，不可能赶上我。

大西洋从北到南大约 12875 千米，但对我来说好像是回到了家一样。

我在亚速尔群岛附近给英国船发了信息，船将信息转告给劳埃德。这是 4 个月来我发出的第一条信息。17 天后，我重新渡过普利茅斯附近的起点。穆瓦特西耶在南大西洋宣布放弃，奈杰尔·特特利正在加紧前往亚速尔群岛，部分是因为知道唐纳德·克劳赫斯特紧逼其后。他操之过急，船在离终点 1610 千米处毁坏。一个月后，人们发现克劳赫斯特的船在大西洋上漂浮，尽管他的日志上写着驶离大西洋，但他其实没成功，再没有人看见他。总共 9 艘船出发，只有一艘船回到原点。

登上月球

1969 年

我过去所知道的月亮——悬在天空中的那个平面的黄色小圆盘——消失了，取而代之的是我从未见过的美妙地方。

——迈克尔·柯林斯，"阿波罗11号"宇航员，抵达绕月轨道时所说，

1969 年

载着尼尔·阿姆斯特朗、巴兹·奥尔德林和迈克尔·柯林斯的"阿波罗11号"宇宙飞船于1969年7月16日从佛罗里达的肯尼迪航天中心升天，飞向月球。但这项任务实际上8年前就开始运作了，1961年4月12日，前苏联宇航员尤里·加加林成为第一个抵达太空的人。当两位美国宇航员终于踏上月球表面时，相比1957年前苏联原始的"斯普特尼克号"地球卫星升天只过去了12年，这让人惊讶。

加加林进入太空后几天，时任美国总统的肯尼迪就问美国航天委员会："我们该怎么打败苏联人？建立航天实验室？环月球一周？往月球发射一枚火箭？让火箭载人飞往月球再回来？有没有什么轰动性的太空计划能让我们必胜无疑？"1961年4月20日，肯尼迪总统在一份备忘录中写道："我们是否已经有计划了？是否一天24小时都在努力完成？如果没有，又是为什么？"

月球之旅

7月的一天，差不多到了肯尼迪总统规定的期限，3位宇航员仰面躺在"土星5号"火箭上，面朝蓝天，

这3位都是行家里手了——以20世纪60年代的眼光看是如此。指令长尼尔·阿姆斯特朗，38岁，拥有正统的NASA飞行员背景，他从小就对飞行着迷，16岁就获得飞行员资格证书，比考取驾照的时间还早。他拥有航空技术学位。阿姆斯特朗于1966年进行第一次太空飞行：与另外一个人搭乘"双子8号"宇宙飞船，他正是在那次策划了阿波罗太空登陆计划。

坐在阿姆斯特朗身边的是埃德温·巴兹·奥尔德林，年纪比阿姆斯

"阿波罗11号"宇航员（从左至右）：尼尔·阿姆斯特朗、迈克尔·柯林斯、巴兹·奥尔德林。

架设在"土星5号"火箭上的"阿波罗号",这是有史以来最强大的火箭之一。

右图:"阿波罗11号"飞行384000千米到达月球,之前有两艘载人宇宙飞船——"阿波罗8号"和"阿波罗10号"——超越它,两艘都是绕月球飞行,没有登陆。

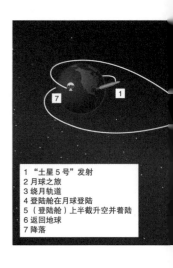

1 "土星5号"发射
2 月球之旅
3 绕月轨道
4 登陆舱在月球登陆
5 (登陆舱)上半截升空并着陆
6 返回地球
7 降落

特朗大了几个月,曾在麻省理工大学学习航空知识,论文写的是航天器会合。NASA后来使用了这篇论文中的技术。1966年,奥尔德林搭乘"双子12号"完成了第一次太空漫步。

第三位是迈克尔·柯林斯,也出生于20世纪30年代,比阿姆斯特朗小几个星期。他也参与了1966年的"双子任务",是"双子10号"的驾驶员,完成了对接和太空漫步。

"阿波罗号"发射后一分钟进入轨道,3位宇航员进入失重状态。两个半小时后,一台火箭发动机点燃,将他们送往月球。和在地面上行进不同,太空旅行是毫无阻力的滑行,除了中途的调整,路线已由一开始的发射时间决定。很久以前,

大家就一致认为"阿波罗"任务应该包括两组飞行器:名为"哥伦比亚号"的指挥服务舱(CSM),是主体;名为"鹰号"的月球登陆舱,专门负责登陆。登陆舱被置于独立的模块中,在跨月面滑行时,指挥服务舱需要旋转,与登陆舱对接。这项工作完成后,宇航员才能出舱,开始为期3天的月球漫步。

登陆宁静海

第四天时,宇航员来到月球背面。远处,燃烧的火箭让他们大大减慢速度,留在绕月轨道上,距月球表面只有100千米。阿姆斯特朗和奥尔德林转移至登陆舱。1969年7月20日,两艘飞行器分离。"你们两个在月球表面多多保重。"柯林斯说。

经过一段时间的滑行,登陆舱在电脑的控制下开始下降,总时间为12分钟。但5分钟后,电脑控制板上的红灯开始闪烁:"程序警报,1202。"阿姆斯特朗说。休斯顿控制中心明白这是因为电脑负载过重,回答说:"收到,忽略警报",意思是继续执行任务。可是电脑把"鹰号"

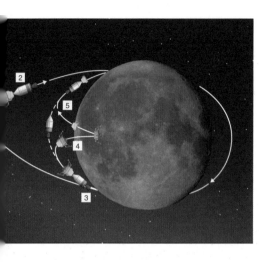

他的声音比一般飞行员要兴奋许多。

真正触地的瞬间对于宇航员来说不算什么，因为月球重力只有地球重力的六分之一，所以不会有什么阻碍。火箭燃烧产生的尘埃在极远处飞舞，唯一能表明他们已经登陆的方法，是脚踏板上垂着的铁棒触到月球表面时指示灯会亮起。

登陆舱着陆6个小时后，阿姆斯特朗才在月球表面留下第一个人类的脚印，他说了一句著名的话："这是一个人的一小步，但是全人类的一大步。"阿姆斯特朗坚持他当时说的是"一个人"，但地球上没有收到。登陆舱两侧的摄像机见证了这一瞬间，全球大约有5亿观众收看实况转播。

下降至一个巨大的月坑处，阿姆斯特朗决定冲向原定的登陆地点。最终，他让登陆舱下降至宁静海，当时燃料只够用30秒了。"休斯顿，静海基地，'鹰号'已登陆！"阿姆斯特朗说，

巴兹·奥尔德林登陆月球，尼尔·阿姆斯特朗的任务是拍照，所以大多数照片中的人都是巴兹。

针对"飘扬的旗帜"的争议一直存在。实际上，"飘扬的旗帜"是由于没有空气，布面褶皱无法复原形成的。

右图：登陆舱从月球表面起飞与指挥舱会合，柯林斯在指挥舱中等待。

奥尔德林跟着阿姆斯特朗走下台阶，两人花了一些时间搜集岩石标本，进行实验，尝试各种办法穿着笨重的宇航服在月球表面走动。两个半小时的月球漫步后，他们返回"鹰号"。在"新世界"登陆 22 个小时后，他们回到绕月轨道上，柯林斯正在"哥伦比亚号"上等待着他们。

阿波罗的遗产

3 位宇航员回到地球后立刻成了名人，人们挥洒彩带进行庆祝，但近两年来，他们的成就逐渐被蒙上了阴影。毫无疑问，"阿波罗号"计划的目的受到质疑。美国公众对"阿波罗 13 号"登陆短暂地兴奋了一阵儿，之后就不再有兴趣了。这次登陆时一个氧气罐爆炸，登陆失

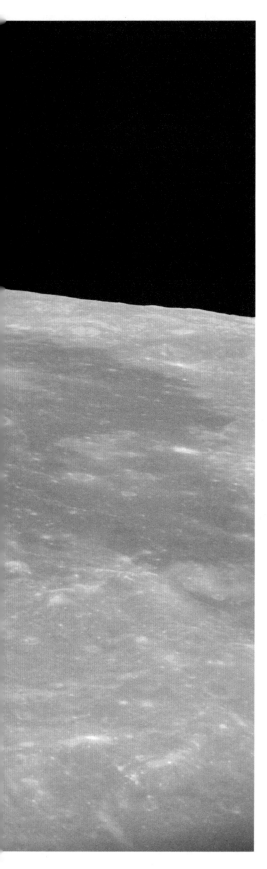

败。1972年"阿波罗17号"胎死腹中后，人类再也没有离开过绕地轨道。

令人惊讶的是，有许多人甚至质疑，宇宙飞船真的在月球上登陆了吗？还是在NASA的某个摄影棚里伪造的？如果没有人的话，第一个脚印又是怎么来的？月球上没有空气，美国国旗为什么会飘动？事实上，摄像机安装在"鹰号"上，国旗会动，是因为没有空气和重力太小，意味着旗帜上的波浪形褶皱要过很长时间才会恢复平整。

奥尔德林对载人航天器的热情始终不减，2002年他甚至往一个穷追不舍的电影制片人脸上挥了一拳。或许，只要"阿波罗11号"的登陆点上还没出现像博塔尼湾那么数量众多的游客，这些先驱人物的成就就永远不能被所有人接受。

NASA最为荣耀的时刻：人们向登月归来的英雄人物挥舞彩带，但公众的兴趣很快就减弱了。

66 深海探险

1977 年

我们凭借逻辑去证明，凭借直觉去发现。

——昂利·庞加莱，1904 年

1977 年 2 月 12 日，两艘船从巴拿马运河出发：伍兹霍尔海洋研究所的科考船"诺尔号"拖着"露露号"和小小的三人潜艇"阿尔文号"，本次探险的领队之一——罗伯特·巴拉德博士——8 年后发现了"泰坦尼克号"。他们的目的地是加拉巴哥裂谷，一条东西向的洋中脊，地球上最大的山脉，船上的科学家打算潜入太平洋深处，研究它的火山活动和构造过程。熔化的岩浆从地球内部涌上来形成山脊，像一个充满热气的气泡，消散在周围的海水之中。

海底黄石公园

之前的研究表明一些地质构造过程似乎是在"开采"热量，这些过程并非把热量均匀地分散在山谷中，而是与在陆地上观察到的岩浆库相似，把热量集中于温泉中。黄石公园是一个典型的例子：融化的雪水沿着地面上的裂缝流下，流进火山下的岩浆库中。水在向下流动的过程中不断被加热，直至最终"一闪而过"或沸腾，在地面上剧烈喷发。

显然加拉巴哥裂谷中不可能存在喷泉，因为海底 2000~3000 米处的压力太大，不可能发生沸腾现象。但那里应该有温泉，这是科学家希望发现的东西。

一艘名叫"安格斯"的远程控制无人驾驶潜水艇——外面有铁笼保护，以便垂直撞上岩石后还能继续工作——被拖到距海底很近的地方，连续拍摄了 12000 张彩色照片。

2 月 25 日夜晚，慢慢地，"诺尔号"拖着"安格斯号"沿着东西向裂谷的内侧行进，所记录的内容包括

右图：罗伯特·巴拉德（前）和队友准备把无人操纵的摄像机舱"安格斯"放入水中，希望能定位他们首次发现的深海热泉。

船到海底的距离、"安格斯号"所经水域的水温、缆线承受的拉力。研究人员最害怕的是船可能会撞到凹凸不平的岩石而损毁，使得"诺尔号"被钉在原地。如果发生这种情况，缆线的拉力会忽然增大，如果超过88900牛，就会断裂，"安格斯号"就会被丢在海底，但缆线的拉力始终保持在正常的53300牛。

当地时间晚间7时零9分，水面上的"安格斯号"监控器接收到一个为时3分钟的小小温度异常信号，潜水艇经过了什么温度较高的东西，但科研人员只有把它捞起来以后，在船上的实验室里把照片洗

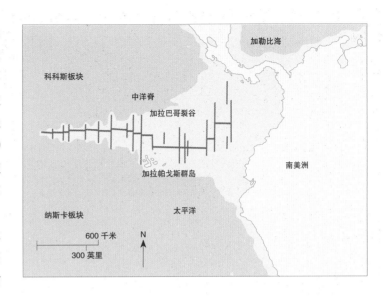

出来，才能知道那究竟是什么。之后没有发生异常，"安格斯号"被捞起来，人们关切地聚在冲洗室内，想看看那是什么。

每一帧的左下角都有一个小红钟显示时间，晚间7时零9分之前，"安格斯号"经过覆盖海底的一片新形成的熔岩流，其特征是乌黑的岩石上覆盖着一层玻璃似的反光表面，很明显是不久前形成的，水非常清澈。但到了7时零9分，画面忽然发生变化，水变得模糊，水中挤满了白色的贝类——大概有上百只，正在挤进熔岩流中。以前没有人见过这一幕，这种大型底栖生物是如何在一片漆黑中，在坚硬的岩石表面生存的？

充满生命的绿洲

有人驾驶的潜水艇"阿尔文号"于2月16日到达，第二天太阳初升时潜入海水中，这一天，人类实现了现代科学史上最伟大的发现之一。"阿尔文号"发现的温泉，确切地说是深海热泉，使得整个科学界为之振奋了许多年。

南美和东太平洋海底地图，加拉巴哥裂谷是1977年第一次发现深海热泉的地方。加拉巴哥裂谷是洋中脊的一部分，由科科斯板块和纳斯卡板块分裂而形成。

"阿尔文号"潜水艇载着一位驾驶员和两位科学家潜入海底。

"阿尔文号"和"安格斯号"使用的是相同的转发器，很容易就到达了相同的位置。经过一个半小时的下潜，驾驶员杰克·唐内利带着杰克·科利斯和杰里·凡·安德尔来到水底，距离贝埕不到275米的地方，然后沿着熔岩朝那里驶去，沿途他们看见预想中的情形：新近形成但没有生命的熔岩流。

但"阿尔文号"到达目的地时，看见的是截然不同的情景，同时，温度探测器发出信号，温暖的水流在熔岩流的缝隙中闪闪发光，变成锰和其

他金属那样的蓝色，从海底深处涌出，在周围温度较低的岩石上沉淀成硬质的表层，海底生机勃勃。科学家们看见的那种非常大的贝类超过30厘米，此处还有螃蟹、鱼类和小龙虾一样的生物。"阿尔文号"伸出机器人手臂去搜集，许多生物都是人们第一次看到。

接下来的几天中，潜水艇发现了更多温泉，现今发现的温度最高的水达到73摄氏度（163华氏度）。在"安格斯号"的带领下，他们的潜水收获颇丰：其中一个地方聚居

生命的新阶段

科学家对这些深海绿洲中生物获取能量和养分的方式做出各种各样的假设，发现它们之前，地球上的生命体需要依赖光合作用，这是靠太阳光完成的。但在加拉巴哥裂谷漆黑的温泉中，生命体的丰富性远远超过过去的理论可以解释的范围。为什么会有那么多物种？

"阿尔文号"搜集的温泉水样被拿进实验室后，室内立刻充满一股强烈的臭鸡蛋味道。科学家剖开贝壳时，发现肉是鲜红的。在显微镜下，能够看见上百亿个微小细菌占据它们的身体：细菌通过化学作用制造氧气，和贝类以及巨型管栖共生。

这个过程不是利用阳光，而是利用之前不为人知的以碳为基础的方式制造食物链。这么深的海底没有阳光，小细菌利用温泉中分解出的有毒硫化氢，外加海水中的氧气和二氧化碳，模仿光合作用来生存。

这项发现不仅对我们理解地球生命的起源起到决定性作用，而且带领着我们到太阳系以外的地方去寻找更多的生命体。

上左图：活跃的深海热泉周围聚集着奇特的底栖生物，包括巨大的管生蠕虫、贝类和蚌。

上右图：管生蠕虫在保护管内的特写，在一片漆黑的海底，红色羽毛似的腮从管中突出吸取化学物质进行化学作用，以模仿光合作用。

乘热气球环游世界

1999 年

公众的想法是这样的：如果我们不出发，我们是傻瓜；如果出发但失败了，我们是无能；如果我们出发且成功了，任何人也都能做到。

——贝特朗·皮卡尔，1999 年

贝特朗·皮卡尔的概括太准确了，要不要启动这项计划是 1999 年春天全世界热气球飞行家都面对的一个难题。艰难的挑战变成了激烈的竞争，8 支队伍准备一决雌雄——坐上摇摇欲坠的飞行器飞上上千英里，环游地球。

成功的关键是喷气流。每年冬季，北冰洋的冷空气与温暖的赤道气团相遇，北半球会出现一股由西向东吹的风。但是，1999 年 3 月 1 日，银白色的"百年灵 3 号"热气球在晨曦中升入瑞士代堡上空时，喷气流已经结束，对于大多数人来说，这次尝试毫无希望。皮卡尔想在南纬 26 度平行圈以南飞行，但对于依靠风力的飞行器来说，这几乎是不可能办到的。

黎明前，"百年灵 3 号"在瑞士代堡上空做最后的准备。

英国热气球飞行家布莱恩·琼斯是皮卡尔的队友，这是他的第三次尝试了，但皮卡尔无疑是"百年灵队"的主导力量。贝特朗·皮卡尔的祖父是著名的平流层热气球飞行家奥古斯特·皮卡尔，父亲是查尔斯·皮卡尔，他曾去太平洋马里亚纳海沟中潜水，因此，皮卡尔是注定要完成他的家族使命的。皮卡尔当时已经是个优秀的滑翔机飞行员，1992 年他和维姆·费尔斯特莱滕组队参加克莱斯勒跨大西洋热气球比赛并获胜，从此开始了热气球生涯。

最有意义的一点在于，跨大西洋比赛证明，随着一种新型罗兹耶尔热气球的发明，大西洋不再是不可逾越的障碍了。罗兹耶尔的形状像冰淇淋，顶部充满氦，形成集束热空气，两者的优势结合起来，使热气球能征服全世界。

最后一试

皮卡尔和琼斯知道这或许是他们最后的机会了，因为瑞士钟表商"百年灵"已经宣布不可能再资助第四次飞行。压力还远不止来自这一个方面，大东电报局的热气球从西班牙起飞，决意借助风速较慢的南风，沿着中国南部边境飞行。"百年灵号"似乎不可能赶上，特别是它一开始朝西南飘到摩洛哥去了，不过这是飞向目的地的关键性策略。

"百年灵号"渐渐以弧线形朝东穿过北非沙漠，4 天后艰难地进入了埃及和也门的禁飞领空，听说对手在日本就放弃了，他们十分高兴。

3 月 9 日，"百年灵号"整装待

单人挑战者

史蒂夫·福塞特无疑是世界热气球竞赛的一匹黑马。1994 年，这位说话细声细气的芝加哥商人和同伴一起飞越了大西洋。半年后，他就进行单人飞行了，这次是飞越太平洋，环游世界对他来说不过是时间问题。

福塞特创造了一系列纪录，他一开始去航海，很快去参加穿越阿拉斯加的狗拉雪橇大赛，接着是勒芒 24 小时耐力赛，攀登六大洲最高的山，当然也参加飞行。参加这类活动时，他一贯抱着不采用不必要服务的宗旨。在乘热气球环游世界时，他选择重新启用第一次飞越大西洋时用的旧热气球，这个热气球既没有加热也没有加压，显然不会舒服，但福塞特只想用它。

福塞特后来尝试了很多次：6 次单人飞行，一次搭上了理查德·布兰森和皮尔·林斯川的热气球。他一次次打破单人热气球飞行的纪录，不过 1998 年在澳大利亚上空，恶劣的天气差点儿使他丧命，他在那里放弃了。"百年灵 3 号"的成功并未使福塞特感到相形见绌，他一直坚持着。2002 年，他在昆士兰的雅玛降落，在 15 天内完成了环球飞行。

发沿着中国南部飞行。不可思议的是，整个飞行过程中第一次，也是唯一一次，"百年灵号"沿着正东方向直线飞行了 2092 千米，一次在禁飞区中偏离了 40 千米，但很快就恢复了。

他们飞出中国领空，面对着16000 千米的太平洋洋面。气象学家建议他们低空慢飞，飘到赤道，一股较快的喷气流将会形成。6 天后，飞行员的情绪跌到了谷底，他们的

"百年灵 3 号"路线图。

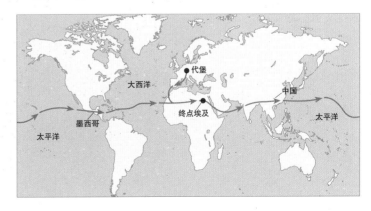

速度只有每小时 40 千米，更糟糕的是，一层铝壳层阻碍了热气球和控制中心的通信。皮卡尔和琼斯第一次想到可能会失败，也是第一次承认他们感到害怕。

"百年灵号"最终遇到了喷气流，以每小时 185 千米的速度飞往墨西哥，但好时光只有那么一小会儿，因为两位飞行员都因为长时间在高空呼吸过于干燥的空气而感到不适。热气球穿越喷气流，又飞向错误的方向。

大西洋在前面等着他们，32 灌丙烷燃料只剩下 4 罐了，他们必须加速，否则就会失败。眼看梦想就要落空，皮卡尔决定冒死让"百年灵号"升高。在 10700 米的高空，他成功了，热气球回归正轨，加快了速度。

3 月 20 日，他们飞过西经 9 度 27 分处的终点线，他们就是从非洲的红色沙漠启程往西的。在空中飞行了 20 天后，"百年灵 3 号"热气球于第二天清晨降落在埃及。

皮卡尔和琼斯降落后用遥控相机拍摄的照片，1999 年 3 月 21 日。

火星、木星或更远 68

1977 ~

或许古老的占星家颠倒了真相，他们说是星星控制着人类的命运，
现在看，或许是人类控制着星星的命运。

——亚瑟·C.克拉克，1970年

未来的旅行家多数将是机器人，自从1972年以来，就没有人离开过地球的引力场，不过"旅行者号"、"精神号"、"卡西尼号"等飞行器在远程控制下帮助人类进行了探索。这些机器人去过太阳系中的很多星球，在彗星之间穿梭（还有一艘直接撞了进去），甚至在一颗小行星和一颗大卫星上着陆。

机器人代替人类做了几场伟大的旅行："旅行者号"双子飞船现在仍在太阳系的边缘，它们送回的信息大大加深了我们对于星球的了解，它们是整个宇宙中效率最高的"旅行家"。它们发射的时候适逢行星位置偶然地排成直线，这一现象每175年才发生一次。这一点之所以重要，是因为星际旅行的方式。

每一次发射之前，飞行器都必须带足燃料。飞行器离开地球表面所需要的冲力可以让火箭提供，火箭发射后就脱落了，但一开始发射后飞行器就会围绕太阳形成新的运行轨道，而后在轨道上滑行。一架飞行器需要初始加速度以免被太阳的引力完全牵引过去，不过，它可能遇到某颗行星，就能窃取行星围绕太阳公转时产生的轨道动量。这个过程叫作"重力助推"，是围绕行星公转最省力的一种方式。

两艘"旅行者号"

20世纪70年代和80年代，木星、土星、海王星和天王星所在的位置非常适合采用这一技术。"旅行者1号"于1977年9月5日发射，比"旅行者2号"晚了两个星期，但它的行进路线更快，于18个月后先到达木星。"旅行者1号"高速飞过行星时拍摄了19000张木星及其主要卫星的照片。木星是一个气体世界，没有坚硬的表层，我们能看见的只有它顶部旋转的云层，通过与行星相遇时定时拍摄的照片，我们可以看见大气体系的运作。

最让人惊奇的是最靠近木星的卫星艾奥（Io），它比月球稍微大一些。科学家推测艾奥内部是静止不动的，但当琳达·莫拉比托把照片放大试图寻找邻近的一颗恒星时，她看到了一

"旅行者1号"拍摄的木星照片，艾奥后面是木星大气层，右边是欧罗巴。

283

"旅行者号"宇宙飞船。白色碟直径为3.7米,飞船重815千克,和一辆小型汽车重量相当。

接近土星神秘的被云层包围的卫星泰坦时脱离了行星运行轨道平面。

"旅行者2号"也和木星及土星相遇,这本来该是任务的终点,但此时它的状态还很好,所以科学家决定利用土星的公转将"旅行者2号"甩到下一颗星球——天王星——上去。5年后,也就是1986年,"旅行者2号"到达,拍摄了上千张天王星及其卫星的照片,然后它出发前往海王星。1989年,"旅行者2号"到达海王星,它拍摄的海王星照片以后几十年中或许都不会再次被拍摄到了。

"'旅行者号'行星任务"现在更名为"'旅行者号'星际任务",不过两艘飞船可能需要上千年才能摆脱太阳引力的作用。它们的放射性同位素发生器预计将于2020年衰减,之后就不能传送数据了,但旅行仍在继续。"旅行者号"建造于20世纪70年代,在当时的技术下,过了这么多年后,它们还在距地球上百亿千米的地方运作,实在是了不起的成就。

些令她震惊的异常活动:那看上去像卫星边缘的一座喷泉,事实上,这是人类第一次在地球以外的星球上发现火山运动。艾奥离木星非常近,导致内部发生剧烈的搅动,它是我们所知的最活跃的天体。

"旅行者1号"还发现了木星环,比它20个月后发现的土星环细许多也暗许多。除了拍摄美丽的土星照片,"旅行者1号"还测量了土星上部气体的组成成分,令人惊奇的是其中的氦气含量比两大气态天体——木星和太阳——低得多。"旅行者1号"在

探索火星

"旅行者号"这样的飞船就像侦

探，它能冲向未知的领域，但不能停下来，真正的行星探索需要能看、能触摸、能感觉、能行动的机器人，就像把人类的感觉器官伸向遥远的地方那样，两艘火星探测漫游者便在火星表面进行这样的活动。

继月球探索后，人类自然而然地想到了火星，它是所有行星中与地球最相似的一颗，如果你要在那里登陆，往窗外瞥一眼可能会想起智利的阿他加马沙漠：一片阳光照耀下的土地，上面有岩石、沙丘、浅蓝的天空，偶尔还会出现被风卷起的沙柱。但是在毫无防护的情况下踏进严寒和二氧化碳稀薄的大气中，你可能会被冻僵且窒息。那里的大气压力很低，只有地球上的百分之一，你的血液可能会在几秒钟内沸腾。人类终有一天会到达火星，但需要机器人先给我们铺路。

火星总是给飞船带来坏运气，三分之一被送往那里考察的飞船都因为各种各样的原因失败了，这让人怀疑是否存在外星人的干扰，尽管主要的问题是人类失误。一开始，科学家以为"漫游者"也幸免于难。2004年

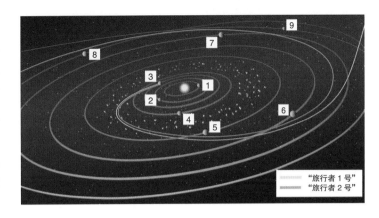

1月3日，名为"精神号"的飞船抵达火星表面，起防护作用的安全气囊在飞船降落后自动脱离，然后缩小。

"精神号"发回的第一组照片让地面控制人员大大兴奋了一番：高清全景照片中是一块平坦的岩石，科学家认为这是一块久已干涸的湖床。1月15日，"精神号"开始在土星上活动，但才考察了几天，飞船就出现故障，不能给地面发回准确的信息，地面人员接收到的信息仅仅是："'精神号'还活着"。

问题出在飞船上的一个软件，它的存储没有清空，要让它继续工作，就要发送新的软件。2004年1月底，

"旅行者号"的太阳系之旅：1- 水星；2- 金星；3- 地球；4- 火星；5- 木星；6- 土星；7- 天王星；8- 海王星；9- 冥王星

对页和本页图：2005年8月，火星漫游者"精神号"从赫斯本德山上拍摄的太阳能板全景，由在3个火星日内拍摄的653张照片拼合而成。

"精神号"的孪生兄弟"机遇号"到达火星的另一端。两个漫游者飞行了好几千米，考察火山，攀登山丘，研究它们发现的岩石。

火星漫游者表明机器人探险家可以更上一层楼，它们能根据事先设定的程序，从某种程度上进行主动的思考。比如，2005年2月，科学家给"机遇号"发送了新的导航软件，使它能自动绕过障碍物，它在3天内所发现的东西要更丰富。无线电信号要花20分钟才能从火星传送到地球，用遥控一定很慢，发出指令到完成行动需要40分钟。

土星任务

"'卡西尼–惠更斯号'的土星任务向我们展示了一个奇妙的未知世界"，《星际迷航》中是这么说的。2004年7月，"卡西尼号"到达土星，开始绕其公转，掠过它奇特的冰冻卫星。2005年1月，欧洲制造的"惠更斯号"探测器在预定的时刻发射，冲向雾气弥漫的土星卫星泰坦，

它比水星还大。下降过程中，"惠更斯号"拍摄到一组令人神往的泰坦表面照片，上面有云层、河流和河岸，然而泰坦表面温度是零下180摄氏度（零下292华氏度）。泰坦上充满了甲烷，而不是水，探测器在稍微柔软些的冰层和泥土上登陆。

太阳系外围有许多冰冻的星球值得探索，一些地方甚至还可能存在着原始的生命形态。木星的卫星欧罗巴是主要目标，科学家相信它表面的冰层下是一片海洋。我们对太阳系的兴趣主要源自寻找生命体，但即便其他的行星或卫星非常贫瘠，没有矿藏，为探索本身而探索会继续引领人类走向从未涉足的地方。

有一天——恒星？

机器人的行星任务需要花费许多年，一项计划从最初构思到开花结果，就可能耗费科学家的一生，但我们可能去到太阳系以外的地方吗？一项类似"旅行者号"的恒星任务要取得成就，将不是花费一个人的一生，而是一整个文明的时间。但是，随着探测器越来越微小，或许和一支钢笔、一个针头一样大，疾速长距离飞行就会简单多了。推动微型探测器使之近乎达到光速，是人类可以做到的，因此这项计划还在人类的议事日程之内。

天文学家在许多恒星周围发现了行星，不过光速的限制使得要去最近的恒星区域都要花上几十年的时间。我们可以假设，终有一天，人类能够改变自然法则，超光速旅行将变得可能，但到目前为止，恒星之旅仍只存在于人们的想象之中。

猎户座马头星云，它距我们如此遥远，就算是那里的光线，也要经过1500年才能抵达地球，人类或许永远无法到达。

延伸阅读

Ancient World

1 Out of Africa
Chen, C., Burton, M., Greenberger, E. & Dmitrieva, J., 'Population migration and the variation of Dopamine D4 receptor allele frequencies around the globe', *Evolution and Human Behavior*, 20 (1999), 309–24

Fagan, B. F., *The Journey from Eden: The Peopling of Our World* (London & New York,1990)

Fagan, B. F., *People of the Earth* (12th ed., Upper Saddle River, NJ, 2006)

Gamble, C., *The Palaeolithic Societies of Europe* (Cambridge, 1999)

Hoffecker, J., *A Prehistory of the North* (New Brunswick, 2005)

Lewin, R., *The Origin of Modern Humans* (New York, 1993)

Stringer, C. & McKie, R., *African Exodus* (New York, 1996)

Whybrow, P. C., *American Mania: When More is Not Enough* (New York, 2005), chapters 2 and 3

2 Into a New World
Adovasio, J., *The First Americans* (New York, 2002)

Dillehay, T., *First Settlement of America: A New Prehistory* (New York, 2000)

Dixon, E. J., *Quest for the Origin of the First Americans* (Albuquerque, 1993)

Dixon, E. J., *Bones, Boats, and Bison* (Albuquerque, 1999)

Fagan, B. F., *The Great Journey* (updated ed., Gainesville, 2004)

Fagan, B. F., *Ancient North America: The Archaeology of a Continent* (4th ed., London & New York, 2005)

Jablonski, N. G. (ed.), *The First Americans: The Pleistocene Colonization of the New World* (San Francisco, 2002)

3 Early Pacific Voyagers
Bellwood, P., *The Polynesians* (rev. ed., London, 1987)

Bellwood, P., *Prehistory of the Indo-Malaysian Archipelago* (rev. ed., Honolulu, 1997)

Irwin, G., The Prehistoric Exploration and Colonisation of the Pacific (Cambridge, 1992)

Kirch, P. V., *On the Road of the Winds* (Berkeley, 2000)

Lewis, D., *We, the Navigators* (2nd ed., Honolulu, 1994)

Thomas, N., Guest, H. & Dettelbach, M. (eds), Observations Made *During a Voyage Round the World* (by Johann Reinhold Forster) (Honolulu, 1996)

4 Egyptian Explorers
Lichtheim, M., *Ancient Egyptian Literature. Volume I: The Old and Middle Kingdoms* (Berkeley, Los Angeles & London, 1973), 23–27

Lloyd, A. B., 'Necho and the Red Sea: some considerations', *Journal of Egyptian Archaeology* 63 (1977), 142–55, especially 148–55

Markoe, G. E., *Phoenicians* (London, 2000)

Montserrat, D., 'Did Necho send a fleet around Africa?', in Manley, B. (ed.), *The Seventy Great Mysteries of Ancient Egypt* (London & New York, 2003), 254–55

O'Connor, D., 'Where was the kingdom of Yam?', in Manley, B. (ed.), *The Seventy Great Mysteries of Ancient Egypt* (London & New York, 2003), 155–57

5 Herodotus
de Sélincourt, A., *The World of Herodotus* (London, 1962)

Evans, J. A. S., *Herodotus* (Boston, 1982)

Gould, J., *Herodotus* (London, 1989)

Herodotus, *The Histories* (London, 2003)

Myres, J. L., *Herodotus: Father of History* (Oxford, 1953)

Romm, J. S., *Herodotus* (London & New Haven, 1998)

6 Xenophon
Briant, P., *From Cyrus to Alexander. A History of the Persian Empire* (Winona Lake, 2002)

Cartledge, P. A., *Agesilaus and the Crisis of Sparta* (London & Baltimore, 1987, repr. 2000)

Cawkwell, G. L. (ed.), *Xenophon. The Persian Expedition*, trans. Rex Warner (Harmondsworth, 1972)

Dillery, J. (ed.), *Xenophon Anabasis* (Loeb Classical Library, Cambridge, MA, 1998)

Lane Fox, R. (ed.), *The Long March. Xenophon and the Ten Thousand* (London & New Haven, 2004)

Rood, T., *The Sea! The Sea! The Shout of the Ten Thousand in the Modern Imagination* (London, Woodstock & New York City, 2004)

7 Alexander the Great
Cartledge, P., *Alexander the Great. The Hunt for a New Past* (new ed., London & New York, 2005)

Bosworth, A. B., *Conquest and Empire: The Reign of Alexander the Great* (Cambridge, 1988)

Briant, P., *Alexander the Great: The Heroic Ideal* (London, 1996)

Green, P., *Alexander of Macedon, 356–323 BC. A Historical Biography* (rev. ed., Berkeley & London, 1991)

Lane Fox, R., *Alexander the Great* (London, 1973)

Lane Fox, R., *The Search for Alexander* (London, 1980)

8 Pytheas the Greek
Cunliffe, B., *The Extraordinary Voyage of Pytheas the Greek* (London, 2001; New York, 2003)

Hawkes, C., *Pytheas: Europe and the Greek Explorers* (Oxford, 1977)

Roseman, C. H., *Pytheas of Massilia, On the Ocean: Text, Translation and Commentary* (Chicago, 1994)

9 Hannibal
de Beer, G., *Hannibal's March* (London, 1967)

Goldsworthy, A., *The Fall of Carthage: The Punic Wars 265–146BC* (London, 2004)

Livy (Titus Livius), 'The War With Hannibal', Books XXI–XXX of *The History of Rome* (London, 1965)

Prevas, J., Hannibal Crosses the Alps: *The Invasion of Italy and the Second Punic War* (Cambridge, MA, 2001)

10 St Paul
Meinardus, O. F. A., *St Paul's Last Journey* (New York, 1978)

Morton, H. V., *In the Steps of St Paul* (Cambridge, MA, 2002)

Ramsay, W. M., *St Paul the Traveler and Roman Citizen* (repr., Grand Rapids, MI, 2001)

White, J., *Evidence and Paul's Journeys* (Hilliard, OH, 2001)

11 The Emperor Hadrian
Birley, A., *Hadrian, the Restless Emperor* (London, 1977)

Boatwright, M. T., *Hadrian and the Cities of the Roman Empire* (Princeton, 2000)

Life of Hadrian, in *Lives of the Later Caesars*, trans. A. Birley (London, 1976)

Speller, E., *Following Hadrian* (London, 2002; New York 2003)

Medieval World

12 Early Chinese Travellers on the Silk Road
Giles, H. A., *The Travels of Fa Hsien* (Cambridge, 1923)

Grousset, R., *In the Footsteps of Buddha* (London, 1971)

Hui-Li, *The Life of Heuen-Tsang* (London, 1911)

13 Early Voyagers to America
Fitzhugh, W. W. & Ward, E. I. (eds), *Vikings, The North Atlantic Saga* (Washington, DC, 2000)

Magnussen, M. & Pálsson, H., *The Vinland Sagas: The Norse Discovery of North America* (London, 1965)

Marcus, G. J., *The Conquest of the North Atlantic* (Woodbridge, 1980)
Wahlgren, E., *The Vikings and America* (London & New York, 1986)

14 Christian Pilgrimages
Harpur, J., *Sacred Tracks: 2000 Years of Christian Pilgrimage* (London & Berkeley, 2002)
Parks, G. R., *The English Traveller to Italy* (Rome, 1954)
Sumption, J., *Pilgrimage: An Image of Medieval Religion* (London, 1975)
Ure, J., *Pilgrimage: The Great Adventure of the Middle Ages* (London, 2006)

15 Genghis Khan
Cleave, F. W. (trans.), *The Secret History of the Mongols* (Cambridge, MA, 1982)
Juvaini, Ata Malik, *The History of the World Conqueror*, trans. J. A. Boyle (Manchester, 1958)
Marozzi, J., *Tamerlane: Sword of Islam, Conqueror of the World* (London & New York, 2004)
Morgan, D., *The Mongols* (Oxford, 1986)
Rashid al-Din, *Jami al-Tawarikh* ('Compendium of Histories')

16 Marco Polo
Larner, J., *Marco Polo and the Discovery of the World* (New Haven & London, 1995)
Marco Polo, *The Travels of Marco Polo*, trans. R. Latham (Harmondsworth, 1958)
Wood, F., *Did Marco Polo Go To China?* (London, 1995)

17 Ibn Battuta
Dunn, R., *The Adventures of Ibn Battuta: A Muslim Traveler of the 14th Century* (Berkeley, 1989)
Gibb, H. A. R., *The Travels of Ibn Battuta*, Vols I, II, III, Hakluyt Society (London,1956); translation of *Rihla* of Ibn Battuta
Mackintosh-Smith, T. (ed.), *The Travels of Ibn Battutah* (London, 2003)

18 Zheng He, the Grand Eunuch
Levathes, L., *When China Ruled the Seas* (New York, 1994)
Mote, F. W. & Twitchett, D. (eds), *The Cambridge History of China, Vol. 7, The Ming Dynasty,1368–1644* (Cambridge, 1988)
Needham, J., *Science and Civilisation in China*, Vol. 1– (Cambridge, 1954–)

The Renaissance

19 Christopher Columbus
Columbus, Christopher, *The Four Voyages of Columbus,* trans. J. M. Cohen (Harmondsworth, 1969)
Cummins, J., *Christopher Columbus* (London, 1992)
Fernández-Armesto, F., *Columbus* (Oxford, 1991)
Flint, V., *The Imaginative Landscape of Christopher Columbus* (Princeton, 1992)
Thomas, H., *Rivers of Gold. The Rise of the Spanish Empire, from Columbus to Magellan* (London, 2003)

20 Vasco da Gama
Ames, G., *Vasco da Gama* (Harlow, 2005)
Bouchon, G., *Vasco de Gama* (Paris, 1997)
Diffey, B. W. & Winius, G., *Foundations of the Portuguese Empire 1415–1580* (Oxford, 1977)
Jayne, K. G., *Vasco da Gama and his Successors* (London, 1910; repr. New Delhi, 1997)
Ravenstein, E. G. S. (ed.), *A Journal of the First Voyage of Vasco da Gama* (London, 1898)
Subrahmanyan, S., *The Career and Legend of Vasco da Gama* (Cambridge,1997)

21 Ludovico di Varthema
Aubin, J., 'Deux Chrétiens au Yémen Tahiride', *Journal of the Royal Asiatic Society*, 3 (1993), 33–75
Giudici, P., *Itinerario di Ludovico de Varthema* (2nd ed., Milan, 1929)
Morrall, A., *Joerg Breu the Elder – Art, Culture and Belief in Reformation Augsburg* (London, 2001)

Schefer, C., *Les Voyages de Ludovico di Varthema traduits par Jean Balarin de Raconis* (Paris, 1888)

22 Ferdinand Magellan
Bergreen, L., *Over the Edge of the World* (New York, 2003)
Joyner, T., *Magellan* (Camden, ME, 1992)
Morison, S. E., *The European Discovery of America: The Southern Voyages* (New York, 1974)
Winchester, S., 'After dire straits, an agonizing haul across the Pacific', *Smithsonian* (April 1991), 84–95

23 Hernán Cortés
Clendinnen, I., *The Aztecs: An Interpretation* (Cambridge, 1991)
Cortés, H., *Five Letters to the King of Spain*, trans. J. Bayard Morris (New York, 1962)
Diaz del Castillo, B., The *Conquest of New Spain*, trans. J. M. Cohen (Baltimore, 1963)
Moctezuma, E. M., *The Great Temple of the Aztecs* (London & New York, 1988)
Smith, M., *The Aztecs* (Oxford & New York, 1996)
Thomas, H., *Conquest: Cortés, Montezuma and the Fall of Old Mexico* (New York, 1995)
Townsend, R. F., *The Aztecs* (London & New York, 1992)

24 Francisco Pizarro
Hemming, J., *The Conquest of the Incas* (rev. ed., London, 2004)
Hemming, J., 'Pizarro, Conqueror of the Inca', *National Geographic*, 181:2 (Feb. 1992), 90–121

25 Francisco de Orellana
Carvajal, Friar Gaspar de, *Descubrimiento del Río de las Amazonas* (1543), trans. Bertram T. Lee, ed. H. C. Heaton (New York, 1934)
Cohen, J. M., *Journeys Down the Amazon* (London: Charles Knight, 1975)
Hemming, J., The Search for El Dorado (London, 1978)
Hemming, J., Red Gold. The Conquest of the Brazilian Indians (rev. ed., London, 2004)
Smith, A., *Explorers of the Amazon* (London, 1990)

26 Early Explorers of North America
Bolton, H. E., *Coronado: Knight of Pueblos and Plains* (New York, 1949)
Clayton, L. A. et al., *The De Soto Chronicles: The Expedition of Hernando de Soto to North America in 1539–1543* (Tuscaloosa, 1995)
Day, A. G., Coronado's Quest: The Discovery of the Southwestern States (Berkeley, 1940)
Favata, M. A. & Fernández, J. B. (trans.), The Account: Alvar Nuñez Cabeza de Vaca's Rélacion (Houston, 1993)
Winthrop, G. P. et al. (eds), The Journey of Coronado, 1540–1542 (Golden, CO, 1990)

27 Francis Drake
Andrews, K. R., *Drake's Voyages: A Reassessment of their Place in England's Maritime Expansion* (London, 1967)
Drake, Sir Francis, *The World Encompassed by Sir Francis Drake* (London, 1628)
Kelsey, H., *Sir Francis Drake: The Queen's Pirate* (New Haven & London, 1998)
Loades, D., *England's Maritime Empire* (London, 2000)
Thompson, G. M., *Sir Francis Drake* (London, 1972)

28 Samuel de Champlain
Biggar, H. P. (ed.), *The Works of Samuel de Champlain,* 6 vols. (Toronto, 1922–36)
Bishop, M., *Champlain: The Life of Fortitude* (London, 1949)
Heidenreich, C. E., 'The Beginning of French Exploration out of the St Lawrence Valley: Motives, Methods, and Changing Attitudes toward Native People', in Warkentin, G. & Podruchny, C. (eds), *Decentring the Renaissance* (Toronto, 2001), 236–51
Heidenreich, C. E., 'Early French Exploration in the North American Interior', in Allen, J. L. (ed.), *North American Exploration: A Continent Defined,* Vol. 2 (Lincoln, Nebraska, 1997), 65–148
Litalien, R. & Vaugeois, D. (eds), *Champlain: the Birth of French*

America, (Montreal-Kingston, 2004)

29 Early Searchers for the Northwest Passage
Davies, W. K. D., *Writing Geographical Exploration: James and the Northwest Passage 1631–32* (Calgary, 2003)
Delgado, J. P., *Across the Top of the World: The Quest for the Northwest Passage* (London & New York, 1999)
McDermott, J., Martin Frobisher: Elizabethan Privateer (London, 2001)
Quinn, D. B., 'The Northwest Passage in Theory and Practice', in Allen, J. L. (ed.), *North American Exploration: A New World Disclosed,* Vol. I (Lincoln, Nebraska, 1997)
Savours, A., *The Search for the North West Passage* (London & New York, 1999)

17th & 18th Centuries

30 Abel Tasman
Cannon, M. M., *The Exploration of Australia* (Sydney, 1987)
Clarke, C. M. H., *A History of Australia* (Melbourne, 1962)
Kernihan, G. H. (ed.), *The Journal of 1642* (Adelaide, 1964)
Sharp, A., *The Voyages of Abel Janszoon Tasman* (Melbourne, 1968)
Whitmore, R., *New Zealand in History*: history-nz.org/discovery1.html

31 Maria Sibylla Merian
Davis, N. Z., *Women on the Margins: Three Seventeenth-Century Lives* (Cambridge, MA, & London, 1995), 140–202
Rücker, E. & Stearns, W. T. (eds), *Metamorphosis Insectorum Surinamensis* (London, 1980). Facsimile edition of the watercolours in the Royal Library, Windsor Castle
Valiant, S., 'Maria Sibylla Merian: Recovering an Eighteenth-Century Legend', *Eighteenth-Century Studies* 3 (1993), 467–79
Wettengl, K. (ed.), *Maria Sibylla Merian, 1647–1717. Artist and Naturalist* (Ostfildern, 1998)

32 Ippolito Desideri
Allen, C., *A Mountain in Tibet: The Search for Mount Kailas and the Sources of the Great Rivers of India* (London, 1982)
Filippi, F. de (ed.), *An Account of Tibet: The Travels of Ippolito Desideri, 1712–1727* (based on Desideri MSS 'Historical Sketch of Tibet') (London, 1931)
Wessels, C., *Early Jesuit Travellers in Central Asia 1603–1721* (The Hague, 1924)

33 Vitus Bering
Divin, V. A., *The Great Russian Navigator, A.I. Chirikov,* trans. & ed. R. H. Fisher (Fairbanks, 1993)
Fisher, R. H., *Bering's voyages: Whither and Why?* (Seattle, 1977)
Frost, O. (ed.), *Bering and Chirikov: The American Voyages and their Impact* (Anchorage, 1992)
Frost, O., *Bering. The Russian Discovery of America* (New Haven & London, 2003)
Golder, F. A., *Bering's Voyages. An Account of the Efforts of the Russians to Determine the Relation of Asia and America,* 2 vols (New York, 1922/1925)
Steller, G. W., *Journal of a Voyage with Bering, 1741–1742,* ed. O. Frost (Palo Alto, CA, 1988)
Waxell, S., *The American Expedition,* trans. & ed. M. A. Michael (London, 1952)

34 James Bruce
Bredin, M., *The Pale Abyssinian* (London, 2000)
Bruce, J., *Travels to Discover the Source of the Nile,* ed. C. F. Beckingham (Edinburgh, 1964)
Moorehead, A., *The Blue Nile* (London & New York, 1962)

35 James Cook
Beaglehole, J. C. (ed.), *The Journals of Captain James Cook on his Voyages of Discovery,* 4 vols (Cambridge, 1955–69)
Beaglehole, J. C., *The Life of Captain Cook* (Cambridge, 1974)
Collingridge, V., *Captain Cook* (London, 2003)
David, A., *The Charts and Coastal Views of Captain Cook's Voyages, Vol. 1 – The Voyage of the Endeavour 1768–1771* (London, 1988)

Robson, J., *Captain Cook's World – Maps of the Life and Voyages of James Cook, R. N.* (London, 2001)
Robson, J., *The Captain Cook Encyclopaedia* (London, 2004)
National Library of Australia/National Maritime Museum (Australia), CD ROM. *Endeavour – Captain Cook's Journal, 1768–1771*
http://www.captaincooksociety.com
http://pages.quicksilver.net.nz/jcr/~cooky.html

36 Jean-François de Lapérouse
Dunmore, J., *French Explorers in the Pacific, Vol. 1: The Eighteenth Century* (Oxford, 1965)
Dunmore, J., *Pacific Explorer: The Life of Jean-François de La Pérouse* (Palmerston North, 1985)
La Pérouse, J.-F. de Galaup de, *The Journal of Jean-François de la Pérouse 1785–1778,* trans. & ed. J. Dunmore (London, 1994)
http://pages.quicksilver.net.nz/jcr/~lap.html

37 Alexander Mackenzie
Gough, B., *First Across the Continent* (Norman, 1997)
Hamon, D., *Sixteen Years in Indian Country, 1800–1816* (Toronto, 1957)
Hayes, D., *First Crossing* (Vancouver, 2001)
Mackenzie, A., *Journal,* ed. W. Kaye Lamb (London, 1970)
Morse, E., *Fur Trade Canoe Routes of Canada* (Toronto, 1995)
Nute, G. L., *The Voyageur* (St Paul, 1931)
Twigger, R., *Voyageur. Across the Rocky Mountains in a Birchbark Canoe* (London, 2006)

38 Mungo Park
Gramont, S. de, *The Strong Brown God, The Story of the Niger River* (Boston, 1975)
Lupton, K., *Mungo Park, The African Traveler* (Oxford, 1979)
Park, M., *Travels into the Interior of Africa* (London, 2003)
Park, M., *Travels in the Interior Districts of Africa,* ed. K. Ferguson Marsters (Durham & London, 2000)

19th Century

39 Alexander von Humboldt
Botting, D., *Humboldt and the Cosmos* (London, 1973)
Bruhns, K., *Alexander von Humboldt eine wissenschaftliche Biographie* 3 vols (Leipzig, 1872); translated into English by J. & C. Lassiel, 2 vols (London, 1873)
Hall, F. & Pérez, J. F., *El mundo de Alexander von Humboldt: Antología de Texto* (Madrid, 2002)
Hein, W.-H. (ed.), *Alexander von Humboldt: Life and Work* (Ingelheim am Rein, 1987)
Humboldt, A. von, *Personal Narrative of a Journey to the Equinoctal Regions of the New Continent,* trans. J. Wilson, intro. by M. Nicholson (London & New York, 1995)
Kellner, L., *Alexander von Humboldt* (London, 1963)

40 Lewis & Clark
Allen, J. L., *Lewis and Clark and the Image of the American Northwest* (repr., New York, 1991). Originally published as *Passage through the Garden: Lewis and Clark and the Image of the American Northwest* (Urbana, 1975)
Jackson, D. (ed.), *Letters of the Lewis and Clark Expedition, with Related Documents, 1783–1854,* 2 vols (2nd ed., Urbana, 1978)
Jones, L. Y., *William Clark and the Shaping of the West* (New York, 2004)
Moulton, G. E. (ed.), *Journals of the Lewis and Clark Expedition,* 13 vols (Lincoln, 1983–2001)
Ronda, J. P., *Lewis and Clark Among the Indians* (Lincoln, 1984)

41 Jean Louis Burckhardt
Belzoni, G., *Narrative of the Operations … in Egypt and Nubia* (London, 1820)
Burckhardt, J. L., *Travels in Nubia* (London, 1819)
Clayton, P., *The Rediscovery of Ancient Egypt* (London & New York, 1982)
Sattin, A., *The Pharaoh's Shadow: Travels in Ancient and Modern Egypt* (London, 2000)
Sattin, A., *The Gates of Africa: Death, Discovery and the Search for Timbuktu* (London 2003; New York, 2005)

42 Charles Darwin & the Beagle
Darwin, C., *Narrative of the Surveying Voyages of the HMS 'Adventure' and 'Beagle' between 1826 and 1836,* 3 vols (London, 1839)
Darwin, C., *Journal of research into the geology and natural history of the various countries visited by HMS Beagle under the command of Captain Fitzroy R. N. from 1832 to 1836* (London, 1840). Reprinted e.g. Darwin, C., *Voyage of the Beagle* (London, 1989)
Darwin, C. (ed.), *The Zoology of the Voyage of HMS. Beagle During the Years 1832–36,* 4 Vols (London, facsimile reprint 1980)
Darwin, C., *On the origin of species by means of natural selection …* (London, 1859, and later reprints)
FitzRoy, R., *Narrative of the surveying voyages of HMS Adventure and Beagle Between 1826 and 1839,* 2 Vols (London, 1839)
Keynes, R. D. (ed.), *Charles Darwin's Beagle Diary* (Cambridge, 1988)
Moorehead, A., *Darwin and the Beagle* (London & New York, 1969)

43 The Trail of Tears
Ehle, J., *Trail of Tears: The Rise and Fall of the Cherokee Nation* (New York, 1988)
Fleischmann, G., *Cherokee Removal, 1838: An Entire Indian Nation is Forced Out of its Homeland* (New York, 1971)
Foreman, G., *Indian Removal: The Emigration of the Five Civilized Tribes of Indians* (Norman & London, 1932)
King, D., *The Cherokee Trail of Tears* (Portland, OR, 2005)

44 Journeys into the Mexican Jungle
Brunhouse, R. L., *In Search of the Maya: The First Archaeologists* (Albuquerque, 1973)
von Hagen, V. W., *Maya Explorer. John Lloyd Stephens and the Lost Cities of Central America and Yucatán* (Norman, 1947)
von Hagen, V. W., *Frederick Catherwood, Architect* (Oxford, 1950)

45 Later Searchers for the Northwest Passage
Beardsley, M., Deadly Winter: *The Life of Sir John Franklin* (London, 2002)
Cyriax, R. J., *Sir John Franklin's Last Arctic Expedition …* (Plaistow & Sutton Coldfield, 1997; facsimile of 1939 edition)
Delgado, J. P., *Across the Top of the World: The Quest for the Northwest Passage* (London & New York, 1999)
Lehane, B. et al., *The Northwest Passage* (Alexandria, VI, 1981)
Ross, M. J., *Polar Pioneers: John Ross and James Clark Ross* (Montreal & Kingston, 1994)
Savours, A., *The Search for the North West Passage* (London, 1999)
Williams, G., Voyages of Delusion: *The Northwest Passage in the Age of Reason* (London, 2002)
Woodman, D. C., *Unravelling the Franklin Mystery: Inuit Testimony* (Montreal & Kingston, 1991)

46 Heinrich Barth & the Central African Mission
Barth, H., *Travels and Discoveries in North and Central Africa: being a Journal of an Expedition undertaken under the auspices of H.B.M.'s Government in the years 1849-1855,* 5 vols (London, 1857–58; repr. 3 vols, London, 1965)
Boahen, A. A., *Britain, the Sahara and the Western Sudan 1778–1861* (London, 1964)
Caillié, R., *Travels through Central Africa to Timbuctoo and Across the Great Desert to Morocco performed in the Years 1824–28* (London, 1830; repr. 2 vols, London, 1992)

47 Search for the Source of the Nile
Brodie, F. M., *The Devil Drives: A Life of Sir Richard Burton* (London, 1967; repr. London, 1986)
Burton, R. F., *The Lake Regions of Central Africa: A Picture of Exploration,* 2 vols (London, 1860)
Maitland, A., *Speke and the Discovery of the Source of the Nile* (Newton Abbot, 1971)
Moorehead, A., *The White Nile* (London & New York, 1960)
Ondaatje, C., *Journey to the Source of the Nile* (Toronto, 1998)
Speke, J. H., *Journal of the Discovery of the Source of the Nile* (New York, 1864)

48 Crossing Australia
Cannon, M. M., *The Exploration of Australia* (Sydney, 1987)
Clarke, C. M. H., *A History of Australia* (Melbourne, 1962)
Moorehead, A., *Cooper's Creek* (London & New York, 1971)
Stokes, E., *To an Inland Sea* (Melbourne, 1986)
Webster, M. S., *John McDouall Stuart* (Melbourne, 1958)
http://www.slv.vic.gov.au/burkeandwills/

49 Into the Heart of Africa
Jeal, T., *Livingstone* (London, 1973)
Livingstone, D., *The Life and African Explorations of David Livingstone* (London, 1875)
McLynn, F., *Stanley: Dark Genius of African Exploration* (London, 2004)
Ross, A., *David Livingstone Mission and Empire* (Hambledon & London, 2002)
Stanley, H. M., *Through the Dark Continent, Vol 1 & 2* (London, 1878; repr. New York & London, 1988)

50 The Mekong River Expedition
Garnier, F., *Voyage d'exploration en Indo-Chine* (Paris, 1885); English translation in 2 vols: *Travels in Cambodia and Laos and Further Travels in Laos and Yunnan* (Bangkok, 1996)
Keay, J., *Mad about the Mekong: Exploration and Empire in South East Asia* (London, 2005)
Osborne, M., *The Mekong: Turbulent Past, Uncertain Future* (New York, 2000)

51 Travels in Arabia Deserta
Doughty, C., *Travels in Arabia Deserta* (London, 1888, and later eds)
Keay, J. (ed.), *The Royal Geographical History of World Exploration* (London, 1991)
Thesiger, W., *Arabian Sands* (London, 1959)
Ure, J., In Search of Nomads (London & New York, 2003)

52 The Northeast Passage
Kish, G., *North-east Passage. Adolf Erik Nordenskiöld, His Life and Times* (Amsterdam, 1973)
Leslie, A., *The Arctic Voyages of Adolf Erik Nordenskiöld* (London, 1879)
Liljequist, G. H., *High Latitudes. A History of Swedish Polar Travels and Research* (Stockholm, 1993)
Nordenskiöld, A. E., T*he Voyage of the Vega round Asia and Europe,* 2 vols (London, 1881)
Nordqvist, O. A. 'Vega's voyage through the Northeast Passage', *Polar Geography and Geology* 7(1) (1983), 8–71
Vaughan, R., *The Arctic. A History* (Stroud, 1994), 59–64
De Veer, G., *A true description of three voyages by the North-east towards Cathay and China, undertaken by the Dutch in the years 1594, 1595 and 1596* (London, 1853)

53 The Pundits Explore Tibet
Hopkirk, P., *Trespassers on the Roof of the World* (London & Los Angeles, 1982)
Hopkirk, P., *The Great Game* (London, 1990; New York, 1992)
Hopkirk, P., *The Quest for Kim* (London, 1996; Ann Arbor, 1997)
Journal of the Royal Geographical Society: various contemporary accounts of the Pundits' journeys (1860s, 1870s & 1880s)
Survey of India Department, *Exploration in Tibet and Neighbouring Regions*, Part 1 and 2 (Dehra Dun, 1915)
Waller, D. J., *The Pundits. British Exploration of Tibet and Central Asia* (Lexington, 1990)

54 Exploring Central & East Asia
Allen, C., *Duel in the Snow* (London, 2004)
Hopkirk, P., *Bayonets to Lhasa* (London & New York, 1961)
Hopkirk, P., *The Great Game* (London, 1990; New York, 1992)
French, P., *Younghusband. The Last Great Imperial Adventurer* (London, 1994)
Pyasetsky, P., *Russian Travellers in Mongolia and China*, trans. J. Gordon-Cumming, 2 vols (London, 1884)
Rayfield, D., *The Dream of Lhasa: The Life of Nikolay Przhevalsky* (London, 1976)

Modern Times

55 Journeys Across Asia

Hedin, S., *My Life as an Explorer* (London, 1926)

Hedin, S., *Through Asia* (London, 1898)

Hopkirk, P., *Foreign Devils on the Silk Road* (London, 1980)

Tucker, J., *The Silk Road. Art and History* (London, 2003)

Walker, A., *Aurel Stein: Pioneer of the Silk Road* (London, 1995)

Whitfield, S., *Aurel Stein on the Silk Road* (London & Chicago, 2004)

56 To the North Pole

Cook, F., *National Geographic Magazine*, September 1909

Fleming, F., *Ninety Degrees North – The Quest for the North Pole* (London, 2001)

Herbert, W., *Across the Top of the World* (London, 1969)

Herbert, W., *The Noose of Laurels – The Discovery of the North Pole* (London, 1989)

Peary, R., *National Geographic Magazine*, September 1909

57 Race to the South Pole

Cherry-Garrard, A., *The Worst Journey in the World* (London, 1922, and later eds)

Evans, E., *South with Scott* (London, 1952)

Fiennes, R., *Captain Scott* (London, 2003)

Gran, T., *The Norwegian with Scott*, trans. E. J. McGhie (London,1984)

Solomon, S., *The Coldest March* (New Haven & London, 2001)

Wilson, E., *Diary of the 'Terra Nova' Expedition to the Antarctic, 1910–1912* (London, 1972)

Yelverton, D. E., *Antarctica Unveiled* (Boulder, 2000)

58 Shackleton & the Endurance

Alexander, C., *The Endurance* (London, 1998)

Huntford, R., *Shackleton* (London, 1985)

Lansing, A., *Endurance, Shackleton's Incredible Voyage* (London, 2000)

Morrell, M. & Capparel, S., *Shackleton's Way* (London, 2001)

Piggott, J. (ed.), *Shackleton, The Antarctic and Endurance* (London, 2000), 1–58

Shackleton, J. & MacKenna, J., *Shackleton, An Irishman in Antarctica* (Dublin, 2002)

Shackleton, E., *South* (London, 1919)

Thomson, J., *Shackleton's Captain. A Biography of Frank Worsley* (Ontario, 1999)

Worsley, Commander F. A., *Shackleton's Boat Journey* (London, 1974)

59 Women Travellers in Asia

Bell, G., *The Arabian Diaries*, ed. R. O'Brien (Syracuse, 2000)

Moorehead, C., *Freya Stark* (London & New York, 1985)

Stoddart, A. M., *The Life of Isabella Bird (Mrs Bishop)* (London, 1906)

Robinson, J., *Wayward Women* (Oxford, 2001)

Winstone, H. V. F., *Gertrude Bell* (London & New York, 1978)

60 First to Fly the Atlantic Solo

Berg, A. S., *Lindbergh* (New York, 1998)

Crouch, T. D., *The Blériot XI: The Story of a Classic Aircraft* (Washington, DC, 1982)

Lindbergh, C. A., *The Spirit of St. Louis* (New York, 1953)

Smith, R. K., *First Across! The U.S. Navy's Transatlantic Flight of 1919* (Annapolis, 1973)

61 Women Pioneers of Flight

Gillies, M., *Amy Johnson: Queen of the Air* (London, 2003)

Long, E. M. & M. K., *Amelia Earhart: The Mystery Solved* (New York, 1999)

Lovell, M. S., *The Sound of Wings* (London, 1989)

Luff, D., Amy Johnson: *Enigma in the Sky* (Shrewsbury, 2002)

62 Thor Heyerdahl & the Kon-Tiki

Heyerdahl, T., *In the Footsteps of Adam* (London, 2000)

Heyerdahl, T., *The Kon-Tiki Expedition* (London & Chicago, 1950)

Heyerdahl, T., *The Ra Expeditions* (London & New York, 1971)

Ralling, C., *The Kon-Tiki Man* (London & San Francisco, 1990)

63 Scaling Everest

Douglas, E., *Tenzing – Hero of Everest* (Washington, DC, 2003)

Gillman, P. & L., *The Wildest Dream – Mallory, his Life and Conflicting Passions* (London, 2000)

Hillary, E., *View from the Summit* (London, 1999)

Hunt, J., *The Ascent of Everest* (London, 1953)

Venables, S., *Everest – Summit of Achievement* (London, 2003)

64 Single-Handed Around the World

Knox-Johnston, A *World of My Own* (London & New York, 1969)

Nicols, P., *A Voyage for Madmen* (London & New York, 2001)

Roth, H., *The Longest Race* (New York, 1983)

65 To the Moon and Back

Furniss, T., One Giant Leap (London, 1998)

Godwin, R. (ed.), Apollo 11: The NASA Mission Reports, 3 vols (Burlington, 1999–2002)

Light, M., Full Moon (New York & London, 2002)

Schefter, J., The Race: The Definitive Story of America's Battle to Beat Russia to the Moon (New York & London, 1999)

66 Voyages to the Bottom of the Ocean

Ballard, R. D. & Grassle, J. F., 'Return to the Oases of the Deep', *National Geographic Magazine*, 156 (1979), 689–703

Corliss, J. B. & Ballard, R. D., 'Oasis of Life in the Cold Abyss', *National Geographic Magazine*, 152 (1977), 441–53

Van Dover, C. L., *The Ecology of Deep-Sea Hydrothermal Vents* (Princeton, 2000)

67 Round the World by Balloon

Christopher, J., *Riding the Jetstream* (London, 2001)

Glines, C. V., *Round-the-World Flights* (Washington, DC, 2003)

Piccard, B. & Jones, B., *The Greatest Adventure* (London, 1999)

68 Mars, Jupiter & Beyond

Haines, T. & Riley, C., *Space Odyssey: A Voyage to the Planets* (London, 2004)

Kelly Beatty, J. et al. (eds), *The New Solar System* (Cambridge, 1999)

McNab, D. & Younger, J., *The Planets* (London, 1999)

图片来源

a: above; b: below; c: centre; l: left; r: right

1 Museum für Kunst und Gewerbe, Hamburg; 2–3 © Joel W. Rogers/ CORBIS; 4 The Art Archive/Biblioteca Nacional, Mexiço/Dagli Orti; 5b Archaeological Museum, Beirut © Giovanni Dagli Orti; 5a Bibliothèque Nationale, Paris; 6b Biblioteca Nacional, Madrid; 6a Maria Sibylla Merian; 7b Private Collection; 7a NASA, Washington, D. C.; 11 Museo Navale di Pegli, Genoa; 12 British Museum, London, MS Or. 2780 f. 49 v; 13a Royal Geographical Society, London; 13b Photograph from the Peabody Museum of Archaeology and Ethnology, Harvard University, © President and Fellows of Harvard College, photograph by Hillel Burger, cat 99-12-10/53099.1(bowl) and cat 99-12-10/53100.2 (stem), neg T3866.1 Gift of the Heirs of David Kimball, 1899; 14a University of Newcastle upon Tyne; 14b Royal Geographical Society, London; 14–15 Georges Sourial/National Geographic Image Collection; 16–17 Photo Antonia Tozer/John Warburton-Lee Photography; 18 House of the Faun, Pompeii; 19 Natural History Museum, London; 20a ML Design; 20–21 Courtesy Richard Cosgrave, Photo R. Frank; 21 RMN, Paris – Photo R. G. Ojeda; 22 Ministère de la culture et de la communication, Direction régionale des affaires culturelles de Rhône-Alpes, Service regional de l'archéologie; 23 Kenneth Garrett/National Geographic Image Collection; 24–25 Courtesy of Meadowcroft Rockshelter and Museum of Rural Life, Pennsylvania; 25l Smithsonian Institution, Washington, D. C.; 25r ML Design; 26 ML Design, after Peter Bellwood; 27a Courtesy Peter Bellwood; 27b Robert Harding Picture Library Ltd/Photo Geoff Renner; 28 Courtesy Adrian Hodridge; 29 Photo Peter Hayman; 30 Werner Forman Archive, London; 31l Brooklyn Museum, New York; 31r ML Design; 32a British Museum, London, EA 25360; 32b Photo Heidi Grassley © Thames & Hudson Ltd, London; 33 Photo akg-images, London/Nimatallah; 34b ML Design; 34–35a © Jonathan Blair/ CORBIS; 34b Antiquités du Bosphore Cimmérien; 35b British Museum, London, EA 25565; 36 © Sonia Halliday Photographs, photo by F. H. C. Birch; 37a British Museum, London, ANE 124017; 37b British Museum, London; 38a © Sonia Halliday Photographs; 38b ML Design, after Lane Fox, R. (ed.), *The Long March. Xenophon and the Ten Thousand* (London & New Haven, 2004), Map 1; 39 Photo akg-images, London/Nimatallah; 40 Photo akg-images, London/Gérard Degeorge; 41 © Sonia Halliday Photographs; 42al Photo Isao Kurita; 42ar British Museum, London; 42b ML Design, after Lane Fox, R.,*The Search for Alexander* (London, 1980); 43 Archaeological Museum of Pella, Greece; 45a British Museum, London; 45b Musée Cantonal d'Archéologie et d'Histoire, Lausanne; 45r ML Design, after Professor B. Cunliffe; 46l Naples Archaeological Museum; 46r British Museum, London; 47 Photo Araldo de Luca, Rome; 48 Photo Roger Wilson; 48a ML Design; 48b Photo Roger Wilson; 50 Aerial view of Caesarea; 51l Arian Baptistry, Ravenna; 51r ML Design; 52a Naples Archaeological Museum; 52b Robert Harding Picture Library Ltd/ Photo Adam Woolfitt; 53 Werner Forman Archive/British Museum, London; 54 ML Design; 55a Photo Tony Mott; 55b Egyptian Museum, Vatican 1990, photo Scala, Florence; 56–57 Fujita Art Museum, Osaka; 58 Bibliothèque Nationale, Paris; 59 ML Design; 60a Bibliothèque Nationale, Paris; 60b Private Collection; 61 Viking Ship Museum, Roskilde. Photo Werner Karrasch; 62a ML Design; 62b Parks Canada/B. Pratt/ H.01.11.11.13 (72); 63 British Library, London; 64 Archivio di Stato, Bibliothèque, Lucques, MS 107 f. 29 r; 65 Bibliothèque Nationale, Paris, MS Fr 90-87; 66a MAS, Barcelona; 66bl ML Design; 66b V&A, London, M813-1926; 67 Canterbury Cathedral, Canterbury; 68 Bibliothèque Nationale, Paris; 69 Reza/ National Geographic Image Collection; 70a ML Design, after *Saudi Aramco World*, vol. 55, 1, 2004; 70 Photo John G. Ross; 71 National Palace Museum, Taipei; 72 British Library, London; 72–73 Photo Antonia Tozer/John Warburton-Lee

Photography; 73 Bust of Tamerlane; 74a ML Design; 74 Edinburgh University Library, Or. MS 20 f. 124v; 75 British Library, London, Royal MS 19 D I, f. 58; 76a Bibliothèque Nationale, Paris; 76bl Metropolitan Museum of Art, New York, Purchase, Bequest of Dorothy Graham Bennett, 1993 (1993.256); 76br from *The Book of Ser Marco Polo*, by Sir Henry Yule, 1875; 76–77 Private Collection; 77 ML Design; 78–79 James L. Stanfield/National Geographic Image Collection; 79 Bridgeman Art Library/Private Collection; 80l ML Design; 80r Bibliothèque Nationale, Paris, MS Arabe 5847, f.22; 81 from *The Western Sea Cruises of Eunuch San Pao* by Lo Mou-Teng, 1597; 82a Drazen Tomic, after Jan Adkins 1993; 82b National Palace Museum, Taipei; 83l National Palace Museum, Taipei; 83r ML Design, after Levathes, L., *When China Ruled the Seas* (New York, 1994); 84–85 The Art Archive/Museu do Caramulo, Portugal/Dagli Orti; 86 from *Theatrum Orbis Terrarum* by Abraham Ortelius, 1570; 87 Photo akg-images, London; 88 © Reuters/CORBIS; 89a Biblioteca Columbina, Seville; 89b Private Collection; 90a ML Design; 90b from *Historia General de las Indias* by Fernández de Oviedo y Valdés, 1547; 91l Photo akg-images, London; 91r Academy of Science, Lisbon; 92–93 from *Civitates Orbis Terrarum* by Braun and Hogenberg, 1572; 93a ML Design; 94 Courtesy Biblioteca Casanatense, Rome; 95 from *Die Ritterlich* by Ludovico Barthema, 1515; 96a Photo Nigel Pavitt/John Warburton-Lee Photography; 96b ML Design; 97l Naval Museum, Seville; 97r Mariner's Museum, Newport News, Virginia; 98 ML Design; 99b British Museum, London; 99a Bibliothèque Nationale, Paris; 100a Courtesy The Lilly Library, Indiana University, Bloomington, Indiana; 100b Naval Museum, Seville; 101 Germanisches Nationalmuseum, Nuremberg, MS 22414; 102 Biblioteca Nacional, Madrid; 103a Bodleian Library, Oxford, MS Arch Selden A.1.67r; 103b ML Design; 104 Bibliothèque Nationale, Paris; 105 Bridgeman Art Library/Museo de America, Madrid; 106 Photo John Hemming; 107l ML Design; 107ra Dumbarton Oaks Research Library and Collections, Washington, D.C.; 107rb Royal Library, Copenhagen; 108a Art Institute of Chicago, Robert Hashimoto/Buckingham Fund, 1955.2587; 108b Photo John Hemming; 109 Museo del Oro, Banco de la Republica, Bogota; 110a ML Design; 110b Museu Barbier-Mueller Art Precolombi, Barcelona; 111a Private Collection; 111b Photo John Hemming; 112–13 © CORBIS; 113 Frans Hals Museum, Haarlem; 114 © Buddy Mays/CORBIS; 115al Library of Congress, Washington, D.C.; 115ar ML Design; 115b Etowah Mounds State Historic Site – Georgia Department of Natural Resources, Atlanta; 116 National Portrait Gallery, London; 117a National Maritime Museum, London; 117b British Library, London, Sloane Collection MS 61; 118 John Carter Brown Library at Brown University, Arizona; 119 ML Design, after Raymond Aker, 1999, Drake Navigators Guild; 120 Courtesy of Septentrion Publishers, Quebec; 121a ML Design; 121b Private Collection; 122 Library and Archives of Canada, Ottawa, C-118494; 123 The Curators of the Bodleian Library, Oxford; 124 British Museum, Department of Prints and Drawings, London; 125a British Museum, Department of Prints and Drawings, London; 125bl British Library, London, C.54.bb.33; 125r Bridgeman Art Library/Private Collection; 126b ML Design; 126–27 British Library, London, Add. MS 12, 2-6, f.6; 127 from *Navigatio Septentrionalis* by Jens Munk, 1624; 128–29 Photo RMN, Paris – Photo Gérard Blot; 130 British Library, London; 131 Rex Nan Kivell Collection, National Library of Australia, Canberra, NK3; 132 ML Design; 133a British Library, London, Add. 8946 f. 52; 133b British Library, London; 134a Maria Sibylla Merian; 134b Museum of the Swiss Abroad - Château de Penthes-Pregny/Geneva, Switzerland; 135l ML Design; 135r from *Metamorphosis* by Maria Sibylla Merian, 1705; 136a from *China Documentis Illustrata*, by Athanasius

Kircher, 1667; 136b ML Design; 137a Royal Geographical Society, London; 137b Photo RMN, Paris – Photo Jean Schormans; 138 Courtesy of the Horsens Museum, Denmark; 139a Private Collection; 139bl Smithsonian Institution, Washington, D.C. 85-5537; 139br ML Design; 140 Bridgeman Art Library/Scottish National Portrait Gallery, Edinburgh; 141a Courtesy of the Lewis Walpole Library, Yale University; 141b ML Design; 142a Yale Center for British Art, Paul Mellon Collection, USA. Courtesy The Bridgeman Art Library; 142b Private Collection; 143 Museum of New Zealand, Te Papa Tongarewa, Wellington; 144 Australian National Maritime Museum Collection, Sydney. Reproduced courtesy of the Museum; 145a Private Collection; 145b ML Design; 146a British Library, London, Add. MS 23920 f.50; 146b The Royal Collection, Her Majesty Queen Elizabeth II; 146–47 British Library, London; 147 West Sussex, UK: From the Collection at Parham Park; 148 Rex Nan Kivell Collection, National Library of Australia, Canberra, NK1671; 149 Rex Nan Kivell Collection, National Library of Australia, Canberra, NK11756; 150b Rex Nan Kivell Collection, National Library of Australia, Canberra, NK2173; 150–51 Rex Nan Kivell Collection, National Library of Australia, Canberra, NK5066; 151b ML Design; 152 National Gallery of Canada, Ottawa, Transfer from the Canadian War Memorials, 1921, 8000; 152–53 Photo Joseph Gillingham; 152a ML Design, after Daniells, R., *Alexander Mackenzie and the North West* (London, 1969); 154a Canadian Museum of Civilization, Quebec; 154b Photo Joseph Gillingham; 155 National Portrait Gallery, London; 156al Bridgeman Art Library; 156ar from *Travels in the Interior Districts of Africa: Performed in the Years 1795, 1796 and 1797 with an Account of a Subsequent Mission to that country in 1805* by Mungo Park; 156b ML Design, after Lupton, K., *Mungo Park, The African Traveler* (Oxford, 1979); 157 Photo courtesy Tom Fremantle; 158–59 Photo akg-images, London; 160 Royal Geographical Society, London; 161 State Museum, Berlin; 162, 163, 164a British Library, London; 164bl ML Design, after Humboldt, A. von, *Personal Narrative of a Journey to the Equinoctial Regions of the New Continent*, trans. J. Wilson, intro. by M. Nicholson (London & New York, 1995); 164br British Library, London; 165 Collection of the New York Historical Society, 1971.125. Gift of the Heirs of Hall Park McCullough; 166a Missouri Historical Society, St Louis, 1921 055 0001. Gift of Julia Clark Voorhis in memory of Eleanor Glasgow Voorhis, 1921; 166b Commissioned by the Missouri Bankers Association; 167l Courtesy of the American Philosophical Society, Philadelphia; 167r Athenaeum of Philadelphia, 76.16. Gift of Milton Hammer; 168a Library of Congress, Washington, D.C., LC-USF34-070356-D; 168b ML Design, after Gilman, C., *Lewis and Clark. Across the Great Divide* (Washington, D.C., 2003); 169 Galerie Beruhauter Schweizer, Zurich; 170 ML Design; 170–71 David Roberts; 171 Photo © K. D. Politis; 172 Egypt Exploration Society, London; 173a British Museum, London; 173b from *Six New Plates* by G. Belzoni, 1822; 174 Bridgeman Art Library/Down House, Downe, Kent; 174–75 Diagram of *The Beagle*; 175a By permission of the Syndics of Cambridge University Library, MS Add.7983 f.31r; 175b Royal Geographical Society, London; 176 Bridgeman Art Library/Royal College of Surgeons, London; 177a Private Collection; 177c Natural History Museum, London, 26425; 177c ML Design; 178 © David G. Fitzgerald; 179 The Oklahoma Museum of History, Oklahoma Historical Society, Oklahoma City, OK; 180a Archives and Manuscripts, Oklahoma Historical Society, Oklahoma City, OK; 181b ML Design; 181 American Museum of Natural History, New York; 182 Private Collection; 183a Michael D. Coe; 183b Frederick Catherwood; 184 © P. Pet/zefa/Corbis; 185a ML Design; 185b Private Collection; 186 Royal Geographical Society, London; 187 from *Narrative of a Journey to the Shores of the Polar Sea* by John Franklin *c.* 1910; 188 from *The U.S. Grinnell Expedition in Search of Sir John Franklin: a Personal Narrative* by E. K. Kane, 1854; 189a from *Once a Week*, Oct 1859; 189l&r National Maritime Museum, London; 190, 191 from *Travels and Discoveries in North and Central Africa* by Heinrich Barth, 1857; 192a from *Travels through Central Africa to Timbuctoo and across the Great Desert to Morocco, performed in the years 1824-1828*, Vol II, by René Caillié, 1830; 192–93 Bibliothèque Nationale, Paris; 193 from *Travels and Discoveries in North and Central Africa* by Heinrich Barth, 1857; 194l ML Design; 194r Photo John Warburton-Lee; 195 Royal Geographical Society, London; 196 from *The Lake Regions of Central Africa* by R. F. Burton, 1860; 197l&r Royal Geographical Society, London; 198 ML Design, after Ondaatje, C., *Journey to the Source of the Nile* (Toronto, 1998); 199l Private Collection; 199r State Library of New South Wales, Sydney; 200a Dixson Library, State Library of New South Wales, Sydney; 200b La Trobe Australian Manuscripts Collection, State Library of Victoria, MS 13071; 201l ML Design; 201r Mortlock Library, State Library of South Australia, Adelaide; 202al Unknown photographer; 202ar&b La Trobe Picture Collection, State Library of Victoria, Melbourne; 203a Christie's Images, London; 203b Granger Collection, New York; 204 Royal Geographical Society, London; 205a ML Design; 205 Photo Nigel Pavitt/John Warburton-Lee Photography; 206bl Photo Mary Kingsley; 206a By permission of the Syndics of Cambridge University Library; 206br Pitt Rivers Museum, University of Oxford; 207l Royal Geographical Society, London; 207r Christie's Images, London; 208 Private Collection; 209a from *Voyage d'exploration en Indo-Chine* by Francis Garnier, 1873; 209b Photo Antonia Tozer/John Warburton-Lee Photography; 210a ML Design, after Keay, J., *Mad About the Mekong: Exploration and Empire in South East Asia* (London, 2005); 210b from *Voyage d'exploration en Indo-Chine* by Francis Garnier, 1873; 211 from *Travels in Arabia Deserta* by Charles M. Doughty, 1921; 212a ML Design; 212–13 Royal Geographical Society, London; 213 Photo Julia Margaret Cameron; 214l&r Pitt Rivers Museum, University of Oxford; 215 National Museum of Fine Arts, Stockholm; 216a from *The Voyage of the Vega round Asia and Europe* by A. E. Nordenskiold, 1881; 216b ML Design; 217 Rare Books and Manuscripts Division, New York Public Library, Astor, Lenox and Tilden Foundations; 218 Private Collection; 219 Private Collection; 220al from Annie Marston, *The Great Closed Land*, 1894; 220ar ML Design, after Hopkirk, P., *Trespassers on the Roof of the World* (London & Los Angeles, 1982); 220b from Sir Thomas Holdich, *Tibet the Mysterious*, 1906; 221a Photo Amar Grover/John Warburton-Lee Photography; 221b, 222 from *Tibet the Mysterious* by Sir Thomas Holdich, 1906; 223a Russian Imperial Geographical Society; 223b from *To Kyakhty na istoki Zholtoy reki*; 224a Royal Geographical Society, London; 224b Private Collection; 225a Horse Source/Photographers Direct; 225b ML Design; 226–27 Royal Geographical Society, London; 228 Galaxy Picture Library; 229 from *Through Asia*, Vol. 1, by Sven Hedin, 1898; 230a Royal Geographical Society, London; 230b from *Through Asia*, Vol. 1, by Sven Hedin, 1898; 231 from *Scientific Results of a Journey in Cental Asia 1899–1902, The Tarim River*, Vol. 1, by Sven Hedin; 232al British Library, London; 232ar British Museum, London, MAS 0.1129; 232–33 from *Ruins of Desert Cathay* by Aurel Stein, 1912; 233a ML Design; 233b from *Scientific Results of a Journey in Cental Asia 1899–1902, Lop Nor*, Vol. 2, by Sven Hedin; 234 ML Design; 235, 236 Royal Geographical Society, London; 237a&b, 238 Courtesy Sir Wally Herbert; 239 Scott Polar Research Institute, Cambridge; 240a National Library of Norway, Picture collection, Oslo; 240–41 Photo A. Wild, Archifact Ltd/Antarctic Heritage Trust; 241a ML Design, after Fiennes, R., *Captain Scott* (London, 2003); 242 Scott Polar Research Institute, Cambridge; 243l British Library, London; 243r Scott Polar Research Institute, Cambridge; 244 Royal Geographical Society, London; 245 State Library of New South Wales, Sydney; 246 Scott Polar Research Institute, Cambridge; 247al Photo Cary Wolinsky; 247ar Royal Geographical Society, London; 247b ML Design, after *National Geographic*, November 1998; 248 Scott Polar Research Institute, Cambridge; 249 University of Newcastle upon Tyne; 250l ML Design, after Bell, G., *The Arabian Diaries*, ed. O'Brien, R. (Syracuse, 2000); 250r Royal Geographical Society, London; 251a, bl & br from *The Life of Isabella Bird* by Anna M. Stoddart, 1906; 252a Royal Geographical Society, London; 252b Private Collection; 253a National Portrait Gallery, London; 253c John Murray Archive; 253b Royal Geographical Society, London; 254 Getty Images; 255 National Air and Space Museum, Smithsonian Institute, Washington D.C.; 256a National Air and Space Museum, Smithsonian Institute, Washington D.C., Photo Carolyn Russo; 256b ML Design; 257 Getty Images; 258 © Bettmann/CORBIS; 259a Library of Congress, Washington D.C.; 259b Photos by Pacific Aerial Surveys, Oakland, California, www.pacificaerial.com; 260 Public Library, Medford, Massachusetts; 260b ML Design; 261a Courtesy

Hull Daily Mail Publications; 261b © Bettmann/CORBIS; 262 Helen Foster Snow Collection, Brigham Young University, Utah; 263a Bridgeman Art Library/Private Collection; 263b ML Design, after Richard Evans; 264, 265a&b Thor Heyerdahl/ Kon-Tiki Museum, Oslo; 266a ML Design; 266 © Bettmann/Corbis; 267, 268a&b, 268a Royal Geographical Society, London; 269b Drazen Tomic; 270, 271 Royal Geographical Society, London; 272 Knox-Johnston Archive/ PPL; 273 ML Design; 274 Knox-Johnston Archive/PPL; 275, 276 Galaxy Picture Library; 276–77 Drazen Tomic, after *Into the Unknown. The Story of Exploration* (Washington, D.C., 1987), p. 320; 277b, 278, 278–79, 279 Galaxy Picture Library; 280–81 Courtesy Dr. Robert D. Ballard; 281a ML Design, after National Oceanic and Atmospheric Administration, http://oceanexplorer.noaa.gov; 282, 283l&r Courtesy Dr. Robert D. Ballard; 284 Photo Chas Breton; 285 ML Design; 286 Winds of Hope; 287, 288a, 288–89 Galaxy Picture Library; 289a Drazen Tomic, after *Into the Unknown. The Story of Exploration* (Washington, D.C., 1987), p. 304; 290 Galaxy Picture Library.

SOURCES OF QUOTATIONS

p. 23 Fray Bartolomé de las Casas, *An Account, Much Abbreviated, of the Destruction of the Indies*, Franklin W. Knight (ed.), trans. A. Hurley (Indianapolis, 2003); p. 26 G. R. Forster 1778, N. Thomas et al., *Observations Made During a Voyage Round the World* (Honolulu, 1996),185; p. 29 M. Lichtheim, *Ancient Egyptian Literature. Volume I: The Old and Middle Kingdoms* (Berkeley, Los Angeles & London, 1973), 23–27; p. 36 Xenophon, Anabasis, IV, iii; p. 39 Arrian, Anabasis, VII, i; p. 44 Geminus, *Introduction to Celestial Phenomena*; p. 46 Polybius, *History*, 3.61; p. 59 Chang Yueh, *Tang Records of the Western World*; p. 91 Álvaro Velho, *Roteiro da Primeira Viagem de Vasco da Gama* (*The Diary of the First Voyage of Vasco Da Gama*); p. 101 Bernal Diaz del Castillo, *The Conquest of New Spain*; p. 109 Gonzalo Fernández de Oviedo, *Historia general y natural de las Indias Occidentales* (Madrid, 1851); p. 112 *The Journey of Coronado. An account of the expedition to Cibola which took place in the year 1540, in which all those settlements, their ceremonies & customs, are described. Written by Pedro de Castañeda, of Najara*; p. 116 John Wynter, *The Observations of Sir Richard Hawkins, Knight, on his Voyage to the South Seas, Anno Domini 1593*, (London, 1622), f.95; p. 123 Thomas James, *The Strange and Dangerous Voyage of Captaine Thomas James* (London, 1633); p. 131 Abel Tasman, annotation on a map of his voyage; p. 136 F. de Filippi (ed.), *An Account of Tibet: The Travels of Ippolito Desideri, 1712–1727* (based on Desideri MSS 'Historical Sketch of Tibet') (London, 1931); p. 138 F. A. Golder, *Bering's Voyages. An Account of the Efforts of the Russians to Determine the Relation of Asia and America*, 2 vols (New York,

1922/1925); p. 140 Horace Walpole, *The Letters of Horace Walpole, 4th Earl of Oxford*, ed. Helen Toynbee, 16 vols (Oxford, 1903–5), letter dated 10 July 1774; p. 143 *The Journal of Captain James Cook*; p. 148 M. Delattre, Rapport sur la recherché à faire de M. de la Pérouse, fait à l'Assemblée nationale, quoted in J. Dunmore, *French Explorers in the Pacific*, Vol. 1 (Oxford, 1965); p. 152 Alexander Mackenzie, *Journal*, ed. W. Kaye Lamb (London, 1970); p. 155 Mungo Park, *Travels in the Interior Districts of Africa*, ed. K. Ferguson Marsters (Durham & London, 2000); p. 161, 162 Alexander von Humboldt, *Personal Narrative of a Journey to the Equinoctal Regions of the New Continent*, trans. J. Wilson, intro. by M. Nicholson (London & New York, 1995);p. 164 to Joseph Hooker 1881 and *Voyage of the Beagle* (1989), 6 August, 1836; p. 165 G. E. Moulton (ed.), *Journals of the Lewis and Clark Expedition*,13 vols (Lincoln, 1983–2001); p. 169 Letter to his family, in *Scheik Ibrahim: Johann Ludwig Burckhardt, Briefe an Eltern und Geschwister*, Carl Burckhardt-Sarasin & Hansrudolph Schwabe-Burckhardt (Basel, 1956); p. 174 from Darwin's, 'Autobiography' published in Francis Darwin (ed.), *The Life and Letters of Charles Darwin*, 3 vols (3rd ed. London 1887); p. 178 Revd Evan Jones, December 30, 1838, Camp of the 4th Detachment of Emigrating Cherokees, Little Prairie, Missouri; p. 181, 182 John Lloyd Stephens, *Incidents of Travel in Central America, Chiapas, and Yucatán* (Washington, DC, 1993); p. 186 Published in the *Polar Record*, Vol. 5 (Cambridge, 1949), 349–50 and Ann Savours, *The Search for the North West Passage* (London & New York, 1999), 184; p. 190 Heinrich Barth, *Travels and Discoveries in North and Central Africa: being a Journal of an Expedition undertaken under the auspices of H.B.M.'s Government in the years 1849–1855*, 5 vols (London, 1857–58; repr. London, 3 vols, 1965); p. 195 John Hanning Speke, *Journal of the Discovery of the Source of the Nile* (Edinburgh & London, 1863); p. 203 H. M. Stanley, *Through the Dark Continent, Vol 1 & 2* (London, 1878); p. 208 F. Garnier, *Voyage d'exploration en Indo-Chine* (Paris, 1885); English translation in 2 vols: *Travels in Cambodia and Laos and Further Travels in Laos and Yunnan* (Bangkok, 1996); p. 211 C. Doughty, *Travels in Arabia Deserta* (London, 1888); p. 215 A. E. Nordenskiöld, *The Voyage of the Vega round Asia and Europe*, 2 vols (London, 1881), vol. 1, 336; p. 234 R. Peary, *National Geographic Magazine*, September 1909; p. 239 R. F. Scott, *Scott's Last Expedition: The Journals of Captain R. F. Scott* (London, 2003); p. 243 H. Ludlam, *Captain Scott* (Foulsham, 1965), 227; p. 249 G. Bell, *The Arabian Diaries*, ed. O'Brien, R. (Syracuse, 2000); p. 254 C. A. Lindbergh, *The Spirit of St Louis* (New York, 1953); p. 264 Thor Heyerdahl, *The Kon-Tiki Expedition* (London & Chicago, 1950); p. 280 H. Poincaré, *Mathematical Definitions in Education* (1904); p. 287 Arthur C. Clarke, in *First on the Moon: A Voyage with Neil Armstrong, Michael Collins, Edwin E. Aldrin Jr*, G. Farmer & D. J. Hamblin (London, 1970).

索引

Page numbers in italic refer to illustrations

Aborigines 147, 201, 202
Abu 'Inan 80
Abu Simbel 160, 170, 172, *172*, 173
Abyssinia 140–42; *see also* Ethiopia
Acapulco 163
Acre *75*
Adelaide 201
Aden 95, 96, 197, 218
Admiralty 143, 145, 147, 188, 189
Adrianople 54
Adventure Bay 132
Aegean Sea 34, 36, 38
Afghanistan 39, 41, 42, 60, 71, 73, 79, 224
Africa 12, 14, 17, 18, 19, 31, 32, 48, 51, 54, 58, 81, 85, 91, 92, 94, 96, 98, 111, 130, 140, 155–56, 157, 159, 160, 169, 171, 192, 195–98, 203–7, 259, 285, 286; Central 195, 206; East 30, 83; North 21, 30, 54, 68, 70, 79, 140; South 92, 93, 204, 261, 273; West 30, 135, 155, 173, 206
African Association 155, 169
Agadez 191, *194*
Aguilar, Jeronimo de 102
Ahu-toru 150
Aïr 190
Alabama 178–80
Alaska 17, 20, 22, 23, *23*, 24, 129, 138, 139, 149, 218, 237, 285
Albania 250
Albert, Lake 198
Alberta 153
Alcock, John 254
Aldrin, Edwin 'Buzz' *7*, *275*, 275–79, *277*, *279*
Aleppo 79, 169
Aleut *139*
Aleutian Islands 139
Alexander the Great 17, 18, *18*, 36, *39*, 39–43, *40*, *43*, 73
Alexander VI, Pope 98
Alexandria-ad-Caucasum 41, 42
Alexandria (Egypt) 40, 43, 79, 95; Great Library 44
Alexandria Eschate 41
Alexandria (Kandahar) 41
Alexandria of the Areians 41
Algiers 140
Algonquins 120–22
Ali, Muhammad 173
Aligarth 80
Allobroges 47
Alps 18, 20, 46–48, 49, 58, 64, 269

Altai Desert 223
Altyn Tagh region, China 222
Alvarado, Pedro 104
Alvarez, Francisco 195
Alvin 280–83, *282*
Amazon River 86, 110, 161–64
Amazons 111, *111*
America 22, 23, 61–62, 85, *86*, 90, 123, 129, 130, 160, 182, 185, 187; Central 160, 181, 266; North 13, 22, 24, 85, 112–15, 120, 122, 138, 148, 150, 152, 165; South 14, 21, 85, 105, 117, 132, 144, 159, 174, 175, 228, 264, 266
American Revolutionary War 148
Amerindians 134–35
Ammon, oracle of 40
Amundsen, Roald 189, 228, 234, *240*, 240–43
Amur 222
Anakena *27*
Anatolia 38, 39, 40, 79; *see also* Asia Minor
Ancyra *see* Ankara
Andalusia (al-Andalus) 30, 78, 80
Andel, Jerry van 282
Andes 86, 108, 161, 162, 176, 177, 266
Andronicus III 79
Angkor Wat 208, 210
Angola 206
Angostura 162
Angus 280–83
'Anian, Strait of' 119
Ankara 40
Anselm, Archbishop 64
Antarctica 129, 132, 239, 240, 241, 244–48
Anticosti Island 122
Antinoöpolis 55
Antinoüs 54–55, *55*
Aornos, Rock of 42
Aparia the Great 110
Apennines 48
Apollo 11 275–79
Appalachian Mountains 178
Apure River 162
Arabia 14, 30, 54, 68, 79, 83, *212–13*, 213; Deserta 160, 211–14; Petraea 170, 181, 259
Arabic 97, 169, 211, 214
Arafat 70
Araya Peninsula 162
Arctic 22, 62, 123
Arctic Ocean 154, 186, 234, 237, 238
Argentière la Bessée 47
Argentina *175*, 175–77
Arizona 113
Arkansas 179, 180
Arkansas River *178*, 179
Armada de Moluccas *see*

Magellan
Armenia 37, 73
Armstrong, Neil 238, *275*, 275–79, *279*
Arrian 39
Artaxerxes II 36
Ascension 176
Asia 17, 20–21, 24, 26, 58, 59, 69, 70, 73, 82, 87, 89–91, 94, 208, 229–33, 249–53; Central 14, 18, 39, 60, 68, 71, 73–75, 159, 160, 219, 220, 222–25, 229; East 222–25; Southeast 26, 160, 210; Southwest 19–20; Western 249
Asia Minor 21, 33, 39, 50, 54, 63; *see also* Anatolia
Assacene 42
Assam 80
Assassins 253
Astrolabe 149, 150
Aswan 29, 142, 170
Atahualpa 107–8
Athabasca River 153
Athens 34, 53, 54
Atlantic City *261*
Atlantic Ocean 30, 44, 57, 86, 87, 89, 98, 99, 100, 118, 121, 123, 130, 157, 186, 207, 218, 254–57, 258, 266, 274, 285, 286; South Atlantic 132, 247, 273
Aude valley 44
Australia 17, 20–21, 26, 129, 131, 132, 133, 147, 150, 151, 160, 177, 187, 199–202, 241, 260, 261, 272, 273, 274, 285; *see also* New Holland
Austronesian diaspora 27
Austronesian language 26
Axum 141
Azores 30, 90, 94, 254, 274
Aztecs 101, 103, *103*, 104

Babur 73
Babylon *14*, 33, 34, 36, 39, 40, 43
Babylonia 40, 53
Bactra 41, 42
Bactria 41, 42
Bad River 154
Baffin Bay 123, 125, 126
Baffin Island 123, 125
Baffin, William 86, 126, 127, 186
Baffinland 62
Baghdad 37, 43, 68, 79, 251, 252
Bahamas 89
Bahia Blanca 175
Baikal, Lake 22, 71
Baker, Samuel and Florence 198
Balboa, Vasco Nuñez de 98, 105
Balkans 53
Balkh 41, 42, 73, 75

Ballard, Dr Robert 228, 280, *281*
Baltic Sea 61
Baltistan 136
Balugani, Luigi 140, 142
Banana 207
Banks, Joseph 144, 147, 155
Barbados 266
Barbarossa, Frederick 64
Barents, Willem 215, 217
Barrow, Sir John 189
Barth, Heinrich 160, *190*, 190–94
Bartlett, Robert 'Bob' 235, 236
Batavia 131, 147; *see also* Jakarta
Bathhurst 176
Beagle 174–76, 174–77
Beaver Indians 154
Bedouins 172, 211–12, 214
Bedourie 200
Beechey Island 188, *188*
Begram 41
Beijing *see* Peking
Belize 181
Bell, Gertrude *14*, 227, *249*, 249–50, 252, *252*, 253
Bella Coola 154, *154*
Belzoni, Giovanni 160, 173, *173*
Bengal 80
Benge, John 180
Benin 173
Bennett, James Gordon 207
Bering Island 138, 139, 218
Bering Strait 21, 138, 165
Bering, Vitus 129, *138*, 138–39
Beringia 23, 24
Berlin 194
Bethlehem 64
Bird, Isabella 227, 249, 251, *251*, 253
Birdsville 200
Birket-Smith, Professor Kaj 266
Biscay, Bay of 61
Bismarck 167
Bithynia 49
Bitlis 37
Bitterroot Mountains 167, 168
Black Death 64, 74, 79
Black Sea 34, 36, 37, 38, *75*, 79
Blackfeet 168
Blériot Louis 246, 254, *254*
Blue Mountains 176
Bluff Rock Shelter *see* Nunamira Cave
Blunt, Lady Anne and Sir Wilfred Scawen 211
Blyth, Chay 273, 274
Bo Gu 262
Boer War 206
Bogotá 109, 162
Bologna 95
Bonpland, Aimé *158–59*, 161–63, 164
Bordeaux 163
Borno 191, 193

Borup, George 235
Bosporus, River 38, 79
Botafogo Bay 175
Botany Bay 147, 150
Boudeuse, La 150
Bougainville, Louis Antoine de 129, 148, 150, *150*
Boulia 200
Bourdillon, Tom 270
Boussole 148, 150, 151
Bowers, Henry 242, *242*, 243
Boztepe 38
Brahe, William 20, 202
Branson, Richard 285
brass 115
Braun, Otto 262
Brazil 98, 175
Breitling Orbiter 3 *284*, 285–86
Brendan of Clonfert, St 61
Brest 148
Bristol 62, 98
Britain 18, 44, 45, 53, 54, 143, 147, 148, 150, 203, 207, 224, 270
British Columbia 154
British Museum 173, 206, 227
Brittany 30, 44
Broken Hill 201
Brouage 120
Broudou, Louise-Eléonore 148, 151
Brown, Arthur 254
Bruce, Geoffrey 268
Bruce, James *140*, 140–42, *141*, *142*, 155, 195
Brûlé, Étienne 122
Bucephalas 39, *39*
Buck, Sir Peter 266
Buddhism 57, 60, 136, *136*
Buenos Aires 175
Bukhara 71, *71–72*, 73, 79
Bunyoro 198
Burckhardt, Jean Louis 160, *169*, 169–72, 173
Burgundy, Duke of 64
Burkan Khaldun 74
Burke, Robert O'Hara 160, *199*, 199–202
Burma 76, 208, 210, 260, 261
Burney, Fanny 142
Burton, Richard 150, 172, 194, *195*, 195–98, 211
Burundi Highlands 198
Bussa Falls 157
Butcher's Shop 242
Byblos 30
Bylot, Robert 126
Byzantium 36, 38

Cabeza de Vaca, Alvar Núñez 112, 114
Cable & Wireless balloon 285
Cabot, John 62
Cadiz 30, 100
Caesarea 50, *50*
Cagni, Umberto 235
Caillié, René 190, 192, *192*
Cairns 147
Cairo 68, 69, 79, 140, 142, 169, 172, 173, 192
Cajamarca 107, 108
Cajambe volcano *163*

Calcutta 260
Calhoun 178, 180
Calicut 83, 85, *92–93*, 93, 95, 96
California 24, 119, 149, 255, 258, 259
Callao 163, 265
Calpe 38
Cambodia 208–9, *209*, 210
Cambyses 33
Cameroon, Mount 206
Canada 20, 24, 120–22, 143, 153, 165, 168, 186, 187
Cananor 96
Canary Islands 30, 89, 92, 98, 161
Cannae 48
cannibalism 188, 206
canoes 28, *28*, 110, *120*, 120–21, 133, *133*, *146*, 152, *152–53*, 154, 167, *187*, 196, 206, 209
Canopus canal 55
Canterbury Cathedral *67*
Cão, Diogo 91
Cape Breton 121
Cape Cod 121, 122
Cape Evans 239, *240–41*
Cape Horn 144, 147, 149, 273, 274
Cape Kennedy 275
Cape of Good Hope 100, 119, 147, 273
Cape Town 150, 176, 204
Cape Verde 90, 98
Cape Verde Islands 92, 117, *117*, 175
Caracas 162
caravans 68, 70, 71, *80*, 95, *95*, 136, 157, 169, 171, 172, 191, 192, 193, 196, 211–12
caravanserai 80, 170, 251
Carib language 111
Caribbean Sea 57, 90, 105, 120
Carmen 185
Caroline Islands *28*
Carpentaria, Gulf of 200, 201
Carstenz, Jan 131
Cartagena 162
Carthage 20, 46, *49*
Cartier, Jacques 86, 120, 122
Carvajal, Gaspar de 110–11
Casiquiare Channel 164
Casiquiare, Río 162
Caspian Sea 41, 73, 75
Cassini 287, 290
Cathay *see* China
Catherine the Great 165
Catherwood, Frederick 160, 181–85
Catholic League 120
Caucasus 43, 79
Cauda 51
cave art 20, 22
Cave of a Thousand Buddhas 60, 222
Cayenne 134
Cebu 98, 100
Celebes 119
Central African Mission 190–94
Cerro Imposible 163
Ceylon 59, 80, 83, 223
Chad, Lake 191, 266
Chalybians 37

Chambers Creek 201
Champlain, Lake 121
Champlain, Samuel de 86, 120–22
Chang Tang plateau 136
Channel, English 45, 61, 144, 254, 156, 273
Charbonneau, Toussaint 167
Charles V 113
Chaste, Aymar de 120
Château d'Oex *284*, 285
Chattanooga 178
Chauvet Cave *22*
Chelyuskin, Cape 216, *216*
Cherbourg 256
Cherchen 76
Cherokees 115, 160, 178–80
Chiapas 181, 184
Chicago 255, 285
Chichén Itzá 185
Chichester, Francis 272
Chile 24, 98, 118, 149
Chiloé 175
Chimborazo volcano *162*, 162–63
China 27, 28, 57, 59, 60, 71–72, 73–77, 80, 81, 86, 90, 120, 149–50, 208, 210, 222, 223, 224, 227, 229
Chirikov, Aleksey Il'yich 138
Choctaw 115
Cholula 103
Christianity 18, 50, 63, 66, 91, 94, 96, 213
Chrysler Transatlantic Balloon Race 285
Chrysopolis 38
Chukchi 218
Chukchi Sea 138
Churchill *127*
Churchill River 126
Cilicia 40
Cilician Gates *36*, 40
Ciudad Bolívar 162
Clark, George Rogers 165
Clark, William 13, 152, 160, 163, 165–68, *166*
Clearwater River 167, 168
Clovis culture 24, 25
Coast to Coast Expedition 204
Cochin 95, 96
Cocos Islands 176
Coelho, Nicolau 91
Coelho, Paulo 94
Col de Larche 47
Colchians 38
Coleridge, Samuel Taylor 127
Coli, François 255
Collins, Michael *275*, 275–79, *279*
Colombia 98, 106, 109, 161
Colonna, Vittoria 96
Colorado 113
Columba, St 61
Columbia 180
Columbia (command and service module) 276, 278
Columbia, Cape 235
Columbia River 167, 168, 168
Columbus, Christopher *11*, 13, 57, 77, 81, 85, *87*, 87–90, 92, 123, 266

Commander Islands 138
Commerson, Philibert 150
Company of Cathay 123–24
compass *89*, *207*
Concepción 149, 175
Concepción 97, 99
Congo River 206, 207
conquistadors 111, 112, *113*, 114
Constantine, Emperor 63
Constantinople *75*, 77, 79
Cook, Frederick A. 234–35
Cook, James 26, 129, 130, *143*, 143–47, 148, 150, 155, 162, 186
Cook Strait 133
Cooktown 147
Cooper Creek 199–203
Copán 181–82, *183*, 185
Copenhagen 216, 218
Corliss, Jack 282
Cornwall 34, 44, 58, 256
Coronado, Francisco Vásques de 85, 112–14
Corps of Discovery 166
Cortés, Hernán 85, *101*, 101–4, *102*, *104*
Cossacks 223, 224
Costa Rica 183
Counter-Reformation 67
Crean, Tom 245, 248
Crete 30, 51
Crimea 34, 75, 79
Cro-Magnons *21*, 22
Crowhurst, Donald 274
Croydon Aerodrome *257*, 260, *261*
Cruikshank, Isaac *142*
Crusades 63
Cuauhtemoc *104*
Cuba 101, 114, 115, 161, 162, 163
Cumaná 162, 164
Cumberland Sound 125
Cunaxa 36–37
Cunha, Tristan da 96
Curzon, Lord 224, 232, 233
Cuzco 105, 107, 108, *108*
Cyprus 30
Cyrus 33, 36, 38

Dadu River 263
Dakar 259
Damascus 68, 79, 95, *95*, 169, 211, 250, 252
Dardanelles 39
Darfur region 30
Darius I *18*, 33, 40, 41
Darius III 39
Darling River 200, 201
Darwin 260, 261
Darwin, Charles 159–60, 164, *174*, 174–77
Davis, John 86, 123, 125, *125*, 186
Davis Strait 62, 123, 125, 126, 186
Deas, Edward 179
Dease and Simpson, Messrs 186
Decatur 179
Dehra Dun 219–21

Deir el-Bahri 31, 32
Delaporte, Louis 210
Delhi 73, 79–80
Denmark 138, 266
Depot Glen 201
Desideri, Ippolito 130, 136–37
Dezhnev, Cape 218
Dias, Bartolomeu 92
Diaz de Castillo, Bernal 101
Dickson Harbour 216
Dickson, Oscar 215
Diemen, Antony van 131–32
Digby, Jane 211
Dillon, Peter 151
Discovery 126
Djenné 192
Dmitriy Laptev Strait 217
Dominican Republic 90, 101, 103
Donnelly, Jack 282
Doudart de Lagrée, Ernest Marc Louis de Gonzagues 208, 209, 210
Doughty, Charles 160, 211, 211–12, 213, 250
Doughty, Thomas 117–18
Doughty-Wylie, Charles 250, 252
Dover 254
Drac, River 47
Drake, Francis 86, 116, 116–19
Drane, Gus 179–80
Drew, John 180
Dumont d'Urville, Jules Sébastien César 151
Dunedin 274
Dunhuang 57, 60, 222, 232, 232
Durán, Diego 102
Durance, River 47
Dutch East India Company 131, 133

Eagle (lunar landing module) 276, 278, 278–79, 279
Earhart, Amelia 228, 258–61, 259, 261
East India Company 155, 213
East Indies 119, 150
Easter Island 27, 28, 149, 149
Ebro, River 47
Ecbatana 43
Ecuador 86, 106, 106, 109, 161, 162, 162, 163, 264–65
Egypt 18, 29–32, 33, 34–35, 39, 40, 40, 51, 53, 54, 71, 85, 95, 96, 172, 181, 266, 285, 286
Eid 70
Eirik the Red 62
Eiriksson, Leif 62
Eiriksson, Thorvald 62
El Dorado 86, 109
El Niño winds 28
Elcano, Sebastiano d' 97, 100, 100
Elephant Island 245, 247, 248
Elephantine 30, 34–35, 35
Eleusinian Mystery cult 54
Eliot, T. S. 256
Elizabeth 118
Elizabeth I 116–17, 119
Ellesmere Island 235
Empty Quarter 213, 214

Endeavour 143, 144, 144–45, 147
Endurance 244, 245, 246
England 30, 54, 64, 66, 86, 127, 204, 232, 261
Enrique 98, 99–100
Entrecasteaux, Chevalier d' 151
Ephesus 34
Eratosthenes 44
Erebus 186–88, 189
Eskimos *see* Inuit
Essaouira, Bay of 30
Essex, Earl of 116–17
Estevanico 112
Ethiopia 21, 31, 140–42, 195; *see also* Abyssinia
Étoile, L' 150
Euphrates, River 40
Eurasia 20, 21–22, 216
Europa 287, 290
Europe 17, 21–22, 91, 161, 215
Evans, Charles 270
Evans, Taff 242, 242
Evansville 180
Everest 226–27, 228; Everest Expedition (1953) 267–70, 267, 269–71
Extremadura 101, 105

Fairbanks 24, 231
Faisal, King 252
Falkland Islands 150, 175
Falmouth 117, 176, 218, 274
Fang tribe 206, 206
Faroe Islands 61
Fatima 67
Fatu-Hiva 264
Fayetteville 180
Fa Xian 57, 59–60, 231
Ferdinand of Aragon, King 87, 87, 90
Fernández de Oviedo, Gonzalo 109
Fernando Noronha 175
Fès 78–79, 79, 80
Festus, Porcius 50
Fezzan 172, 190, 193
Fiji 133
Finch, George 268
Finland 215, 266
'First Fleet', British 151
First World War 249, 252, 254
FitzRoy, Robert 174, 175, 177
Fletcher, Francis 117, 119
Fleuriot de Langle, Paul-Antoine-Marie 149
Flinders, Matthew 187
Florida 24, 112, 114, 275
Forster, George Reinhold 26, 28
Fort Cass 178
Fort Chipewyan 154
Fort Clatsop 167
Fort Mandan 167
Fort Payne 178, 180
Fort Venus 144, 145
Fossett, Steve 228, 285
Fountain of Youth 112
Fox 188
Foxe Basin 123
Foxe Channel 126
Foxe, Luke 86, 127
Fram 240, 241

France 46, 47, 49, 66, 120, 122, 142, 149, 150, 151, 192, 210, 213
Francis of Assisi, St 67
Franco-Prussian War 210
Franklin, Jane 188
Franklin, John 160, 186, 187
Fraser River 154
Freetown 206
Frenchman Bay 151
Freyre, Emanoel 136, 137
Frobisher Bay 123, 124, 124
Frobisher, Martin 86, 123, 123–25, 160
frost-bite 127, 232, 235, 247
Fujian province 262
Fulani 192

Gabon 206
Gabriel 123
Gagarin, Yuri 275
Galápagos Islands 176, 177
Galápagos Rift 280, 283
Galindo, Juan 181, 184
Galveston Island 112
Gama, Vasco da 84–85, 85, 91, 91–94
Gambia 156
Gambia River 156, 169
Ganges Valley 59
Garnier, Francis 160, 208, 208–10
Garonne 44
Gaugamela, Battle of 40–41
Gaul 18, 54
Gaza 40
Gedrosian Desert 43
Gemini missions 275, 276
Genghis Khan 12, 58, 71, 71–74, 72
Genoa 75, 89
Geographical Society of Paris 192
George Guess 179
George III 142, 143, 146
Georgia 73, 75, 178
Georgian Bay 122
Germany 53, 134, 171
Gibraltar 273; Strait of 30, 32
Gila River 113
Gill, Allan 237–38
Girga 30
Gironde estuary 44
Giza 28, 173
Gjøa 189
Glenn, John 277
Goa 95
Gobi Desert 71, 76, 77, 222, 233
Golconda 180
Golden Hind 86, 118
Gondar 142
Gondokoro 198
Good Success, Bay of 146–47
Goodsell, John 235
Gorgona 106
Gould, John 177
Göteborg 216
Gran, Tryggve 241
Granada 89
Grand Canyon 114
Grant, James Augustus 198

Gray, Charlie 200, 201
Great Australian Bight 131
Great Barrier Reef 147, 150
Great Bend 114
Great Falls 167
Great Fish (Back's) River 188
Great Game 160, 219, 221, 224, 225
Great Lakes 121
Great Northern Expedition *see* Kamchatka Expedition
Great St Bernard Pass 48
Great Wall of China 59, 77
Greece 18, 33, 39, 42, 181
Greenland 57, 61–62, 187, 215, 234
Gregory Bay 175
Grijalva, Juan de 101
Guadalquivir River 97, 100
Guam 99
guano 163
Guatavita, Lake 109
Guatemala 181, 183
Guatemala City 182
Guayaquil 163
Guianas 111
Guinea 206
Gunter's Landing 180
Gypsy Moth IV 272

Hadda 42
Hadrian 18, 53, 53–55
Hadrianopolis 54
Hail 249–50, 250, 252
Haiti 90, 118
Hajj 58, 68–70, 78, 79, 95, 172
Halicarnassus 33
Hall, C. F. 189
Halmahera 27
Hamadan 43
Hamilcar 46
Hankow 210
Hannibal 18, 46, 46–49
Hanno 30
Hanoi 210
Hanssen, Helmer 243
Harkhuf 18, 29, 29–31
Harsha, King 60
Hasdrubal 47
Hatshepsut 31, 32
Hatton, Christopher 116, 117
Hausaland 191
Havana 162
Hawai'i 14, 129, 147, 149, 255
Hawikuh pueblo 113, 113
Hawkins, John 116, 117
Hawkins, William 116, 117
Hearne, Samuel 186
Heavenly Mountains 71
Hebrides 61, 153
Hedges, Ken 237, 238
Hedin, Sven 227, 229–32, 230, 232, 233
Heemskerck 132, 133
Heemskerck, Jacob van 217
Hejaz 169
Helena, Empress 63
Henderson Island 27
Henri IV of France 120, 121
Henry I of England 67
Henry VIII of England 67
Henson, Matthew 235, 236

Heraclea 38
Herat 41, 73, 75
Herbert, Wally 228, *237*, 237–38, *238*
Herculaneum 39
Herodotus 17, 18, 32, *33*, 33–35
Heyerdahl, Thor *15*, 228, 264–66, *265*
Hillary, Edmund *226–27*, 228, 268–70
Himalaya 130, 160, 274
Hindu Kush Mountains 36, 41, 42, 60, 70
Hinkler, Bert 261
Hipparchus 44
Hispaniola 90
Hokitika 133
Holy Land 58, 59, 63–64, 170, 172, 181
Homo sapiens 19, 19–21
Honduras 181
Hong Kong 218
Honolulu 258
Hopi villages 113
Hopkirk, Peter 233
Hormuz 43, 75, 96
Houghton, Major Daniel 155
Houston 276
Houtman, Frederik de 131
Howland Island 260
Huang Ho, River 223
Hudson Bay 121, 123, 126, 127
Hudson, Henry 86, 121, *125*, 126, 186
Hudson River 121, 126
Hudson's Bay Company 186, 187
Hudson Strait 123–26, *126*
Humboldt, Alexander von *158–59*, 159, *161*, 161–64, *163*, 175
Humboldt Current 163, 265
Humboldt Mountains 222, 223
Hungary 53, 232
Hunt, John 267, 270
Huron 122
Huron, Lake 122
Huygens 290
Hydaspes River, Battle of the 43
Hyrcania 41

Iberian peninsula 66, 89
Ibiza 30
Ibn Battuta 12, 58, 68, 78–80
Ibn Juzayy 78, 80
Ice Age 17, 19, 20, 22, 24
Iceland 45, 57, 61
Ile de France (Mauritius) 132, 148, 150, 151, 176
Ilkhanid dynasty 74
Imperial Trans-Antarctic Expedition 248
Inca civilization 105, 106–8, *107*
India 18, 20, 24, 39, 41–43, 59, 60, 73, 76, 79, 85, 90, 93–94, 98, 136, 137, 148, 171, 199, 208, 219, 227, 232, 251, 259, 268, 269, 270
Indian Ocean 32, 43, 79, 83, 93, 94, 96, 100, 119, 205
Indian Territory 178–80
Indo-China 160, 208, 210
Indonesia *27*, 83, 133

Indus River 18, 42, 43
Indus Valley 266
Inharrime, estuary of 93
Inuit (Eskimos) 62, 124, *124*, *125*, 187, 189, 234, 235
Investigator 187
Io 287, *287*
Iran *see* Persia
Iraq 30, 34, 73, 249, 250, 252, 261
Iron Banks 180
Iroquois 120–22
Irvine, Sandy 268, *268*
Isabella of Castile, Queen 87, 89, 90
Iskanderun 40
Islam 58, 73, 95, 211, 213
Israel 19
Issus 40; Battle of 18
Italy 33, 34, 39, 46–47, 48–49, 89, 136, 142
Itasca 260

Jaffa 63
Jakarta 131–33, 147; *see also* Batavia
James Bay 122, 123, 126
James Caird 245, 247, *247*, 248
James, St *66*
James, Thomas 86, 123, 127
Jamuqa 71
Japan 89, 149, 218, 223, 261, 285
Jason 260
Java 59
Jaxartes, River 41, 73
Jebel Druse 169, 250
Jeddah 95, 212
Jefferson, Thomas 163, 165, 166
Jerjolfsson, Bjarni 62
Jerome, St 63
Jerusalem 18, 50, 63, *63*, 64, *65*, 67, 75, 79
Jhelum River 43
Jiangzi province 262
Jinghong 210
João II 91, 92
Johannessen, Edvard Holm 216
Johnson, Amy 228, 260–61, *261*
Johnson, Dr 142
Jones, Brian 228, 285, *286*
Jordan 170, 250
Jordan, River 64
Judaea 50, 54
Judith 116
Jupiter 287, *287*, 288, 290
Jutland 44, 45

Kabul 41, 43, 232
Kagera River 198
Kalahari Desert 204
Kamchatka Expedition 138–39
Kamchatka Peninsula 150
Kandahar 41
Kanem 191
Kansas 114
Kara Sea 215, 217
Karachi 199, 259
Karakoram mountains 222, 224, 232
Karakorum 74

Karlskrona 216
Karsten, Professor Rafael 266
Kashgar 229, 231
Kashgaria 225
Kashmir 136, 137, 232
Kathmandu 270
Katonga River 198
Kayak Island 138
Kazakhstan 71
Kazeh 196–97, 198
Kemarat rapids 210
Kennedy, Edmund 199
Kennedy, John F. 275
Kentucky 166, 180
Kenya 79
Kerak 170
Kesh 73
Kew Gardens 144, 177
Khafre, pyramid of 173
Kharga Oasis 30
Khartoum 195, 259
Khodjend 41
Khon Falls 209
Khotan 76, 231
Khotan River 230–31
Khufu 28
Khwarazm Shah 71, 72
Kilwa 93
King George's Sound 176
King William Island 188
King, John 200, 202
Kingsley, George Henry 206
Kingsley, Mary 206, *206*
Kitchener, Lord 233
Kitty Hawk 254
Knights Hospitaller, Order of the 63
Knights Templar, Order of the 63
Knorr 280–81
Knox-Johnston, Robin 228, *272*, 272–74, *274*
Kodlunarn Island 124
Koko Nor, Lake 221
Kon-Tiki 228, 264–66, *265*
Korea 149, 251, 277
Korliatto waterhole 202
Korner, Roy 'Fritz' 237
Kublai Khan 75, 76, *76–77*
Kukawa 191
Kul Oba *34*
Kunduz 41, 60
Kunming 210
Kurdistan 38, 251
Kurile Islands 138, 149
Kuwait 252
Kyrgyzstan 71, 222
Kyzyl Kum Desert 71

L'Anse-aux-Meadows 62, *62*
La Canela 109
La Coruña 161
La Goletta 89
Labrador 62
Lachine Rapids 120, 122
Lachlan River 201
Ladakh 136, 219
Ladrones *99*
Lady Alice 207
Lae 260
Laing, Gordon 190, 192
Lambert, Raymond 269

Lancaster Sound 126
Landells, William 199, 200
Laos 208–10
Lapérouse, Jean-François de *128–29*, 129, *148*, 148–51, *149*
Lapita culture 27
Laptev Sea 217
Lapu-Lapu 100
Las Casas, Bartolomé de 23
Lasea 51
Lawrence, T. E. 212
Le Bourget airfield 257
Le Coq, Albert von 232
Le Maire, Isaac 132
Le Mans 285
Lebanon 30, 33, 34, 213, *249*
Ledyard, John 165
Leeuwin, Cape 273
Leicester, Earl of 117
Leichhardt, Ludwig 199–200, 201
Lena 216, *216*, 217
Lena River 216, 217
Lesser Zab 37
Levant 40, 63, 181, 212, 213
Lewis, Isle of 44, 45
Lewis, Meriwether 13, 152, 160, 163, *165*, 165–68, *166*
Lewisburg 179
Lhasa 130, 136, 137, 220–25, *224*; Potala Palace 137, *137*, *221*
Libya 30, 33, 34, 190
Lima 163, 175, 176
Limasawa 99
Lindbergh, Charles 228, 254–57, *255*, 258
Lindstrand, Per 285
Lisbon 91, 94, 96, 218, 254
Little Rock 180
Lituya Bay 149
Liverpool 206
Livingstone, Dr David 142, 157, 160, 194, *203*, 203, 207, 208
Logon River 191
Lombardy 48
London 142, 156, 169, 187, 194, 250
London Missionary Society 204
Long Island 254
Long March 227, 262–63
Lop Nor 59, 76, 222, *223*, 225, 233
Lou Lan 233, *233*
Louis Napoleon 208
Louis XIV 67
Louis XV 142
Louis XVI *128–29*, 148
Louisiade Archipelago 150
Louisiana Territory 165
Louisville 166
Lourdes 67
Lowe, George 269, 270
Luanda 204, 206
Luang Prabang *209*, 210, *210*
Ludamar 156
Luke, St 18, 50
Lulu 280
Luristan 253
Luta Nzige, Lake 198
Luther, Martin 67
Luxor 32, 40, 173

Lycia 37
Lydia 36, 38
Lyell, Charles 177
Lygdamis 33

Macao 149
Macaranda 41, 42
McCarthy, Timothy 245
Macartney, George 229
McClintock, Leopold 188
McClure, Robert 187
Macedonia 43
Machiparo, Chief 110
Mackay, Alexander 154
Mackenzie, Alexander 130, *152*, 152–54, 155, 165, 186
MacMillan, Donald 235
McNeish, Harry 245
Macquarie River 201
Madagascar 27, 148
Madeira 30, 144
Magdalena River 161, 162
Magellan, Ferdinand 87, 97–100
Magellan, Strait of 24, 98–99, 100, 117, 118, 123, 150, 273
Makololo tribesmen 204
Malabar 58, 78, 80, 83, 94, 96
Malayalam language 96
Malaysia 70, 83
Maldives 80
Mali 68, 192
Malinche 102, *104*
Malindi 83, 93
Mallory, George 268, *268*, 269
Malta 30, 51
Mamelukes 95
Man, Isle of 44, 45
Mandara Mountains 191
Mansa Musa 68, *68*, 192
Manuel, King 92, 96
Mao Zedong 262–63
Maori 129, *130*, 133, 146
Marajo 110
Margarita Island 111
Mariana Islands 28, *99*
Mariana Trench 285
Marigold 118
Markland 62
Marquesas Islands 264
Mars 289–90
Marseilles 44
Martyr, Peter 87
Marvin, Ross 235
Massacre Bay *150–51*
Massaga 42
Massalia 44–45
Massawa 140–41
Matavai Bay 144
Mauritius 131
Mauritius (Ile de France) 132, 148, 150, 151, 176
Maya civilization 160, 181–85
Meadowcroft Rockshelter *24–25*
Mecca 58, 59, 68, 69, *69*, 70, 78, 79, 83, 85, 95, 171, 172, 195, 211, 212
Medellin 101
Media 41
Medina 172
Mediterranean 18, 30, 32, 46,

49, 75, 81, 181, 190, 195
Medvezh'i Islands 217
Mekong River 160, *209*, 210
Mekong River Expedition 208–10
Melanesia 27
Melbourne 200, 202; Royal Park 199, *199*
Meltville camp 238
Memphis 30, 31, 40, 180
Menindee 200, 201–2
Mercurius 217
Mercury, Transit of 163
Merenra 29, 31
Merian, Maria Sibylla 130, *134*, 134–35
Mérida 185
Merv 73
Mesopotamia 36, 38, 39, 40, 42, 249
Mespila 37
Mexico 98, 112, 114, 122, 152, 161, 163, 167, 181–85, 286; Gulf of 101, 102, 104, 115, 184; Valley of 101, 103, 104
Mexico City 113, 114, 163, 259
Michael, Ras 142
Michigan, Lake 122
Micronesia 26, *28*
Migrant Mind 12, 17, 21
Miletus 34
Mina 70
Ming dynasty 81
Mississippi River 114–15, 165, 166, 168, 180
Mississippi Valley 115, 168
Missouri River 165–68, *166*
Moffat, Robert 204
Mogador 30
Mohawks 121
Moitessier, Bernard 273, 274
Mollison, Jim 261
Moluccas 95, 98, 119
Mombasa 79, 93
Mongolia 22, 71, 72, 74, 222, 223
monsoon winds 79, 93
Montagnais 120, 121, 122
Monte Verde 24
Monterey 149
Montevideo 176
Montgomerie, Thomas *219*, 219–21
Montréal 120, 122, *122*, 153
Moon 275–79
Moors 66
Morabito, Linda 288
Morazán, General Francisco 183
Morocco 30, 78, 80, 192, 266, 285; Moroccan Rif 70
Morrilton 179
Moscow 139, 262, 263
Motagua, Río 182–83
Motecuzoma 101, 102, 104, *104*
Mount Hopeless 202
Mountains of the Moon *see* Ruwenzori Mountains
Mozambique 93, 96
Mrs Webber's Plantation 179
Mtesa 197
Mughals 73

Munk, Jens 126–27
Murchison, Sir Roderick 168
Murderer's Bay 133, *133*
Murray River 201
Murrumbidgee River 201
Mutis, José Celestino 162
Muzdalifah 70
Mwanza 196
Myra 50–51

Nafud Desert 213
Nagasaki 218
Najaf 252
Najd 249
Namibia 92
Nanking 59
Nansen, Fridtjof 235, 240
Napo, River 109
Napoleon I 165
Napoleon III 213
Narváez, Pánfilo de 112
NASA 275, 279
Nashville 180
Natal 93, 259
National Geographic Society 235
Natural History Museum 177
Nautaca 42
Neanderthals 19
Nearchus 43
Necho II 32
Necker Island 149
Neferkara Pepi II 31, *31*
Negro, River 110
Nepal 268–70
Neptune 287
Nero 52
Netherlands, the 129, 131
New Caledonia 151
New Echota, Treaty of 178, 180
New England 256
New Guinea 20, 26, 27, 133, 150, 260
New Hebrides 150
New Holland (Australia) 132, 147, 150
New Jersey 259
New Mexico 112
New South Wales 147, 151
New York 153, 185, 255–57, 261, 273
New Zealand 18, 26, 27, 33, 129, 132, 145, 146, 147, 176, 269
Newark 259
Newfoundland 62, 254, 256
Newport 273
Nez Perce 167, *168*
Ngama, Lake 204
Ngolok tribesmen 223
Niagara Falls *122*, 209
Nicholas II, Tsar 225
Niger 190, 192, *194*
Niger, River 130, 155, 156, 157, 161, 169, 190–93
Nigeria 157, 194, 206
Nile, River 29–31, 35, 36, 54, 130, 160, 170–71, 173, 204, 207; Blue 142, 195; search for the source of 140–42, 195–98; Valley 19, 29, 30, 35; White

142, 195, 196
Nimrod Expedition 244
Nimrud 37
Niña 88, 89
Nineveh 30, 37, 40
Ningxia 74
Nishapur 73
Niza, Fray Marcos de 112–13
Nobel, Alfred 233
nomads 43, 71, 74, 113, 212
Noonan, Fred 259
Nordaustlandet 215
Nordenskiöld, Adolf Erik 160, *215*, 215, 217, 218, 234
Nordqvist, Oscar 216
Norfolk Island 27
Norsemen 57, 62
North Carolina 178, 254
North Dakota 167
North Sea 61
Northeast Passage 160, 215–18, 234
Northern Light 273
Northwest Passage 86, 123–27, 147, 149, 160, 186–89, 234
Norton, Edward 268
Nova Scotia 24, 254, 256, 273
Novaya Zemlya 217
Nubia 30, 31, 142, 170, 171, 172
Nunamira Cave *20–21*
Nunez, River 192
Nungesser, Charles 255
Nuxhalk Indians 154

Oakland 259
Oates, Titus 242, *242*
Oceania 26, 28
Odawa 122
Odell, Noel 268
Odrysai 54
Ogooué River 206
Ohio River 166
Ohio Valley tribes 165
Oklahoma 115, 178, 179, 180
Olbia 34
Olympics 55
Oman *214*
Onman, Cape 218
Ontario 122; Lake 122
Ophir 30
Opportunity 290
Oregon Trail 168
Orellana, Francisco de 86, 109–11
Orinoco River *158–59*, 161, 162, 164
Orta, Garcia de 95
Orteig, Raymond 255
Oscar II of Sweden 218, 233
Oslo 265
Osorno, Mount 175
Ostia 52
Ottawa 122; River 122
Outer Banks 254
Overweg, Adolf 190–91
Owen, Richard 177
Oxford 213
Oxus, River 41, 43, 73
Oxus Treasure *37*, 43
Oytrar 71
Ozarks 115

Pacific Ocean 18, 26–27, 77, 85, 86, 98, 99, 105, 123, 129, 144, 148–49, 150, 151, 154, 161, 165, 167, 168, 186, 187, 218, 234, 258, 260, 264, 265, 280, 285, 286
Paez, Pedro 195
'Paleo-Indian' cultures 24
Palander, Louis 216, 218
Palau Islands 119
Palenque 181, 183–85, *184*; River 265
Palestine 33, 170
Palgrave, William 160, *213*, 213
Palmyra 169
Palos 89
Pamirs 75, 77, 224
Pamplona 67
Panama 105, 106, 116; Canal 189, 280
Parikotó 111
Paris 148, 165, 208, 255–57
Park, Mungo 130, *155*, 155–57, 169, 190
Parry Channel 187
Parry, William Edward 186–87
Parthia 54
Pasargadae 41, 43
Patagones (Patagonian Indians) 98, 99, *175*
Paul, St 18, 50–52, *51*, 64
Pavia 48
Pawling, Henry 184
Peace River *152–53*, 154
Pearl Harbor 260
Peary, Robert E. 228, 234, *235*, 235–36, *236*, 238, 240
Pecos Pueblo 112, 114, *114*
Peking (Beijing) 72–74, 75, 83, 233, 263
Pella 43
Pergamum 34
Pericles 33
Persepolis *16–17*, 40–41, *41*
Persia (Iran) 18, 38, 39, 40–41, *41*, 43, 71, 73, 74, 79, 96, 249, *251*, 253, *253*
Persian Gulf 43, 75, 83, 213
Persian Wars 33
Perth 131
Peru 105, 106, 108, 109, 112, 114, 122, 264–65
Peter, St 64
Petra 160, 170, *170–71*, 172
Petropavlovsk 138, 139, 150
Petrovsky, Nikolai 229
Philadelphia 165, 166
Philby, St John 213–14
Philip II of Macedon 39
Philip II of Spain 67, 117, 119
Philippines 26, 27, 28, 97, 98, 99, 119, 149
Phnom Penh 208–9
Phoenicia/Phoenicians 18, 30, 32, 35
Piccard, Bertrand 228, 284–85, *286*
Pigafetta, Antonio 97, 98
pilgrimages/pilgrims 58, 59, *64*, 67, 73, 95, *95*, 172, 211–12, 220; Christian 63–67; Muslim

68–70
Pinta 88, 89, 90
Pinzón, Martin *87*, 90
piracy 58, 63, 83, 116, 118
Pisania 156
Pistoia 136, 137
Pitcairn Island 27
Pitt the Younger, William 142
Pizarro 161
Pizarro, Francisco 85, *105*, 105–8, 109–10, 114, 264
Pizarro, Gonzalo 109
plague *see* Black Death 74
Plate, River 98
Plymouth 117, 119, 144, 175, 254
Po valley 48
Poincaré, Henri 280
Point Barrow 237
Poland 181
Poles: North 15, 187, 215, 228, 234–38, *236*; South 15, 98, 144, 228, 231, 239–43, 244–48
Polo, Marco 12, 58, 75–77, 82, 141, 225
Polybius 44, 46
Polynesia 18, 26, 27, 228, 264–66
Ponani, Battle of 95
Pond, Peter 153–54
Port de Français 149
Port St Julian 118
Portillo Pass 176
Portsmouth 156
Portugal 87, 89, 92, 98
Porus *42*, 43
Potala Palace *see* Lhasa
Pozzuoli 52, *52*
Priene 34
Providencia 134
Przhevalsky, Nikolai 134, 160, *222*, 222–25, 233
Pundits 160, 219–21
Punjab 42
Punt 31, 32
Punta Arenas 100
Puteoli *52*
Pyrenees 47, 66
Pytheas of Marseille 18, 44–49

Qafzeh Cave 19
Qubbet el-Hawa *29*
Québec 121, *121*
Queensland 285
Quetzalcoatl 102, 103
Quilimane 204
Quiriguá 183
Quito 109–10, 161–63

Ra I and *II* 15, 266, *266*
Rada' 95
Rae, Dr John 186–88
rafts *109, 264; see also* Kon-Tiki; *Ra*
Raj 160, 219, 224, 225
Ramesses II 173, *173*
Rangoon 261
Raroia Reef 265
Rashid tribesmen 212, 214, 250
Red Army 262, 263
Red River 210
Red Sea 31, 32, 35, 140, 171,

172
Reformation 63, 67
Reynoldsburg 180
Rhagae 41
Rhineland 53
Rhode Island 273
Rhône, River 47
Richardson, James 190–91
Richardson, Sir John 189
Richelieu River 120, 121
Ridgway, John 273, 274
Riip, Jan Corneliszoon 217
Rio de Janeiro 144, 150, 175
Ripon Falls 198
River Granicus, Battle of the 39
Riyadh 213, 250
Roaring Forties 132, 272, 273
Rochefort 120
Rocky Mountain Trench 154
Rocky Mountains 24, 154, 167, 186
Rocque de Roberval, Jean-François de La 122
Rome 18, 46–47, 48, 50, 53, 58, 64, 66, *66*, 67, 96, 137, 140; Appian Way 52, *52*; Ponte Molle 64; Tiber 64
Roper River 201
Ross Sea 241
Ross, John 180
Ross's Landing 178, 179
Rousseau, Jean-Jacques 150
Royal Geographical Society 168, 195–96, 198, 205, 208, 220, 224, 225, 232, 239, 251, 252, 253
Royal Society 143, 144, 199
Rub al Khali *see* Empty Quarter
Russia 138, 160, 181, 215, 215, 224, 225
Rustichello 75, 77
Ruwenzori Mountains (Mountains of the Moon) 198, 207
Ruzizi River 196

Sacagawea 167
sacrifice 37, 104, 170
Saguntum 46
Sahara 19, 30, 68, 70, 80, 160, 169, 190–91, 193, 192, 194
Saigon 208, 260
St Elias, Mt 138
St Helena 92, 176
St Lawrence Island 218
St Lawrence River 86, 120, 121, 122, 123,
St Louis 167, 168, 255
St Malo 150
St Paul 138
St Peter 138
St Petersburg 138, 225
Saint-Sulpice 44
Sakhalin 149
Salamanca 101
Salt, Henry 172, 173
Samar 99
Samarkand 41, 73, 79
Samoa 27, 150, *150–51*
Samos 33, 34
San Antonio 97, 99
San Diego 255

San Fernando de Atabapo 162
San Salvador 89
San'a 95, *96*
Sanlucar de Barrameda 98
Santa Cruz 162
Santa Cruz Islands 151
Santa Fe 175
Santa Hermandad 67
Santa Maria 82, *82, 88*, 89, 90
Santiago 97, 98
Santiago de Compostela 58, *66*, 66–67
Santiago de Cuba 101
Santo Domingo 101, *118*
São Brás 93
Sardinia 30
Sardis 34, 36, 37, 38
Sargasso Sea 89
Sass, Florence von 198
Saturn *228*, 287, 288, 290
Saturn V rocket 275, *276*
Saudi Arabia 169, 214, 249, 250, 252
Savannah River 115
Scandinavia 20
Schouten, Willem 132
Schwatka, Frederick 189
Scipio Africanus, Publius Cornelius 47
Scotland 140, 142, 154, 157
Scott, General Winfield 178, 180
Scott, Robert Falcon *14*, 228, 231, *239*, 239–45, *242*
Scott, Walter 157
scurvy 93, 99, 122, 126, 129, 132, 138, 139, 143, 189, 199, 201, 202, 217
Second World War 257, 264, 277
Sedgwick, Adam 177
Ségou 156, *157*
Seistan 41, 43
Sekeletu 204–5
Semliki River 198
Sennacherib 30
Sera monastery 137, *137*
Sesheke 204
Seti I 173
Seven Cities of Cibola 112
Seven Years War 148, 150
Severnyy, Cape 218
Seville 98, 104
sextant *89, 175, 203*
Seychelles 148
Shaanxi 263
Shackleton, Ernest 228, 239–40, 242, *244*, 244–48, 256
Shan States 210
Shelagskiy, Cape 217
Shendi 171
Sherpas 268–69
Shetland 44, 45
Shipton, Eric 269
Shmidta, Cape 218
Shoshone Indians 165, 167
Shumagin Islands 138
Siberia 17, 20, 22–24, 129, 138, 165, 215, 222, 261
Sicily 30
Sidon 30
Sierra de Chiapas 184

Sierra Leone 119, 157, 206
Sikorsky, Igor 255
Silk Road 57, 59–60, 73, *76*, 229, 231
Sinai 172
Singapore 218
Singh, Kishen 221, *221*
Singh, Nain 220, *220*
Sino-Japanese war 251
Sinope 38
Sisal 185
Sittacene 40
Siwah oasis 40
slavery/slaves 58, 91, 115, 117, 156, 164, 171, 191, 192, 196
Slocum, Joshua 273
Smyrna 34
Snake River 167, 168
Society Islands 145, 150
Socrates 33, 36
Sogdian Rock 42
Sogdiana 41
Sokoto 191
Sokoto Caliphate 193
Solomon Islands 27, 130, 150, 151
Somervell, Howard 268
Sophocles 33
Soto, Hernando de 85, 114–15, *115*
South Georgia 244, 245, 247–48, 256
Space Shuttle 277
Spain 18, 30, 46, 47, 49, 52, 54, 58, 66, 78, 85, 87, 89, 90, 98, 101, 102, 108, 111, 112, 114, 120, 122, 125, 150, 161, 285
Sparta 36
Speke, John Hanning 160, 195–98, *197*
Spice Islands 85, 95, 98, 99, 100
Spirit 287, 289–90
Spirit of St Louis 255, *256*, 256–57, *257*
Spitsbergen 217
Spray 273
Springfield 180
Sri Lanka 218; *see also* Ceylon
Srinagar 136
Stanhope, Hester 211
Stanley, Henry Morton 160, *203*, 203, 207, *207*
Stark, Freya 227, 249, 253, *253*
Stein, Aurel 227, 232, *232*, 233
Steller, Georg Wilhelm 138, *139*
Stephens, John Lloyd 160, 181, *181*, 183
Stillwell 179
Stockholm 218
Stone Age 20, 22, 24
Stony Desert 200
Stoorm Bay 132
Stout's Point 178
Strabo 44, 47
Stromness Bay 248
Stuart, John McDouall 200, 201, *201*, 202
Sturt, Charles 200
Suchow 76
Sudan 30, 31, 142, 171, 190–94, 259
Suetonius 53

Suez Canal 218
Suhaili 273
Sumatra 80, 155
Superior, Lake 122
Surinam 130, 134–35
Susa 40, 43
Svalbard 215, 217
Swat 42
Sweden 215, 233
Switzerland *284*, 285
Sydney 176
Syr-Darya River 36, 41
Syria *43*, 54, 73, 95, 169, 249, 250

Tabasco 102
Tabora 196
Tadoussac 120
Tagus, River 46
Tahiti 14, 28, 143, 144–45, 150, 176
Tahlequah 180
Taiwan 27, 81, 149
Tajikistan 71
Taklamakan Desert 60, 76, 222, 227, 229, 231, 232, 233
Takume Reef 265
Tampa Bay 112, 114
Tanais, River 43
Tanana River 24
Tanganyika, Lake *196*, 196–97, *203*, 203–4
Tang-ho rapids 210
Tangier 78, 80, 192
Tarim River *231*, 233
Tarsus 40
Tartary, Sea of 149
Tasman, Abel 129, *131*, 131–33, 145
Tasmania 17, 20, 129, 132, 176
Taurus Mountains *36*, 261
Taxila 43
Taymyr Island 216–17
Tehran 41, 249, 251
Ténéré 190
Tenggeri 74
Tennant Creek 201
Tennessee 178, 179, 180
Tennessee River 179, 180
Tenochtitlán 101, 102–4, *104*
Tenzing Norgay 226–27, 228, 267–70, 268, *269*, *271*
Terra Nova *14*
Terror 186, 187, 188
Tete *204*, 205
Tetley, Nigel 274
Texas 24
Thailand 83, 208
Thames Estuary 261
Thapsacus 40
Thebes 173
Thesiger, Wilfred 213–14
This 30
Thok Jalung 220
Thomas, Bertram 213–14
Thucydides 33
Thurii 33
Thyangboche monastery 267
Tiber, River 64
Tibet 74, 130, 136, 208, 219–21, *221*, 222, 224, 229, 233, 251, 268, 270; British Mission to

224
Tiede 161
Tien Shan mountains 60, 222
Tierra del Fuego 85, 99, 118, *146–47*
Tigris, River 37, 40, 43
Timbuktu 68, 80, 156, 160, 169, 172, 173, 190, 191, 192, *193*
Timur 73
Tissaphernes 37
Tissisat Falls 142
Titanic 280
Titicaca, Lake 266
Tivoli: Hadrian's villa 53, *55*
Tjemeh-land 30
Tlaxcala 103, 104
Toltecs 102
Tonga 27, 129, 133, 150, 151, 151
Toniná 184
To'oril 71
Tordesillas, Treaty of 90, 98
Torres Strait 133, 151
Trabzon *see* Trapezous
Trail of Tears 160, 178–80
Trajan 53, 54
Tranquility, Sea of 276–77
Trans-Africa Expedition 207
Transoxiana 73, 74
Trans-Siberian railway 233
Trapezous 38, 77
Trasimene, Lake 48
Trebbia, River 48
Trent 187
'Tribulation, Cape' 147
Trinidad 97, 99
Tripoli 190, 193
Troad 39
Tromsø 216
Tuamotus 150
Tuareg 193
Tughlaq, Muhammad 80
Tula 102
Tulum 185
Tunis 30, 46, 49, 190
Turkestan 60, 219, 232
Turkey 34, 73, 198, 249
Turkmenistan 71, 73
Tuscumbia 179
Tuul, River 71
Tyre 30, 34, 35, 40

Uighur script 74
Ujiji 196, *203*, 207
Ukraine 22
Ulan Bator 223
Ural Mountains 22
Uranus 287, 288
Uxmal 185, *185*
Uzbekistan 41, 71, 73

Vaez de Torres, Luiz 133
Valdivia 175
Valley of the Kings 173
Valparaiso 175, 176
Van Buren, Martin 181
Van Diemen's Land (Tasmania) 129, 132
Van Olmen, Ferdinand 88
Van, Lake 37
Vancouver, George 186
Vanikoro 151

Vankarem, Cape 218
Vanuatu 150
Varthema, Ludovico di 85, 95–96
Vega 215, 215–16, *216*, 217, 218, *218*
Velázquez, Diego 101–2
Velho, Álvaro 91
Venezuela 111, 161–63, 259
Venice 58, 63, 75, 77, 95, 96, 171
Venus, Transit of 143–45
Veracruz 102, 104
Verstreaten, Wim 285
Vespucci, Amerigo *87*
Victoria (Magellan's ship) 97, *97*, 99, 100
Victoria (Orellana's ship) 110
Victoria Falls 205, *205*, 209
Victoria, Lake 196–98, 207
Victoria, Queen 200
Vientiane 210
Vietnam 208, 210
Vincent, George 245
Vinland 62
Virginia 24, 165
Visscher, Frans 133
Vlissingen 218
Vogel, Eduard 193
Volga, River 75
Voyager mission *228*, 287–88, *288*, 289

Wadi Musa 170
Wai Wai 111
Waldeck, Jean Frédéric 181, 184
Wallis, Samuel 150
Walpole, Horace 140
Walsingham, Sir Francis 117
Waterhouse, George 177
Waterloo, Alabama 179
Waxell, Sven 139
Weddell Sea 244
West Indies 148
Whitby 143
White River 180
Whiteley, R. H. K. 179–80
Whybrow, Peter 12, 21
Wichita Indians 114
William the Conqueror 67
Wills, William John 160, 200, *200*, 202
Wilmot 273
Wilson, Edward 239, *242*, 243
Winter, William and George 117
Woods Hole Oceanographic Institution 280
Worsley, Frank 247, 248
Wright Brothers 254
Wright, William 202
Wu Ch'eng-en 60
Wulahai 72
Wynter, John 116

Xanthos 37
Xenophon 17, 18, 36–38
Xerxes 33
Xian 59, 60
Xinjiang 222
Xuan Zang *56–57*, 57, 60, *60*

Yakima *168*
Yakub Bey 225

Yakutsk 217
Yam 29–31
Yamma Yamma 285
Yangtze, River 28, 57, 82, 208, 210, 263
Yanomami *111*
Yanov, Colonel 224
Yanzhou 77
Yarkand 76
Yarkland River 229

Yazoo River 115
Yellow River 263
Yellowstone River 168
Yemen 95, *96*, 285
Yenisey River 215, 216
Yokohama 218
Yongle 81
Younghusband, Francis 137, 169, 224, *224*, 229
Yucatán 102, 185, *185*

Yugorskiy Shar 216, 217
Yunnan province 81, 208, 210

Zama 49
Zambezi River *13*, 93, *204*, 204–5
Zanzibar 195, 197, 198, 207
Zeehaen 132, 133
Zhang Guotao 263
Zheng He *81*, 81–83

Zhou Enlai 262–63
Ziji Pass 136
Zoroastrianism 73
Zuni 112, *112–13*, 113
Zunyi 263